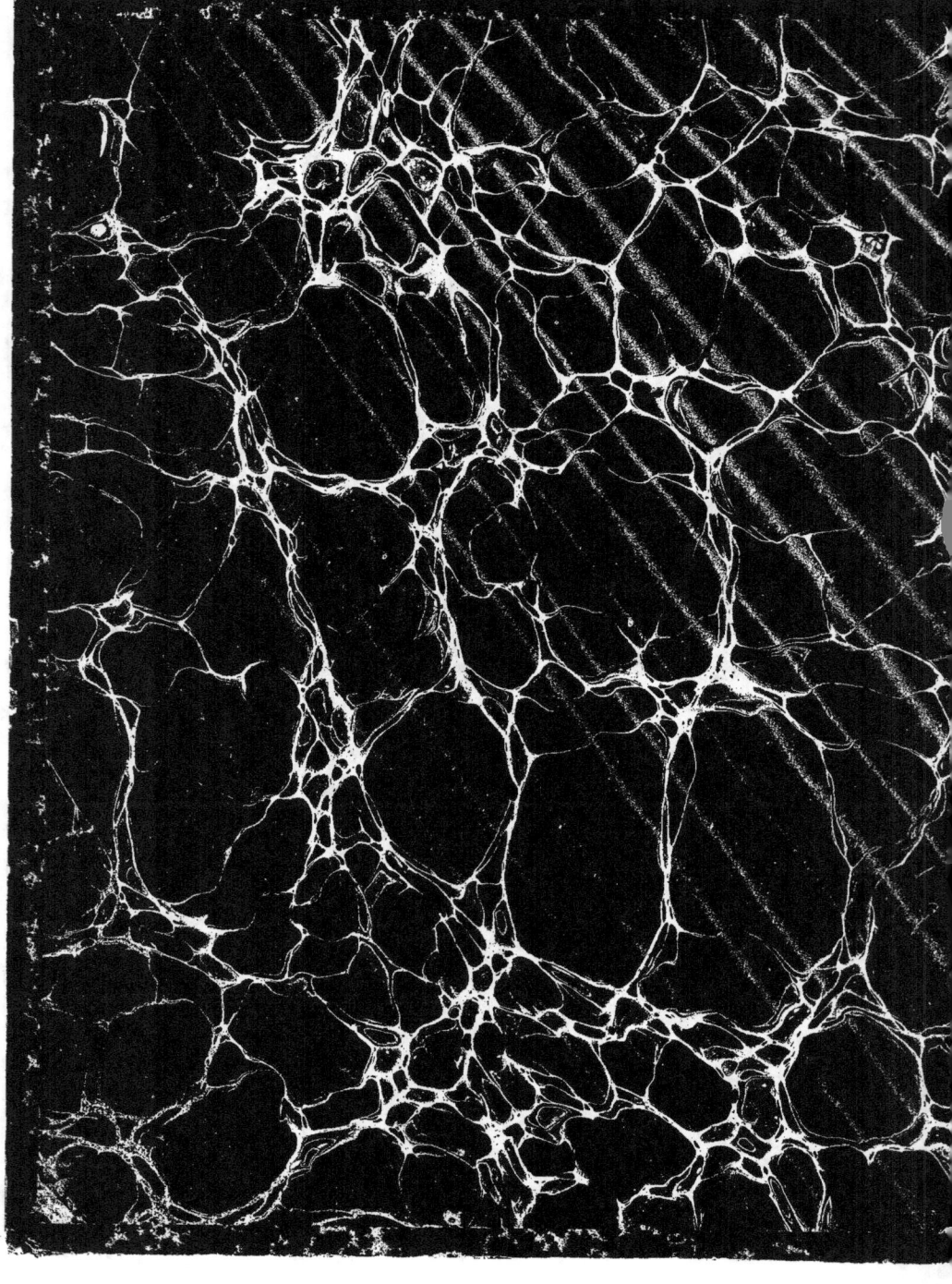

Koninklyke Utrechtsche Fabriek van Zilverwerken

van

C. J. BEGEER

Hofleverancier van wijlen Z. M. den Koning, van H. M. de Koningin Regentes
en van H. K. H. de Groot Hertogin van Saksen-Weimar
Officieel Leverancier van den A. N. W. B.
Senatus Veteranorum vassorum argenteorum artifex venditor

—≈ **UTRECHT** ≈—

MEDAILLES ✳ **SPORT PRYZEN**

Verweegen et Kok

Fabrique de Selles, Harnais

et spécialité d'articles pour chiens

DIPLOME D'HONNEUR

20 premiers prix aux expositions de France, d'Angleterre et de Hollande

88-90, Kalverstraat,

Amsterdam

Les Races de Chiens

Leurs Origines, Points,

Descriptions, Types, Qualités

Aptitudes et Défauts

par le Comte Henri de Bylandt

Président d'honneur du " Kontinentaler Bull-Doggen Klub „
Vice-Président du " Poodle-Club Anglais „
Membre d'honneur du " Kennel Club Hollandais Cynophilia „
Membre d'honneur du " Club du Griffon Bruxellois Anglais „
Membre d'honneur du " Setter Club Hollandais „
Juge du " Schipperke Club Anglais „
Juge du " Poodle-Club Anglais „
Juge du " Club du Griffon Bruxellois Anglais „

Traitant 316 races et sous-variétés,
avec 1,392 gravures
représentant 2,064 chiens

Bruxelles
Imprimerie Vanbuggenhoudt Frères
42, Rue d'Isabelle, 42

1897

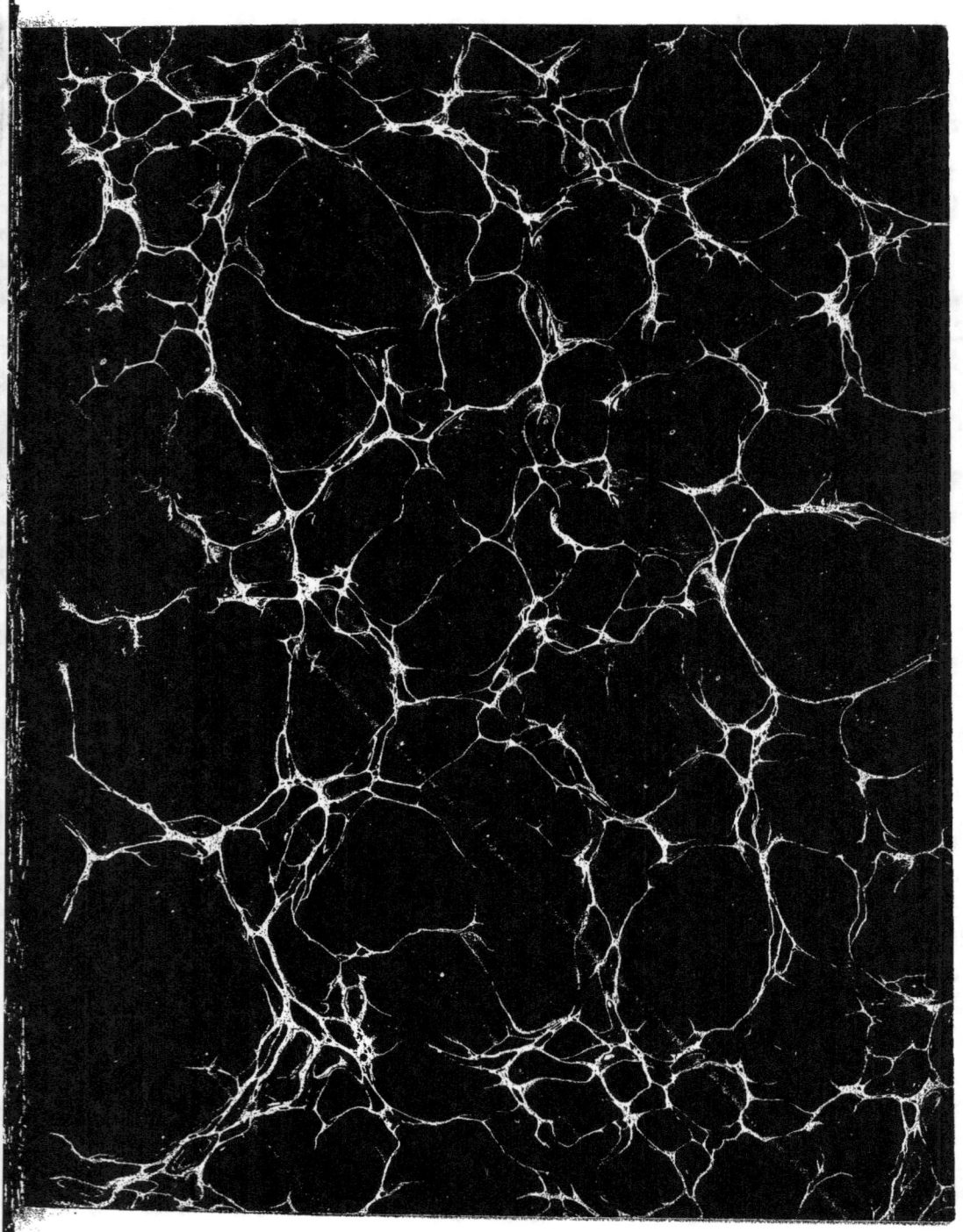

TROISIÈME PARTIE.

CHIENS DE CHASSE.

Chien de Saint-Hubert.

Blood Hound.

Apparence générale	Chien lourd et massif, à la démarche lente et imposante.
Aptitudes.	Chien de limier par excellence.
Tête.	La tête est un des points les plus caractéristiques de la race; elle doit être bien formée, grande dans toutes ses dimensions hormis dans la largeur.
Crâne.	Très haut et pointu, l'os occipital extrêmement développé. L'arcade sourcilière est peu proéminente et l'expression de la tête dénote de la grandeur et de la majesté. La peau du front et des joues est profondément ridée, plus que chez toute autre race de chien.
Yeux.	De couleur brun noisette foncée; la paupière inférieure est très pendante, de façon à montrer une muqueuse oculaire d'un rouge foncé. Les yeux étant assez enfoncés dans la tête, paraissent relativement petits.
Nez.	Toujours noir.
Babines.	Très longues et pendantes; leur extrémité inférieure doit se trouver à 5 centimètres plus bas que le coin de la bouche.
Mâchoires.	Très longues et larges près des narines; creuses et maigres sur les joues et surtout sous les yeux.
Oreilles.	Suffisamment longues, pour que, passées par dessus le nez, elles le dépassent encore; attachées bas, elles pendent en avant contre les mâchoires en plis gracieux; la peau, très mince, est couverte de poil très court, doux et soyeux.

« BURGHS »
appartenant à M. E. BROUGH, Londres.
(Gravure extraite du Journal *Het Sportblad*.)

« CHAMPION BARNABY » et « BURGHO »
appartenant à M. E. Brough, Londres. (Cliché gracieusement prêté par le *Kennel Club Hollandais Cynophilia*.)

« RUBRIC » et « RAMESES »

appartenant à M. H. C. Hodson, Lichfield. (Cliché gracieusement prêté par la Maison Spratt's Patent Ld.)

Cou	Long, afin que le chien puisse suivre la piste le nez sur le sol, sans ralentir sa course ; bien musclé et portant des fanons extrêmement développés.
Épaules	Obliques et très musclées.
Poitrine	Large et profonde.
Dos	Large et profond ; très fort, en raison de la grandeur du chien ; les flancs sont larges, presque grossiers.
Ventre	Légèrement relevé.
Pattes	Droites, musclées et de bonne ossature ; les jarrets bien développés.
Pieds	Ronds, *cat-feet*.
Queue	Portée en courbe élégante et plus haut que la ligne du dos, mais pas sur le dos ou en trompette. Le dessous de la queue est garni de poils de 5 centimètres environ de longueur, devenant graduellement plus courts vers la pointe.

« CHAMPION BEAUFFORT »
appartenant à M. J. Evans, Londres.

« CHAMPION CROMWELL »
appartenant à M. G. R. Krehl, Londres. (Cliché gracieusement prêté par M. J. de Vrieu van Heyst, Apeldoorn.)

« BABY » (à l'âge de quatre semaines)
appartenant à M⁰⁰ C. Tinker, Harborne. (Gravure extraite du Journal *Chasse et Pêche*.)

532 — CHIEN DE SAINT-HUBERT.

« LORD LOVEL »
appartenant à Mlle F. E. Woodcock, West Norwood. (Gravure extraite du *Ladies' Kennel Journal*.)

« HARLEQUIN »
appartenant à Mme C. Lee, Penshurst. (Gravure extraite du *Ladies' Kennel Journal*.)

CHIEN DE SAINT-HUBERT.

Poil	Court et assez dur sur le corps, mais doux et soyeux sur les oreilles et sur le crâne.
Couleur	Noir et feu ou unicolore feu; la première couleur est la plus recherchée. La couleur noire doit s'étendre sur le dos en forme de selle, sur les flancs, le dessus de la nuque et la pointe de la tête. Le blanc n'est pas admis; toutefois, un peu de blanc à la poitrine ou sur les pattes n'entraîne pas la disqualification.
Hauteur au garrot . . .	Chiens, environ 67 centimètres, et chiennes, environ 60 centimètres.
Poids	De 40 à 48 kilogrammes.
Origine	Belge (Ardennes).

« LUATH XI »
appartenant au Capitaine J. W. CLAYTON, Londres. (Gravure extraite du livre *The Book of the Dog*.)

534   CHIEN DE SAINT-HUBERT.

« BABETTE » et sa progéniture
appartenant à M. E. Brough, Londres.

« RADIANT »
appartenant à M. H. C. Hodson, Lichfield.
(Cliché gracieusement prêté par la Maison Spratt's Patent Ld.)

« CHAMPION NESTOR »
appartenant à M. M. BEAUFOY, South Lambeth. (Gravure extraite du Journal *Le Chenil*.)

CHIEN DE SAINT-HUBERT.

« CHAMPION MALVINA », Chien de Saint-Hubert, à M. L. MORRELL, Rochester.
« CHAMPION CAMBRIAN PRINCESS », Mastiff, à M. G. WILLIN, Hammersmith.
« CHAMPION EARL OF WARWICK », Dogue Allemand, à M. R. MARTIN, Dublin.
« CHAMPION MILTON BANG II », Pointer, à M. A. POOLEY, Tetsworth.
« CHAMPION GRABBER », Bull-Dog, à M. W. SPRAGUE, Londres.
« CHAMPION FLOSSIE II », Blenheim Spaniel, à Mme L. JENKINS, Teddington.
« CHAMPION JUBILEE WONDER », Black and Tan Toy Terrier, à Mme H. HAMP, Birmingham.
(Gravure extraite du livre *The Dog Owner's Annual*.)

ÉCHELLE DES POINTS.

Apparence générale	7.5
Tête	20
Yeux et oreilles	15
Babines	5
Cou	5
Épaules et poitrine	10
Dos et reins	10
Pattes et pieds	15
Queue	5
Poil et couleur	7.5
TOTAL	100

CHIEN DE SAINT-HUBERT.

Quelques juges préfèrent l'échelle suivante :

ÉCHELLE DES POINTS.

Apparence générale	10
Tête	15
Oreilles et yeux	10
Babines	5
Cou	5
Poitrine et épaules	10
Dos	10
Pattes et pieds	20
Queue	5
Poil et couleur	10
TOTAL	100

« EDWIN NICHOLS »
appartenant
à M. W. L. VAN DER VEGTE,
Gendringen.

« BONO », Chien de Saint-Hubert, à M. E. BROUGH, Londres.
« CHAMPION THE WITCH », Caniche, à M. R. V. O. GRAVES, Londres.
« CHATTOX », Fox-Terrier, au Rev. C. T. FISHER, Londres.
(Gravure extraite du livre *The Dog Owner's Annual*.)

Braque Belge.

Apparence générale	Un chien rustique, endurant, intelligent autant que vigilant et symétriquement bâti.
Tête	Allongée, mais large à sa partie supérieure.
Crâne	Vaste et aplati; l'os occipital peu développé.
Stop	La cassure du nez est peu prononcée.
Museau	Allongé.
Yeux	Grands et brillants, de couleur brun clair.
Nez	Toujours noir.
Lèvres	Minces et de moyenne longueur.
Oreilles	Tombantes, minces et triangulaires.
Cou	Musculeux, cylindrique, de moyenne longueur, sans fanons.
Epaules	Obliques et longues.
Poitrine	Profonde, large et assez descendue.
Dos	Large, musclé et horizontal.
Ventre	Légèrement relevé.
Pattes	Longues, bien musclées et de bonne ossature.
Pieds	Courts et ronds, *cat-feet*.
Queue	Écourtée à une longueur de 35 centimètres et portée légèrement relevée.
Poil	Court, couché, dense et serré.
Couleur	Fond de la robe gris ardoise avec de grandes taches brunes.
Hauteur au garrot	Environ 65 centimètres.
Poids	Environ 25 kilogrammes.
Origine	Belge (1) (?).

---

(1) *Note de l'auteur.* — Le soi-disant Braque Belge est peu connu et les points énumérés ne sont pas adoptés par un Club spécial.

« DUC »
appartenant à M. M. Donnez, Bruxelles. (Gravure extraite du Journal *Chasse et Pêche*.)

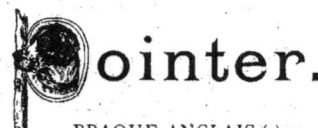ointer.

BRAQUE ANGLAIS (1).

Apparence générale . . Un chien élégant, plein de distinction et de force, présentant un ensemble harmonieux, de l'énergie, de la fierté, de l'attitude, un regard intelligent, de l'élégance dans les formes et des muscles saillants. Les formes grossières ou les constructions trop délicates sont à rejeter.

Aptitudes. . . . . . . Le chien d'arrêt par excellence pour la chasse au tir, dont l'intelligence, l'obéissance, la quête, l'arrêt et le rapport sont des qualités innées.

« GRACE OF STRASBOURG »
appartenant à S. M. le Roi d'Italie. (Gravure extraite du Journal *Zwinger und Feld*.)

---

(1) *Note de l'auteur*. — Sans être d'origine anglaise.

« DEVONSHIRE DAN »
appartenant à Sir HUMPHREY F. DE TRAFFORD, Manchester (Gravure extraite du Journal *Our Dogs*.)

« SANDFORD VESPER », « SANDFORD QUINCE » et « SANDFORD LARK »
appartenant à M. M. Mulard, Lugrin. (Cliché gracieusement prêté par M. G. Chasseignac, imprimeur, Angoulême.)

« DON PEDRO », Pointer et « DUCHESS OF HUNTROYDE », Pointer
« MARDO », Gordon Setter et « DOUNIE II », Gordon Setter
appartenant à Sir Humphrey F. de Trafford, Manchester. (Gravure extraite du Journal *Our Dogs*.)

BRAQUE ANGLAIS.

Tête . . . . Large et assez longue, sans être pointue (*snipey*); plutôt compacte.

Crâne . . . . De bonne grandeur, mais pas aussi développé que chez le Braque Espagnol; entre les oreilles, le crâne est plus large que celui de l'Épagneul Anglais; le front, près des arcades sourcilières, bien bombé. L'os occipital est proéminent, mais sans exagération.

Stop . . . . La cassure du nez est plus visible que chez l'Épagneul Anglais.

Museau . . . . Long et large.

Yeux . . . . De moyenne grandeur et de couleur brun foncé, avec une expression affectueuse. La couleur brun clair ou jaune n'est pas recherchée et est à rejeter.

Nez . . . . Large, froid et humide, les narines bien ouvertes et donnant l'impression d'un animal très utile à la recherche du gibier. Chez les exemplaires de couleur blanc et citron, blanc et orange, et ceux de couleurs claires, le nez est en général couleur chair; les chiens foncés ont

« BELLE »

appartenant à M. R. J. LLOYD PRICE, Surrey. (Gravure extraite du livre *The Book of the Dog*.)

« CHAMPIONS SADDLEBACK » et « GRAPHIC »
appartenant à M. E. C. Norrish, Crediton. (Gravure extraite du Journal *Chasse et Pêche*.)

546 BRAQUE ANGLAIS.

« CHAMPION NASO OF UPTON »
appartenant à M. C. H. BECK, Macclesfield. (Cliché gracieusement prêté par la Maison SPRATT's PATENT L^d.)

« FANNY »
appartenant à M. J. W. LOUTH, Berlin.

	le nez noir; néanmoins, un nez brun foncé ou couleur foie correspondant bien avec la couleur de la robe, n'est pas un défaut.
Lèvres	Bien développées, carrées et légèrement pendantes, fines et minces, plus minces que les lèvres d'un Terrier.
Mâchoires	Assez longues, fortes et bien développées.
Dents	Bien formées, espacées régulièrement et s'adaptant parfaitement.

« BLANCHE OF BESSUNGEN », « SCAMP » et « FLOCK OF FRENZ »
appartenant à M. J. C. Cockerill, Aix-la-Chapelle. (Gravure extraite du Journal *Der Hunde-Sport*.)

« CHAMPION BELLE OF BOW »
appartenant à M. A. Barclay, Londres. (Gravure extraite du Catalogue illustré du *Cruft Show*.)

« NASO OF KIPPING »

appartenant à S. A. le Prince DE SOLMS, Braunfels. (Gravure extraite du Journal *Le Chenil*.)

Oreilles	Fines et souples, de longueur moyenne, plantées un peu haut, pendant aplaties contre les joues, sans plis; la peau en est mince et le poil doux et soyeux.
Cou	Légèrement arqué, long et rond, sans trace de fanons, bien placé entre les épaules.
Epaules	Bien obliques, longues et couchées.
Poitrine	Profonde et bien descendue, mais pas trop large, car une trop grande largeur nuirait à la rapidité de l'allure. La place pour les poumons doit être plutôt cherchée dans la profondeur que dans la largeur.
Dos	Pas trop court et bien charpenté.
Ventre	Légèrement relevé.
Côtes	Bien voûtées et longues, particulièrement en arrière.
Reins	Bien musclés et légèrement arqués, larges et bien développés.
Corps	Bien charpenté, de bonne et forte ossature, mais sans lourdeur.

BRAQUE ANGLAIS.

Arrière-train . . . . . Bien développé et très musclé, le travail du Braque Anglais étant très fatigant.

Pattes de devant . . . Fortes, sans être trop massives ; les coudes bien descendus, mais tournés ni en dehors ni en dedans, car dans le premier cas le chien paraît avoir les côtes plates et les pattes placées trop près l'une de l'autre comme cela se présente actuellement chez beaucoup de Fox-Terriers.

Les pattes doivent être bien placées sous le corps, pas trop en arrière, car elles donneraient au chien l'apparence d'avoir une poitrine de poule et un chien de cette conformation ne peut pas galoper.

« TREFF OF STRASBOURG »
appartenant à M. G. WINTER, Strasbourg.
(Gravure extraite du Journal *Der Hunde-Sport*.)

« CHAMPION BERYL »
appartenant à M. E. C. NORRISH, Crediton. (Gravure extraite du Journal *Het Sportblad*.)

« LEICESTER »
appartenant à S. A. le Prince de Solms, Braunfels. (Gravure extraite du Journal *Le Chenil*.)

Pattes de derrière	Fortes et bien développées, jarrets bien descendus et d'aplomb.
Pieds	Bien formés, les soles bien dures et épaisses permettant au chien de travailler longtemps sur mauvais terrain, sans se blesser. Les pieds doivent être ronds (*cat-feet*), les doigts bien arqués et près l'un de l'autre.
Queue	Très forte à sa base et s'effilant jusqu'à la pointe. Elle est portée légèrement courbée ou droite en arrière, plutôt abaissée que relevée. Une queue courbée, même à la pointe ou une queue en trompette sont de grands défauts.
Poil	Court, doux, mais pas soyeux et pouvant résister à l'eau.
Couleur	Blanc à taches brun foie, blanc à taches citron ou orange et blanc à taches noires. L'unicolore brun ou noir est très peu recherché.
Hauteur au garrot	De 5o à 65 centimètres.
Poids	De 20 à 3o kilogrammes.
Origine	Continentale ou Espagnole?

« SANDFORD GRAPHIC »
appartenant à M. E. C. Norrish, Crediton.
(Cliché gracieusement prêté par le *Kennel Club Hollandais Cynophilia*.)

« CLI »

(Gravure extraite du *Ladies' Kennel Journal*, d'après un tableau de Mlle MAUD EARL.)

ÉCHELLE DES POINTS.

Apparence générale	15
Crâne	10
Museau	10
Oreilles et yeux	10
Cou	5
Épaules et poitrine	10
Corps	10
Pattes	10
Pieds	10
Queue	5
Poil et couleur	5
TOTAL	100

« LUCK OF HESSEN »

appartenant à S. A. le P^ince de Solms, Braunfels. (Cliché gracieusement prêté par la Société cynégétique hollandaise *Nimrod*.)

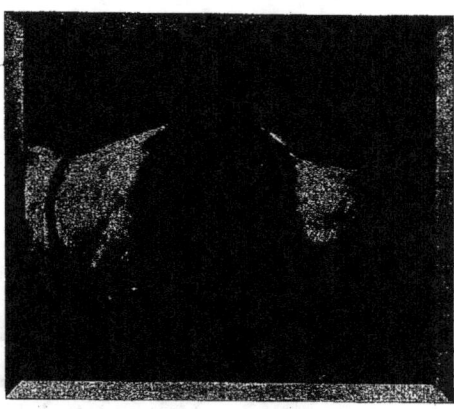

« CHAMPION WAGG »
appartenant au Comte DE BEAUFFORT, Bruxelles.

Pointer Club (FRANÇAIS).

Président :
Secrétaire : J. BOUTROUE . . . 40, rue des Mathurins, Paris.
Cotisation : 20 Francs.

Pointer Club (ANGLAIS).

Président : Duc DE PORTLAND . . . . Worksop.
Secrétaire : Rev. J. POOLEY, Little Minton Vicarage, Tetsworth.
Entrée : £ 1. 1 Sh.;
Cotisation : £ 2. 2 Sh.

Pointer Club (INTERNATIONAL).

Président d'honneur : Duc DE PORTLAND . . . . . Worksop.
Président : J. J. GILTRAP . . . . Dublin.
Secrétaire : GEO POTTER . . . . Dublin.
Cotisation : £ 1. 1 Sh.

Kurzhaarige Deutsche Vorstehhund.

BRAQUE ALLEMAND A POIL RAS (brun tigré) (1).

Apparence générale	Un chien fort, noble et symétriquement bâti, dénotant l'endurance, la vitesse et la force. Ni trop petit, ni trop grand, les chiens trop haut sur pattes n'ayant pas d'endurance; il doit être bâti comme le cheval de chasse, c'est-à-dire couvrant beaucoup d'espace avec un dos court. Des chiens lourds et grossiers ne sont pas recherchés. La première impression doit être celle d'un chien plein de tempérament et vivace (mais pas nerveux).
	Un chien élevé judicieusement se distingue par ses gracieux mouvements, une tête sèche, la queue bien portée et la peau bien tendue. Ses épaules obliques, sa poitrine profonde, son dos droit et son arrière-train développé dénotent la vitesse, tandis que sa bonne ossature, sa poitrine large et sa musculature développée démontrent son endurance.
	Un cou pas trop long permettra au chien de sauter un obstacle avec une pièce de gibier dans la gueule, tandis que de longues mâchoires facilitent le port du gibier.
Aptitudes	Chien d'arrêt aux allures moins vives que celles du Braque Anglais, quoique plus dur à la besogne.
Tête	Sèche, sans plis dans la peau, de moyenne grandeur; ni trop pointue, ni trop lourde. Le chanfrein large et coupé net, est droit, plutôt légèrement voûté qu'enfoncé.
	La tête ne doit pas avoir une apparence pointue, mais le museau et le crâne doivent être en bonne proportion avec la longueur de la tête.
Crâne	Assez large et légèrement bombé, l'os occipital peu proéminent.
Stop	Vue du profil, l'arcade sourcilière est proéminente et forme une cassure du nez peu apparente.

(1) *Note de l'auteur.* — Cette variété est aussi nommée Lemgoer.

« BORWINUS »

appartenant à M. H. COLDEWEY, Deventer. (Cliché gracieusement prêté par le propriétaire.)

Yeux	De grandeur moyenne, vifs et pleins d'expression, non enfoncés, les paupières bien closes, sans montrer la *muqueuse conjonctive*. La meilleure couleur est un beau brun, mais le brun jaune clair n'est pas un défaut.
Nez	Brun, le plus grand possible et large, les narines bien ouvertes. Un nez fendu (double nez) est un défaut.
Lèvres	Pas trop pendantes, mais formant un bon pli à la commissure des lèvres.
Mâchoires	Fortes, les muscles bien développés.
Dents	Fortes et saines; elles doivent bien s'adapter.
Oreilles	De longueur moyenne, ni trop épaisses, ni trop fines, placées haut et pendant sans plis contre la tête sur toute leur largeur, arrondies en pointe obtuse. Les oreilles doivent atteindre, sans les tirer, le coin de la bouche, mais des oreilles un peu plus ou moins longues ou ayant un léger pli ne disqualifieront pas un chien correct dans les autres points.

BRAQUE ALLEMAND. 556a

« HECTOR VON STRASSBURG »
appartenant à M. C. Neddermann Strasbourg. (Cliché gracieusement prêté par le propriétaire.)

« JUNO VON STRASSBURG »
appartenant à M. J. Götz, Strasbourg. (Cliché gracieusement prêté par M. C. Neddermann, Strasbourg.)

BRAQUE ALLEMAND.

Braque Allemand idéal, d'après le peintre allemand H. Sperling.
(Réduction d'un spécimen de *Sperling's Rassehundtypen*.)

« TELLUS VON FREUNDENTHAL »
appartenant à M. H. Kuhlmann, Schebusch. (Gravure extraite du Journal illustré *Wild und Hund*.)
(Cliché gracieusement prêté par M. Paul Parey, libraire, Berlin.)

Cou	De longueur moyenne, très musclé, sec, légèrement arqué et s'élargissant graduellement vers les épaules. La peau aussi tendue que possible; dans tous les cas, sans fanons.
Épaules	Très musclées, obliques et longues; elles doivent avoir beaucoup de liberté et ne pas être trop charnues.
Poitrine	Vue de face, pas trop étroite, mais cependant pas assez large pour que les épaules paraissent raccourcies ou droites; elle doit être plutôt profonde que large. Les côtes ne doivent pas être aussi plates que chez le Lévrier ou l'Épagneul Anglais, sans être non plus trop rondes, car cette dernière conformation empêche la respiration.

La circonférence de la poitrine mesurée derrière les coudes est et doit être inférieure à celle prise une dizaine de centimètres plus en arrière, afin de donner aux épaules de la place pour le mouvement.

L'on doit observer la proportion entre les trois mesures de la poitrine, savoir :

A. Circonférence mesurée par dessus l'os de la poitrine et les épaules;

« SALLY WOHLGEMUTH »
appartenant à M. A. Rauschenbusch, Nurnberg.

B. Circonférence mesurée derrière les coudes;
C. Circonférence mesurée une dizaine de centimètres derrière les coudes;
D. La différence entre la hauteur au garrot et la hauteur depuis le point le plus bas de la poitrine jusqu'au sol, mesurée perpendiculairement.

Dos . . . . Un dos fort est de grande importance pour que le chien puisse soutenir une allure convenable; il doit être court comme chez le cheval de chasse, couvrant beaucoup d'espace. Un dos long et ensellé gêne le galop. Pour le choix d'un reproducteur on doit faire attention de prendre un chien au dos droit et court et aux reins forts.

Ventre . . . . Assez relevé pour donner de la place aux membres pendant le galop.

Reins . . . . Légèrement arrondis; des reins trop ronds donnent un galop lent.

Avant-main . . . . . . Les coudes placés bas donnent, avec les épaules obliques et les pattes bien attachées sous le corps, un avant-bras long qui, servant de levier, est de grande importance pour la liberté de l'action. Des coudes écartés gênent les mouvements et sont à rejeter même quand les épaules sont peu fautives par leur bonne musculature.

Pattes de devant . . . Droites, bien musclées et de bonne ossature, mais pas grossières; les chevilles sont peu arquées, presque droites; des chevilles toutes droites sont inflexibles et occasionnent, quand le chien s'arrête brusquement, des entorses et fatiguent l'animal.

Pattes de derrière . . . Jarrets très musclés, mais pas trop arqués. Les jarrets très arqués, comme chez le Lévrier, augmentent bien la vitesse, mais gênent l'endurance, tandis que des jarrets trop droits embarrassent le mouvement et sont souvent suivis d'un dos rond. La forme du jarret du Braque Anglais (de grande taille) peut servir de modèle. Les talons de bonne ossature et placés assez droits sous les jarrets. Les ergots doivent être coupés quand le chien est jeune, parce que des ergots lâches et pendants occasionnent des blessures et gênent les mouvements.

Pieds . . . . Ronds; les pieds de derrière un peu plus longs ne disqualifieront pas le chien. Les soles pleines, résistantes et très dures, les doigts bien serrés.

Queue . . . . De longueur moyenne, écourtée selon les exigences de la chasse, placée haut, forte à sa base, s'amincissant graduellement; au repos, portée pendante et pendant la quête plus horizontale. Que la queue soit écourtée à la moitié ou au tiers, ceci est une affaire de goût. Une queue trop grosse est aussi mauvaise que des fanons, des oreilles trop

Braque Allemand à poil ras idéal, d'après le peintre allemand H. Sperling.
(Gravure extraite du Journal *Chasse et Pêche*.)

« JAGO »

appartenant au Docteur A. Schwab, Berne. (Gravure extraite du Journal *Zentralblatt*.)

Ossature . . . .

Peau . . . .

Poil . . . .

charnues ou des épaules trop grosses, défauts qui se montrent presque toujours ensemble. Une queue placée trop profondément est un défaut ainsi qu'une croupe affaissée.

Une ossature mince et fine n'est pas recherchée pour un chien qui doit travailler sur toutes sortes de terrains et qui doit avoir de la force; les articulations, les genoux et les talons doivent surtout être de forte ossature. Ce n'est pas la masse mais la qualité des os qui est recherchée; un chien à ossature grossière n'a pas de vivacité ni de vitesse.

Sans plis et bien tendue sur le corps.

Court, mais cependant plus long et plus serré que chez le Braque Anglais; serré et dense, le dessous de la queue ne doit pas former de brosse; sur les oreilles, le poil est plus doux, plus mince et plus court.

Le poil fin et doux du Braque Anglais ne peut servir au Braque Allemand qui ne doit pas avoir peur ni de l'eau glacée, ni des déchirures des épines.

Beaucoup de chiens portent un poil très légèrement onculé sur le dos; cela n'est pas une faute, mais provient de l'âge ou de ce que les chiens sont toujours dehors et subissent les influences atmosphériques.

La tendance à élever des chiens de poil plus fin ne doit pas être encouragé.

Couleur . . . . Le fond de la robe est mi brun, mi blanc ou blanc et brun tacheté, moucheté ou tigré ; c'est-à-dire que les poils bruns et blancs (louvet), poivre, canelle et sel sont si entremêlés que l'ensemble présente l'aspect si recherché pour l'usage pratique. A l'intérieur des pattes de derrière, ainsi qu'à la pointe de la queue la couleur est plus claire. Moins les taches brunes sont grandes et nombreuses, mieux cela vaut. La couleur de la tête est plus souvent brune, quoique l'on trouve des chiens au chanfrein et au crâne tigré.

« MAITRANK HOPPENRADE »
appartenant
à M. J. Mæhlich, Berlin.
(Gravure extraite du *St-Hubertus*.)

Hauteur au garrot . . . De 55 à 65 centimètres.
Poids . . . . De 25 à 30 kilogrammes.
Origine. . . . . . . Allemande.

« INDRA »
appartenant à M. C. Schildenecht, Furth.

« BRZYTWA HOPPENRADE »

appartenant à Mme R. Neymann, Berlin. (Gravure extraite du Journal *St-Hubertus*.)

ÉCHELLE DES POINTS.

Apparence générale	10
Tête ⎫	
Oreilles ⎪	
Yeux ⎬	15
Nez ⎭	
Cou	5
Poitrine	10
Dos	10
Avant-main	10
Arrière-train	10
Pieds et scles	5
Queue	5
Poil et peau	10
Couleur	10
TOTAL	100

Klub Kurzhaar.

Président d'honneur : Duc G. L. d'OLDENBOURG. . Oldenbourg.
Président : S. TILLMANN . . . . Coblence.
Secrétaire : A. VON WITZLEBEN, 10, Herbartstrasse, Oldenbourg.
  Cotisation : 3 et 10 Mark.

Nederlandsche Duitsche Staande Honden Club.

Président : S. J. V. D BERGH. . . . . La Haye.
Secrétaire : J. A. DUYNSTEE . . . . Zwarte Weg, La Haye.
  Cotisation : 5 Florins.

Club du Braque Continental.

Président : ED. FRANQUINET . . . . Maestricht.
Secrétaire : LUCIEN RÉMY . . . . Lanklaer.
  Cotisation : 15 Francs.

 Kurzhaarige Deutsche Vorstehhund.

BRAQUE ALLEMAND A POIL RAS (brun ou brun et blanc).

Apparence générale . . Chien de grandeur moyenne et d'apparence robuste sans être lourd; l'arrière-train et l'avant-main doivent être en proportion régulière avec le corps. A une allure tranquille, le cou et la tête du chien sont légèrement relevés, la queue relevée obliquement tandis que pendant la quête le fouet est plus horizontal.

Physionomie intelligente, grave au repos, prenant une expression amicale lorsque l'animal s'anime.

« NIDUNC »
appartenant à M. J. ENGLER, Lemgo. (Gravure extraite du Journal *St-Hubertus*.)

« MARKI »
appartenant à M. J. Conrad, Neugattersleben. (Gravure extraite du Journal *Der Hunde-Sport*.)

BRAQUE ALLEMAND.

« WODAN » et « DIANA-TREFFLICH »
appartenant à M. F. Isermann, Sonderhausen. (Gravure extraite du Journal *Der Hunde-Sport*.)

Aptitudes	Chien d'arrêt aux allures moins vives que celles du Braque Anglais.
Tête	De grosseur moyenne, pas trop lourde. La région nasale large, ne se rétrécissant pas devant les yeux.
Crâne	Large, légèrement bombé; vu de profil, la partie la plus haute est au milieu de la ligne bombée; l'os occipital peu proéminent.
Stop	Cassure du nez peu accusée.
Museau	Vu de face et de profil, large et coupé net.
Yeux	De forme un peu ovale, de grandeur moyenne, clairs, ni enfoncés, ni proéminents, de couleur plus ou moins brune, selon la robe, mais jamais brun jaune. Les paupières bien serrées.
Nez	Plus ou moins brun foncé, selon la couleur de la robe. Les narines bien ouvertes.
Lèvres	Bien pendantes, formant un large pli à la commissure des lèvres.
Oreilles	De longueur moyenne, pas trop larges à l'attache, arrondies en pointe obtuse, attachées haut dans toute la largeur, pendant sans plis contre la tête.

Cou	De longueur moyenne, fort, légèrement arqué et se perdant graduellement dans la poitrine. La peau du cou doit être serrée et ne pas former de fanons.
Épaules	Obliques et musclées.
Poitrine	Large, vue de face et profonde, vue de profil; les côtes bien cintrées, jamais plates.
Dos	Large, droit et bien musclé.
Ventre	Légèrement relevé.
Reins	Légèrement voûtés, larges, courts et bien musclés.
Croupe	Pas trop courte, un peu oblique.
Pattes	Celles de devant droites et très musclées, les coudes contre le corps, les genoux non saillants. Celles de derrière très musclées, les jarrets ni trop droits ni trop obliques. Vues de derrière, les pattes doivent paraître droites.
Pieds	Larges et ronds, les doigts bien serrés, les soles grosses et dures; les ongles bien arqués.
Queue	De longueur moyenne, droite ou très légèrement recourbée, forte à sa base, s'amincissant graduellement, sans cependant se terminer en pointe effilée. Le dessous est couvert d'un poil plus fort et plus grossier, sans toutefois former brosse. On peut écourter un peu la queue, mais celle-ci doit descendre jusqu'à 8 à 9 centimètres du jarret.

« CORA »
appartenant à M. D. VAN DER BOSCH, Berlin.
(Cliché gracieusement prêté par le *Kennel Club Hollandais Cynophilia*.)

« ERRA-HOPPENRADE »
appartenant à M. J. MEHLICH, Berlin. (Gravure extraite du Journal *Der Hunde-Sport*.)

BRAQUE ALLEMAND.

Poil	Dur et serré, plus court et plus doux aux oreilles, plus grossier sur la face inférieure de la queue et le ventre, mais sans être visiblement plus allongé.
Couleur	Brun unicolore, le brun dans toutes ses nuances, brun à taches blanches et blanc à taches brunes. Les chiens présentant deux nuances de brun ne sont pas recherchés.
Hauteur au garrot	Chiens, de 60 à 65 centimètres; chiennes, de 55 à 60 centimètres.
Poids	Chiens, environ 30 kilogrammes; chiennes, environ 25 kilogrammes.
Origine	Allemande.
Défauts	Formes trop massives et trop lourdes; dos ensellé; tête trop grosse; crâne conique; os occipital trop prononcé; oreilles trop longues, plissées ou trop épaisses; nez couleur chair ou noir; paupières mal closes (conjonctives trop apparentes); pattes de devant courbées; coudes trop écartés ou trop serrés; pieds tournés en dehors; pieds plats ou trop écartés; queue trop écourtée, trop relevée ou garnie de long poil; couleurs rouge, jaune, bringé, louvet, tricolore et unicolore blanc ou noir. Les ergots ne sont pas désirés.

« SENTA » appartenant au *Verein zur Züchtung reiner Hunderassen für Württemberg.*

Deligirten-Kommission.

Président : Comte A. DE WALDERSEE . . . . Altona.
Secrétaire : Comte O. DE HARDENBERG, 1, Kurzestrasse, Hanovre.
Cotisation : 20 Mark.

Nederlandsche Duitsche Staande Honden Club.

Président : S. J. V. D. BERGH. . . . . La Haye.
Secrétaire : J. A. DUYNSTEE . . . . Zwarte Weg, La Haye.
Cotisation : 5 Florins.

Club du Braque Continental.

Président : ED. FRANQUINET . . . . Maestricht.
Secrétaire : LUCIEN REMY . . . . Lanklaer.
Cotisation : 15 Francs.

(Gravure extraite du Journal *St-Hubertus*.)

« HECTOR-TREFFLICH » et « SENTO »
appartenant à M. S. Tillmann, Coblence. (Cliché gracieusement prêté par le propriétaire.)

tichelhaarige Deutsche Vorstehhund.

BRAQUE ALLEMAND A POIL ROIDE.

Apparence générale . .	Un chien musculeux, mais pas grossier, l'avant-main et l'arrière-train bien en harmonie avec le corps; au pas, le cou, la tête et la queue sont portés légèrement relevés; en chasse, la queue est portée horizontalement. L'apparence générale dénote une sérieuse intelligence.
Tête	De grandeur moyenne, pas trop lourde.
Crâne	Légèrement bombé; vu de côté, large, ayant sa partie la plus élevée au milieu. L'os occipital pas trop développé.
Stop	La cassure du nez n'est pas brusque.

Braques Allemands à poil roide idéaux, d'après le peintre allemand L. BECKMANN.
(Gravure extraite du livre *Der Rassen des Hundes*.)
(Cliché gracieusement prêté par le *Kennel Club Hollandais Cynophilia*.)

Braque Allemand à poil roide idéal, d'après le peintre allemand H. Sperling.
(Cliché gracieusement prêté par la Société cynégétique *Nimrod*.)

Museau	Pas trop court et assez carré, l'os nasal large et droit, jamais enfoncé.
Yeux	Légèrement ovales, de grandeur moyenne, brillants, ni enfoncés, ni proéminents, de couleur brune; quand la robe est plus claire les yeux ont également une nuance plus claire, mais jamais jaune ou de la couleur des yeux des oiseaux de proie. Les arcades sourcilières fortement développées et bien garnies de poils qui retombent en courbe gracieuse vers l'extérieur. Les yeux paraissent menaçants à cause de ces poils.
Nez	De couleur brun foncé ou brun clair, suivant la nuance de la robe, les narines bien ouvertes et les muscles bien développés.
Lèvres	Tombantes et serrées, formant un pli aux commissures des lèvres.

« ADDA »
appartenant à M. D. Schlotfeldt, Hanovre. (Gravure extraite du Journal *Geflügel-Börse*.)

« LORD »

appartenant à M. A. Freericks, Amsterdam. (Cliché gracieusement prêté par le propriétaire.)

« SENTA I »

appartenant à M. H. Wernecke, Katzensee. (Gravure extraite du *Schweizerisches Hunde-Stammbuch*.)

« LAMIA »
appartenant au *Verein zur Züchtung Deutscher Vorstehhunde*. (Gravure extraite du Journal illustré *Wild und Hund*.)
(Cliché gracieusement prêté par M. Paul Parey, Berlin.)

« ROLF WOHLGEMUTH »
appartenant à M. A. Rauschenbusch, Bamberg.

Mâchoires	Pas trop courtes, plutôt carrées et non pointues.
Oreilles	De longueur moyenne, pas trop larges à l'attache, arrondies aux pointes, attachées haut et sur toute la largeur, pas trop en arrière et, si possible, tombant sans plis et bien serrées contre la tête.
Cou	De longueur moyenne, fort, légèrement arqué, s'élargissant vers la poitrine, sans fanons.
Epaules	Obliques.
Poitrine	Vue de face, assez large ; vue de côté, profonde, les côtes bien arquées, jamais plates.
Dos	Large, droit et bien musclé.
Ventre	Légèrement relevé, bien fermé dans les flancs.
Reins	Larges, courts et bien musclés.
Croupe	Pas trop courte et peu tombante.
Pattes de devant	Droites et musclées, coudes tournés ni en dedans, ni en dehors, les genoux non enfoncés.
Pattes de derrière	Musclées, jarrets pas trop droits ; vus de derrière, les jarrets ne sont tournés ni en dedans, ni en dehors.
Pieds	Ronds, les doigts bien arqués et serrés, non écartés, les ongles bien arqués ; les soles grosses et dures.
Queue	De longueur moyenne, droite, légèrement inclinée vers le haut, s'effilant vers la pointe. L'attache forte et pas trop basse. Il est permis d'écourter la queue.
Poil	De 4 à 6 centimètres de longueur sur le corps, pas trop plat et allant dans la même direction, soit d'avant en arrière, soit de haut en bas, roide, dur et sans brillant. Derrière les épaules et sous le ventre, le poil devient plus long depuis la gorge en passant par le milieu de la poitrine et le ventre, et forme une légère frange. Sur tout le corps se trouve un sous-poil quelquefois presque invisible, qui est plus développé en hiver qu'en été. Sur les mâchoires, le poil forme des moustaches pas trop longues ; sur l'os nasal il est court et roide, pas long ou doux ou tombant. Sur le crâne, plat, court, roide et sans brillant. Sur les oreilles, le poil est plus long que chez la variété à poil ras, mais pas

« TREFF-WALDHEIM »
appartenant
à M. G. Mellaerts, Anvers.

« STENTOR »

appartenant à M. S. TILLMANN, Coblence. (Gravure extraite du Journal *Le Chenil*.)

	aussi roide que sur le crâne. Les arcades sourcilières bien couvertes de poil ébouriffé; les poils sont tournés vers le haut et les pointes courbées vers l'extérieur. Sur la partie antérieure des pattes de devant, le poil est court et couché; sur la partie postérieure, il forme une légère frange depuis les coudes jusqu'aux pieds; sur les pattes de derrière se trouve également une frange qui se termine près des jarrets. Entre les doigts se trouve un poil court et plus doux. La queue est bien poilue à sa partie inférieure sans toutefois former frange; le poil n'est pas tombant, mais couché.
Couleur	Brun et blanc, apparemment gris brun mêlé de quelques taches plus grandes d'un brun foncé. La robe unicolore brune n'est pas recherchée.
Hauteur au garrot	De 60 à 66 centimètres, les chiennes un peu plus petites.
Poids	De 25 à 30 kilogrammes.
Origine	Allemande (?).
Défauts	Structure trop lourde, dos ensellé, tête trop grande, crâne conique, os occipital trop prononcé, oreilles trop longues ou trop en chair, double nez, nez noir ou de couleur chair, paupières mal fermées, pattes de devant courbées, coudes tournés en dehors ou en dedans, pieds tournés vers le dehors, doigts écartés, couleur noire et marques jaunes ou feu à la tête et aux pattes, poil se divisant en raie sur le dos et queue trop écourtée. Le blanc comme couleur principale n'est pas absolument une faute, mais n'est pas recherché.

Club Stichelhaar.

Président d'honneur : Baron A. VON RAUCH. . . . Francfort.
Président : Comte J. OEYNHAUSEN. . . . . . . Dötzingen.
Secrétaire : FR. KRICHLER . . 6, Ihmebruckstrasse, Hanovre.
Cotisation : 15 Mark.

Dreifarbige Würtembergischer Vorstehhund.

BRAQUE TRICOLORE DU WURTEMBERG.

Apparence générale	Un grand chien de structure symétrique, ni grossier ni léger, plutôt haut que bas sur pattes.
Aptitudes	Chassant sagement et avec intelligence, apte à toute espèce de chasse.
Tête	En comparaison du corps, plutôt lourde que légère, aux contours accentués.
Crâne	Long et étroit, os occipital bien développé.
Museau	De bonne longueur et assez large, les arcades sourcilières bien visibles.

« OBERLAND FINGAL »
appartenant à M. A. F. Dennler, Interlaken. (Cliché gracieusement prêté par le propriétaire.)

« OBERLAND PERDRIX »

appartenant à M. A. F. Demmler, Interlaken. (Cliché gracieusement prêté par le propriétaire.)

Yeux	Assez enfoncés dans la tête, de couleur brune assez claire, regard intelligent et sérieux; la paupière inférieure souvent pendante et laissant voir la muqueuse.
Nez	De couleur brun foncé, narines bien ouvertes.
Lèvres	Assez pendantes, formant un pli accentué aux commissures des lèvres.
Dents	S'adaptant parfaitement.
Oreilles	Placées ni trop haut ni trop bas, pas trop larges ni trop longues, pendant avec un léger pli contre les joues.
Cou	Fort et bien musclé, fanons très développés.
Epaules	Obliques et longues, bien serrées contre la poitrine.
Poitrine	Profonde, assez descendue, de forme ovale et garnie de bonnes côtes.
Dos	Droit, large et fort.
Ventre	Très légèrement relevé.
Reins	Larges et profonds, pas trop longs.
Pattes	Droites et de bonne ossature; l'avant-bras court, très musclé et bien mobile; coudes très développés; jarrets forts et pas trop droits.

« OBERLAND FLORA »
appartenant à M. A. F. Dennler, Interlaken. (Cliché gracieusement prêté par le propriétaire.)

« BRUNO »
appartenant à M. J. Pickhardt, New-York. (Gravure extraite du Journal *Der Hunde-Sport*.)

BRAQUE DU WURTEMBERG.

« JUNO »

appartenant à M. D. A. Dupper, Oosterhesselen.

Pieds	Ronds, doigts bien arqués, ongles forts, soles dures.
Queue	Forte, pas attachée trop haut, s'effilant vers la pointe et portée noblement.
Poil	Court, dense et brillant.
Couleur	Tricolore, truité de taches et de raies brun et feu sur fond bleuâtre, blanc tiqueté de mouchetures blanches avec des marques jaunes au dessus des yeux, sur les joues, les lèvres, la poitrine, le côté intérieur des pattes et le dessous de la queue.
Hauteur au garrot . . .	De 60 à 70 centimètres.
Poids	De 27 à 32 kilogrammes.
Origine	Création Wurtembourgeoise.

Klub Dreifarbig Kurzhaar.

Président : A. F. Dennler . . . . Interlaken.
Secrétaire : A. Greiner . . . . Stuttgart.

Cotisation : 12 Mark.

Weimaraner.

BRAQUE DE WEIMAR.

Apparence générale	Un chien de taille moyenne, d'une musculature moins développée que celle du Braque Allemand quoique très élégant de formes.
Aptitudes	Un chien d'arrêt, chassant sur toute sorte de terrain.
Tête	Sèche, plutôt légère que lourde.
Crâne	Large, quoique pas autant que celui du Braque Allemand, très peu arrondi, os occipital légèrement marqué.
Stop	La cassure du nez est très peu prononcée.
Museau	D'égale largeur; vu de profil, bien rectangulaire et bien formé.
Yeux	De grandeur moyenne, de forme ovale et de couleur claire quoique la couleur foncée soit préférée; les paupières bien serrées; expression intelligente, sévère et aimable.
Nez	De couleur brune; narines bien ouvertes.
Lèvres	Bien tombantes, sans former, toutefois, de grandes babines.
Mâchoires	Larges en profil, avec des coins marqués.
Joues	Plates et bien en arrière; elles ne commencent que sous les yeux, ce qui fait paraître le museau plus long qu'il n'est en réalité.
Dents	Fortes et saines, s'adaptant bien.
Oreilles	Attachées assez haut, se terminant en pointes arrondies et tombant contre la tête avec un pli peu accentué; le poil est plus doux que sur le corps.
Cou	Élégamment arqué, sorti largement des épaules; s'amincissant graduellement vers la tête; pas de fanons.
Épaules	Assez droites.
Poitrine	Modérément large, bien descendue, côtes arrondies, ni plates, ni trop rondes.
Dos	Large, droit et fort.

BRAQUE DE WEIMAR.

« TREFF-SANDERSLEBEN », « BELLA-SANDERSLEBEN »
et « JUNO-RODA »
appartenant à MM. Pitzschke et D. Andreae, Sandersleben. (Gravure extraite du Journal *St-Hubertus*.)

Ventre	Très légèrement relevé.
Croupe	Pas trop courte; légèrement affaissée.
Cuisses	Pas trop larges, mais bien musclées.
Pattes	Coudes développés sans torsion; pattes élégantes, bien musclées et de bonne et forte ossature; jarrets descendus et droits, couvrant beaucoup de terrain avec un dos comparativement court.
Pieds	Ronds, doigts bien arqués.
Queue	Légère, toujours écourtée et portée légèrement relevée, mais jamais sur le dos.
Poil	De bonne texture et dense; plus doux sur la tête et plus allongé sur le ventre et sous la queue.
Couleur	Gris argenté, plus clair sur la tête et les oreilles.
Hauteur au garrot	De 55 à 65 centimètres.
Poids	De 25 à 30 kilogrammes.
Origine	Création de Thuringe.
Défauts	Tête grossière, joues trop développées, paupières inférieures tombantes, oreilles écartées de la tête, structure lourde, pattes courbées, doigts écartés, marques jaunes ou feu et taches blanches.

Steinbracke.

BRAQUE DES ENVIRONS DE LA RUHR.

Apparence générale	Un chien de chasse de petite taille, régulièrement bâti.
Tête	Légère, crâne plus large que le museau, l'os occipital peu proéminent; la cassure du nez est visible; légère dépression entre les yeux.
Yeux	Ronds, clairs, non enfoncés, pleins de feu et placés un peu obliquement dans la tête, de couleur jaune ou brun clair.
Nez	Toujours noir, lèvres peu pendantes avec un léger pli.
Oreilles	Bien tombantes, larges et lisses, pas placées trop haut, arrondies à la base.
Cou	De longueur moyenne, arqué dans la nuque, la peau lâche.
Corps	Vu d'en haut, étroit; épaules larges et obliques; poitrine profonde et étroite; dos droit, légèrement arqué près des reins; croupe peu tombante.
Pattes de devant	Musclées et droites, l'avant-bras large, fort et long.
Pattes de derrière	Cuisses plates, mais musclées; larges et longues.
Pieds	Ovales.
Queue	Forte à la base et touchant le jarret.
Poil	Droit, dense, long et couché, plus long autour du cou et sur le dessous de la queue.
Couleur	Noir à marques jaunes; le dos, le crâne et les oreilles toujours noirs ainsi que le dessus de la queue; cuisses, épaules, pattes et joues jaunes; souvent une étoile blanche au front et à la poitrine; parfois même, le museau est blanc.
Hauteur au garrot	De 45 à 55 centimètres.
Origine	Des environs de la Ruhr.

Steinbracke idéaux, d'après le peintre allemand L. BECKMANN.
(Gravure extraite du livre *Der Rassen des Hundes*.)

Holzbracke.

BRAQUE DE LA WESTPHALIE.

Apparence générale	Un chien de chasse petit et élégant, mais fort; rappelant un peu les formes du Lévrier.
Tête	Légère et longue, crâne bombé; vue de face, étroite et longue; le crâne légèrement plus large que le museau.
Yeux	Brillants, vifs, avec une expression amicale.
Lèvres	Peu tombantes, plis peu marqués.
Oreilles	Pendant sans plis, arrondies aux pointes.
Cou	De longueur moyenne et assez fort.
Epaules	Droites et sèches.
Dos	Légèrement arqué.
Ventre	Bien relevé.
Croupe	Légèrement tombante.
Pattes de devant	Assez hautes et grêles, coudes bien descendus, bonne ossature.

Braques Westphaliens idéaux, d'après le peintre allemand L. BECKMANN.
(Gravure extraite du livre *Der Rassen des Hundes*.)

Pattes de derrière	Musclées; vues de profil, les cuisses sont larges et pleines; les jarrets longs et pas fort larges.
Pieds	Plutôt longs que ronds, les doigts bien serrés.
Queue	Longue, pas trop forte à sa base, se terminant en pointe, portée soit tombante, soit avec une légère courbe.
Poil	Serré, assez long et dense, plus long autour du cou, en dessous de la queue et les cuisses.
Couleur	Unicolore rouge jaune avec le museau blanc, une étoile au front et une collerette blanche, quelquefois tacheté fauve, jaunâtre ou brun noirâtre.
Hauteur au garrot	Environ 50 centimètres.
Poids	Environ 18 kilogrammes.
Origine	Westphalienne.

Haidbracke.

BRAQUE HANOVRIEN.

Apparence générale	Un chien de chasse d'ossature légère, à ventre relevé et dont l'avant-main est plus développé que l'arrière-train.
Tête	Légère, assez longue, la cassure du nez bien prononcée, le crâne bien bombé, l'os occipital très visible.
Museau	Long, ni massif, ni pointu.
Yeux	De couleur brune.
Lèvres	Peu tombantes, formant cependant un pli aux coins de la bouche.
Oreilles	De longueur moyenne, arrondies à leurs pointes, placées haut et tombant sans plis.
Cou	Court et paraissant plus développé à cause du poil plus long; la peau est lâche sans former de fanons.
Epaules	Obliques et maigres.
Poitrine	Étroite avec des côtes longues.
Dos	Long et droit.
Croupe	Peu tombante.
Pattes de devant	Droites, les coudes bien descendus.
Pattes de derrière	Musclées, les jarrets longs et obliques.
Pieds	Ronds, doigts bien serrés, ongles forts.
Queue	Attachée haut, forte à la racine et s'amincissant graduellement, descendant jusqu'au jarret, portée tombante ou légèrement relevé à la pointe.
Poil	Dur, droit et couché, plus long autour du cou, sur le ventre et le dessous de la queue.
Couleur	Rouge renard ou rouge jaune avec le dos plus foncé; avec une collerette et une étoile blanche sur le front.
Hauteur au garrot	De 53 à 58 centimètres.
Poids	Environ 20 kilogrammes.
Origine	Du Hanovre.

Holsteinische Bracke.

BRAQUE HOLSACIEN.

Apparence générale	Chien fortement bâti sans être lourd, de forte ossature.
Tête	Bien développée et assez lourde.
Stop	La cassure du nez est peu prononcée, mais visible.
Museau	De longueur moyenne et pas pointu.
Yeux	De couleur brune.
Nez	Noir ou brun foncé.
Oreilles	Larges, placées haut, tombant à plat et sans plis contre la tête, arrondies aux pointes.
Cou	Assez court et musclé.
Epaules	Obliques.
Poitrine	Assez étroite.
Dos	Droit, mais légèrement ravalé vers le milieu.

Braques de Holsace idéaux, d'après le peintre allemand L. BECKMANN.
(Gravure extraite du livre *Der Rassen des Hundes*.)

Pattes	Droites et musclées, de bonne et forte ossature.
Pieds	Ronds, les doigts bien serrés.
Queue	Portée avec une courbe et garnie de poils plus longs que sur le reste du corps.
Poil	Court et dense.
Couleur	Brun foncé à marques brun jaune, quelquefois unicolore brun rouge ou fauve.
Hauteur au garrot	De 50 à 55 centimètres.
Poids	Environ 20 kilogrammes.
Origine	De la Holsace.

Braque Français.

(Type ancien.)

BRAQUE DE CHARLES X.

Apparence générale	Chien vigoureux et un peu lourd.
Aptitudes	Quête très lente, mais pouvant rendre de très bons services sous bois.
Tête	Forte, carrée et cassée, front développé.
Museau	Assez long.
Yeux	De couleur brune ou jaune, souvent surmontés, dans les sourcils, d'une petite tache ronde de couleur feu.
Nez	Toujours brun.
Babines	Très tombantes.
Oreilles	Plantées un peu bas, longues, grasses, un peu plissées.
Cou	Gros, assez court avec des fanons.
Épaules	Droites et grasses, les coudes n'atteignant pas le dessous de la poitrine.
Poitrine	Large et profonde.
Côtes	Légèrement arrondies.
Reins	Courts, larges et solides, légèrement arqués.
Pattes	Fortes, musculeuses et grasses, les cuisses un peu plates.
Pieds	Ronds et larges, les ongles gros et forts.
Queue	Courte et grosse, attachée bas.
Poil	Un peu gros.
Couleur	Blanc et marron, moucheté de taches de même couleur, ou gris moucheté de taches marron plus ou moins grandes.
Hauteur au garrot	De 55 à 60 centimètres.
Poids	Environ 24 kilogrammes.
Origine	Française.

« MONOCLE »
appartenant au Comte R. de VALENGLART, Amiens. (Gravure extraite du Journal *Le Chenil*.)

« PARISIENNE » et ses petits
appartenant à M. P. Deville, Paris. (Gravure extraite du Journal *Le Chenil*.)

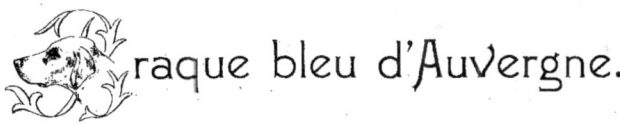raque bleu d'Auvergne.

Apparence générale	Un grand chien, fortement membré sans lourdeur, ayant de l'élégance et de la légèreté.
Aptitudes	Grande finesse de nez; sa chasse, plus vive que celle du vieux Braque, est brillante et méthodique; sa quête est restreinte; battant bien le terrain en croisant, il chasse le nez haut; l'arrêt est des plus ferme; va au fourré et à l'eau. Souple au dressage et doué d'une grande intelligence, il rapporte presque naturellement; est très résistant, sans trop se ressentir de la fatigue.
Tête	Ronde et large, régulièrement marquée de noir, avec une raie blanche entre les yeux.
Crâne	Légèrement bombé.
Stop	La cassure du nez est visible.
Museau	Carré.
Yeux	Petits, rétine rosée, avec une expression affectueuse et intelligente.
Nez	Toujours noir, les narines bien ouvertes, larges, froides et humides.
Babines	Demi longues.
Lèvres	Bien développées.
Mâchoires	Assez longues, fortes et bien développées.
Dents	Bien formées, espacées régulièrement et s'adaptant parfaitement.
Oreilles	Courtes et bien placées.
Cou	Fort et sans fanons, légèrement arqué, bien placé entre les épaules.
Épaules	Saillantes, légèrement en dehors.
Poitrine	Large et profonde.
Dos	Pas trop court et bien charpenté.
Ventre	Légèrement relevé.
Côtes	Saillantes.
Reins	Courts, forts et larges.
Corps	Bien charpenté, de forte ossature, mais sans lourdeur.

Braque bleu d'Auvergne idéal, d'après le peintre français P. MAHLER.
(Gravure extraite du Journal *Le Chenil*.)

Braque Français.

(Type moderne.)

Apparence générale	Chien fortement membré, quoique assez léger.
Aptitudes	Quête plus vive que le Braque de l'ancien type, quoique assez restreinte.
Tête	Forte et carrée.
Museau	Carré.
Yeux	Assez grands, de couleur brune ou jaune.
Nez	Toujours brun, les narines bien ouvertes.
Babines	Tombantes.

« PERDREAU »
appartenant a M. C... (Gravure extraite du Journal *L'Éleveur*)

Oreilles	Plantées haut, plutôt un peu courtes, formant bien le coin avant de tomber.
Cou	Assez court, peu de fanons.
Poitrine	Large et profonde, le coude atteignant le bas de la poitrine.
Reins	Courts et solides, légèrement arqués.
Pattes	Fortes et nerveuses, plus longues que celles du Braque Français (type ancien), les cuisses pas trop gigotées.
Pieds	Ronds.
Queue	Grosse à la naissance et fine à l'extrémité.
Poil	Demi fin.
Couleur	Blanc et marron ou marron et gris marron.
Hauteur au garrot	De 57 à 62 centimètres.
Poids	Environ 25 kilogrammes.
Origine	Française.

Braque Français.

(A double nez.)

Les points de cette variété sont les mêmes que pour le Braque Français (type moderne), à l'exception du

Nez	Fendu ou double nez, de couleur brune; les narines bien ouvertes.

« STOP »
appartenant à M. L. DU PERREUX, Paris. (Gravure extraite du Journal *L'Éleveur*.)

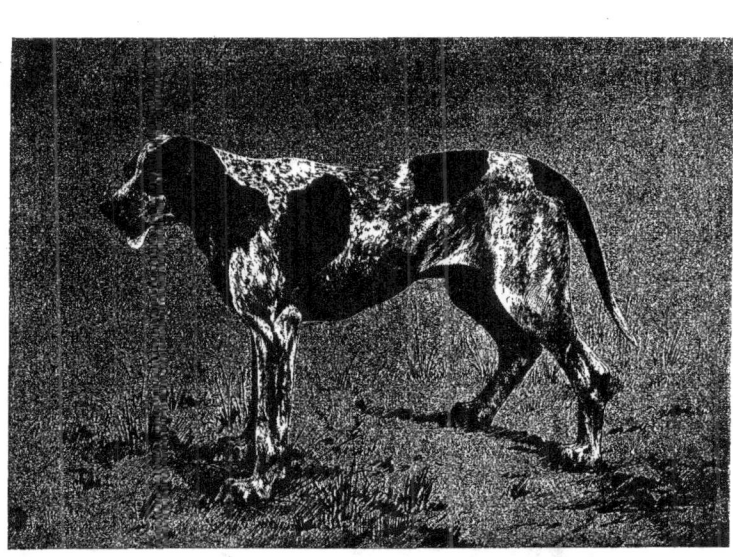

« PITHO »

appartenant à M. R. de la Borde, Segré. (Cliché gracieusement prêté par M. G. Chasseignac, imprimeur, Angoulême.)

« BRUNO »
appartenant à M. J. Bourgade, Nancy. (Gravure extraite du Journal *L'Acclimatation*.)

BRAQUE BLEU D'AUVERGNE.

Pattes	Sèches et nerveuses, cuisses saillantes en fuseau, assez gigotées.
Pieds	Longs (pieds de lièvre).
Queue	Demi grosse et longue à l'état naturel (elle est le plus souvent écourtée), portée droite en arrière, plutôt abaissée que relevée. Une queue courbée, même à la pointe, ou une queue enroulée sur le dos sont de grands défauts.
Poil	Un peu gros et luisant.
Couleur	Truité noir sur blanc, formant une teinte bleue avec larges taches noires foncées sans aucune tache feu, ce qui le disqualifierait entièrement.
Hauteur au garrot . . .	De 59 à 63 centimètres.
Poids	Environ 25 kilogrammes.
Origine	Importé par les chevaliers de Malte.

Société Hâvraise pour l'amélioration des Races de Chiens.

Président : J. DE CONINCK . . . . Le Hâvre.
Secrétaire : . . . . Le Hâvre.
Cotisation : *Ad libitum.*

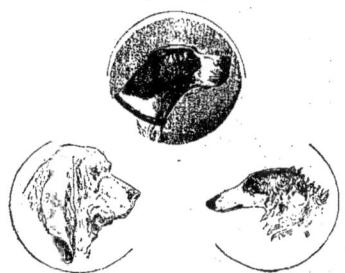

« BENDIGO OF KIPPEN », Braque Anglais, appartenant à M. E. NAVETTE, Paris.
« CHAMPION BEAUFFORT », Chien de Saint-Hubert, appartenant à M. J. EVANS, Londres.
« DOURACK », Lévrier Russe, appartenant à M. C. CUVELIER, Tourcoing.

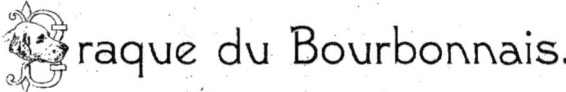raque du Bourbonnais.

(Sans queue.)

Apparence générale	Un chien de moyenne grandeur, trapu et vigoureux, assez près de terre, rappelant le Cob. Les formes trop fines et délicates sont à rejeter.
Aptitudes	Très rustique et excellent pour toutes les chasses.
Tête	Carrée et cassée, jamais pointue, plutôt compacte, front développé et large.
Crâne	Légèrement bombé.
Stop	La cassure du nez est visible.
Museau	Assez long.
Yeux	De moyenne grandeur, bruns ou jaunes, expression intelligente. Les paupières bien serrées.
Nez	Toujours brun, grand et bien développé.
Babines	Un peu tombantes.
Mâchoires	Fortes et bien développées.
Oreilles	De moyenne longueur, plantées plus haut que chez le Braque Français (type ancien) et formant bien l'angle avant de tomber.
Cou	Court et fort, peu de fanons.
Épaules	Obliques et musculeuses.
Poitrine	Profonde et large, le coude atteignant presque le bas de la poitrine.
Côtes	Arrondies.
Reins	Courts et solides.
Pattes	Fortes et nerveuses, cuisses bien gigotées, jarrets secs et longs.
Pieds	Ronds.
Queue	A l'état de rudiment, attachée haut, longue d'environ deux pouces, formant bien la pointe, ce qui la distingue des queues coupées.

« MASCOTTE III »

appartenant à M. A. Lavosse, Bosc-le-Hard. (Gravure extraite du Journal *L'Acclimatation*.)

Braque du Bourbonnais idéal, d'après le peintre français P. Mahler.
(Gravure extraite du Journal *Le Chenil*.)

Poil	Court et demi fin.
Couleur	Blanc et marron clair ou fauve moucheté de petites taches de même couleur, réparties uniformément sur tout le corps avec peu ou pas de grandes taches.
Hauteur au garrot . .	Les chiens de 55 à 60 centimètres, les chiennes de 50 à 55 centimètres.
Poids	Environ 30 kilogrammes.
Origine.	Bourbonnaise.

« PERLE »

appartenant à M. A. Lafosse, Bosc-le-Hard. (Gravure extraite de la *Revue Cynégétique*.)

« KETTY »
appartenant à M. J. Dauchez, Paris. (Gravure extraite du Journal *L'Acclimatation*.)

« MASCOTTE »
appartenant à M. A. Lafosse, Bosc-le-Hard.
(Cliché gracieusement prêté par M. Chasseignac, imprimeur, Angoulême.)

Société Hâvraise pour l'amélioration des Races de Chiens.

Président : J. le Coninck . . . . Le Hâvre.
Secrétaire : . . . . Le Hâvre.
Cotisation : *Ad libitum.*

Braque de Toulouse.

Apparence générale	Chien élégant, distingué, bien établi dans ses membres, sans lourdeur.
Aptitudes	Chassant généralement au grand trot, quelquefois au petit galop; sa quête est d'un rayon moyen, c'est-à-dire ni très large, ni resserrée, mais cependant brillante; son nez est d'une finesse remarquable; il porte toujours la tête et le nez hauts, ne nasillant et ne s'écartant jamais. Il a beaucoup de fond et une grande endurance. Chassant de préférence dans la plaine.
Tête	Sèche, allongée, plutôt étroite que ronde; la protubérance de l'occiput est assez prononcée.
Crâne	Légèrement bombé.
Stop	Peu prononcé.
Museau	Droit et long.
Yeux	De moyenne grandeur, caressants et bien ouverts, jamais sanguinolents.
Nez	Rose ou marron très clair, suivant la couleur de la robe; narines bien ouvertes.
Mâchoires	De bonne longueur.
Dents	S'adaptant parfaitement.
Oreilles	Basses et peu longues, papillotées, fines et soyeuses, attachées un peu en arrière. Les pointes des oreilles ne sont pas trop arrondies.
Cou	Long et élégant, sortant bien des épaules et sans fanons.
Épaules	Droites et peu plates.
Poitrine	Large et profonde.
Dos	Bien formé et pas trop court.
Ventre	Relevé légèrement.
Côtes	Un peu plates.
Reins	Assez longs et solides.
Corps	Bien charpenté.
Arrière-train	Un peu grêle, souvent plus élevé que le garrot; cuisses plates quoique très musclées.

« FLEURON »
appartenant au Comte E. de Vezins, Montauban. (Gravure extraite du Journal *L'Acclimatation*.)

« TAMBOUR »
appartenant à M. A. de Mortaux, Foix. (Gravure extraite du journal L'Acclimatation.)

Pattes	Fines et nerveuses, de bonne ossature, coudes bien descendus et bien placés sous le corps.
Pieds	Longs, fins et serrés (pattes de lièvre). Soles dures et ongles bien formés.
Queue	Forte et longue à l'état naturel, car elle est généralement coupée.
Poil	Fin et brillant, avec des reflets argentés.
Couleur	Blanc avec des petites taches à la tête et aux oreilles, de couleur orange vif, jamais citron, quelquefois marron; quelques légères mouchetures sous poil.
Hauteur au garrot	Environ 65 centimètres.
Poids	De 25 à 30 kilogrammes.
Origine	Toulousaine.

Société Hâvraise pour l'amélioration des Races de Chiens.

Président : J. DE CONINCK. . . . . Le Hâvre.
Secrétaire : . . . . Le Hâvre.
Cotisation : *Ad libitum*.

Réunion des Amateurs de Chiens d'arrêt Français.

Président d'honneur : Prince DE WAGRAM. . . . . Paris.
Président : J. DE CONINCK. . . . . Le Hâvre.
Secrétaire : J. BOUTROUE . . 40, rue des Mathurins, Paris.
Cotisation : 20 Francs.

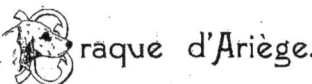 raque d'Ariège.

Les points de cette race sont les mêmes que ceux du Braque de Toulouse à l'exception de la

Couleur . . . . Blanc, avec de petites et de grandes taches noires.

« RALPH II »
appartenant à M. E. Lozes, Toulouse. (Gravure extraite du journal *L'Éleveur*.)

Braque de Navarre.

Apparence générale	Chien léger et élégant.
Tête	Forte, légèrement allongée.
Museau	Assez carré, pas trop long.
Yeux	Jaunes clairs.
Nez	Brun, narines ouvertes.
Babines	Pendantes.
Oreilles	Attachées assez haut et de longueur moyenne.
Cou	Fort, avec de légers fanons.
Poitrine	Large et profonde.
Pattes	De bonne ossature et droites.
Pieds	Ronds, les doigts bien serrés.
Queue	Assez grosse, souvent écourtée.
Poil	Assez dur et court.
Couleur	Blanc avec des taches lie de vin.
Hauteur au garrot	De 55 à 60 centimètres.
Origine	La Navarre.

Braque de Picardie.

Apparence générale	Fort et robuste.
Tête	Carrée, front bien développé et légèrement bombé.
Museau	Assez court et carré.
Yeux	De moyenne grandeur et de couleur brun foncé.
Nez	Noir.
Babines	Tombantes et pas trop serrées.
Oreilles	Larges et pas trop longues.
Cou	Fort et trapu.
Poitrine	Profonde et large.
Pattes	Fortes, droites et bien musclées.
Pieds	Ronds, les soles dures.
Queue	Grosse et toujours écourtée.
Poil	Court et dur.
Couleur	Unicolore brun ; le moins de taches possible.
Hauteur au garrot	De 60 à 65 centimètres.
Origine	La Picardie.

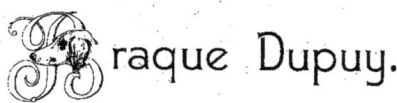

Braque Dupuy.

Apparence générale	Chien très robuste, quoique léger et gracieux, ossature fine, mais forte.
Aptitudes	Un chien d'une finesse de nez inouïe; il quête en plaine la tête haute, au galop, très vite; fort prudent au bois, il y ralentit son allure et ne perd jamais son maître de vue. Il a un arrêt inébranlable, va au piquant comme un Griffon, à l'eau comme un Épagneul et ne craint ni le froid, ni la chaleur; la fatigue lui est inconnue.
Tête	Longue, fine et sèche.
Crâne	Légèrement bombé, l'os occipital bien visible.
Stop	La cassure du nez très peu accentuée.
Museau	Long et fuyant, en forme de bateau.
Yeux	Assez petits et de couleur brune, expression vivace, paupières bien serrées.
Nez	Brun et très développé. Un nez de couleur noire n'est pas recherché.
Lèvres	Légèrement pendantes.
Mâchoires	Longues.
Dents	S'adaptant parfaitement.
Oreilles	Plantées haut, de moyenne longueur, très fines, un peu plissées et en tire-bouchon, se détachant bien de la tête, pas trop arrondies aux pointes.
Cou	Assez long, gracieusement arqué, bien planté entre les épaules et sans trace de fanons.
Epaules	Obliques et musculeuses.
Poitrine	Profonde, assez large, le coude atteignant le bas de la poitrine.
Dos	Pas trop court.
Ventre	Légèrement levretté.
Côtes	Légèrement arrondies.
Reins	Solides.
Corps	Robuste et léger.

« PRIAM »
appartenant à M. A. PINEAU, Gençay. (Gravure extraite du Journal *Le Chenil*.)

« POLKA »
appartenant à M. A. Pineau, Gençay. (Gravure extraite du Journal *Le Chenil*.)

« SULTANE »
appartenant à M. E. Regnault, Verrières. (Gravure extraite du Journal *L'Acclimatation*.)

Cuisses.	Longues, plates, mais très larges.
Pattes	Sèches, longues, fines et nerveuses, les cuisses un peu plates, mais bien musclées, les jarrets longs, coudés et assez serrés; ossature légère, mais forte.
Pieds	Longs (pieds de lièvre), secs et serrés, soles dures et bien développées, ongles forts.
Queue	Attachée bas, très fine, portée presque horizontalement, jamais enroulée sur le dos.
Poil	Un peu dur, sauf sur la tête et les oreilles où il est d'une grande finesse.
Couleur	Blanche, avec manteau ou marquée de taches marron d'un ton sombre et froid, sans brillant.
Hauteur au garrot.	De 60 à 65 centimètres.
Poids	Environ 22 kilogrammes.
Origine	Croisement créé par MM. N. et H. Dupuy.
Défauts	Tête courte et compacte, côtes courtes, ventre pas assez relevé.

Société Hâvraise pour l'amélioration des Races de Chiens.

Président : J. DE CONINCK. . . . . Le Hâvre.
Secrétaire : . . . . Le Hâvre.
Cotisation : *Ad libitum.*

Réunion des Amateurs de Chiens d'arrêt Français.

Président d'honneur : Prince DE WAGRAM. . . . . Paris.
Président : J. DE CONINCK. . . . . Le Hâvre.
Secrétaire : J. BOUTROUE . . 40, rue des Mathurins, Paris.
Cotisation : 20 Francs.

Braque d'Anjou.

Apparence générale	Chien fortement membré.
Tête	Forte et carrée.
Museau	Carré et pas trop long.
Yeux	De grandeur moyenne et de couleur brune.
Nez	Brun, les narines bien développées.
Babines	Tombantes, pas trop longues.
Oreilles	Attachées assez haut, arrondies et assez longues.
Cou	Fort et court, peu de fanons.
Poitrine	Large et profonde, le coude atteignant le bas de la poitrine.
Dos	Droit, légèrement arqué au dessus des reins.
Pattes	Droites et de bonne ossature.
Pieds	Ronds, ongles bien serrés.
Queue	Assez forte à la naissance et s'amincissant vers la pointe.
Poil	Court et assez fin.
Couleur	Blanc avec taches grises.
Hauteur au garrot	Environ 60 centimètres.
Origine	L'Anjou.

Braque de Bengale.

Apparence générale	Chien bien charpenté, mais assez léger.
Tête	Plus longue et moins massive que la tête du Braque Français (type moderne).
Museau	Assez long.
Yeux	De couleur brune.
Nez	Brun foncé.
Babines	Tombantes, mais assez fines.
Oreilles	Assez longues et légèrement papillotées.
Cou	Court.
Poitrine	Profonde et large.
Pattes	Sèches, droites, fines et musclées.
Pieds	Assez longs.
Queue	Fine, portée légèrement courbée vers le haut.
Poil	Fin et court.
Couleur	Blanc et brun, à plaques blanches truitées de petites taches brunes, petites taches de feu au dessus des yeux.
Hauteur au garrot	Environ 55 centimètres.
Origine	Le Bengale.

Braque Saint-Germain[1].

Apparence générale	Chien élégant, aux formes sveltes et bien proportionnées.
Aptitudes	Un chien pour la chasse en plaine; trop délicat pour la chasse au marais où il contracte vite des rhumatismes; en général, redoute les ajoncs et les fourrés piquants.
Tête	Carrée et cassée, mais plus légère que celle du Braque Anglais.
Crâne	Assez bombé, plus bombé que celui du Braque Anglais.
Stop	Visible.
Museau	De longueur moyenne, un peu fuyant.
Yeux	De couleur jaune.
Nez	Rose foncé.
Oreilles	Plantées haut, formant bien l'angle avant de tomber, plus courtes que celles du Braque Français (type ancien) et plus longues que celles du Braque Anglais.
Cou	Vigoureux, de longueur moyenne.
Épaules	Légèrement obliques, bien musclées.
Poitrine	Profonde et large, le coude atteignant le bas de la poitrine.
Côtes	Arrondies.
Reins	De moyenne longueur, légèrement arqués.
Pattes	Sèches, nerveuses et fines.
Pieds	Étroits et allongés (pieds de lièvre), les ongles solides et gros.
Queue	Fine, attachée un peu bas, ne dépassant pas le jarret, portée droite en arrière.
Poil	Court et très fin.
Couleur	Blanc mat et orange foncé, quelquefois avec quelques pointillés.

[1] *Note de l'auteur.* — Ce Braque est nommé également Braque de Compiègne.

« MISS »

appartenant à M. A. Devaux, Ternoise. (Gravure extraite du Journal *Le Chenil*.)

Braque Saint-Germain idéal, d'après le peintre hollandais M. KUYTENBROUWER.
(Gravure extraite du Journal *Chasse et Pêche*.)

« CHAMPION STAR »
appartenant à M. L. Daval, Paris. (Gravure extraite du Journal *L'Acclimatation*.)

« MEDOR V »
appartenant à M. J. Bathiat La Coste, Douai. (Gravure extraite du Journal L'Acclimatation.)

BRAQUE SAINT-GERMAIN.

« IDA »
appartenant à M. J. Batt at La Coste, Douai. (Gravure extraite de la *Revue Cynégétique*.)

Hauteur au garrot . . . . De 5o à 6o centimètres.
Poids . . . . De 20 à 25 kilogrammes.
Origine. . . . . Vraisemblablement un croisement du Braque Français avec le Braque Anglais (Pointer).

Société Hâvraise pour l'amélioration des Races de Chiens.

Président : J. de Coninck . . . . Le Hâvre.
Secrétaire : . . . . Le Hâvre.
Cotisation : *Ad libitum*.

Bracco Italiana.

BRAQUE ITALIEN.

Apparence générale	Taille élevée, construction robuste, plutôt lourde et pesante; queue portée horizontalement ou tombante, aussi bien en action qu'au repos; physionomie imposante et sérieuse; regard pensif et mélancolique.
Tête	Forte, légèrement comprimée sur les côtés, à l'occiput saillant et ogival.
Crâne	Légèrement bombé.
Museau	Large, long et droit, quelquefois un peu arqué, mais jamais relevé et réuni au front par une légère cassure.
Yeux	Ovales et de couleur jaune, à demi fermés pendant le repos avec une expression sérieuse et mélancolique, ouverts et flamboyants pendant l'action. La plupart des spécimens ont la paupière inférieure tombante, laissant voir la muqueuse.
Nez	Marron ou couleur chair suivant la nuance de la robe; mais jamais noir; les narines bien ouvertes.
Babines	Grandes, pendantes et arrondies, commissures des lèvres épaisses et plissées.
Oreilles	Longues et larges, attachées à la hauteur des yeux, plutôt en dessus qu'en dessous, bien aplaties à la naissance, tombant en plis gracieux formant cornet, et légèrement arrondies à l'extrémité.
Cou	Épais, fort et assez court, arrondi vers la nuque, fanons abondants.
Epaules	Musculeuses.
Poitrine	Large et profonde, côtes arrondies.
Dos	Droit et large.
Ventre	Retroussé vers l'arrière.
Reins	Larges.
Croupe	Courte et large.
Pattes de devant	Droites et nerveuses, à carpes larges et droits.
Pattes de derrière	Grosses et nerveuses, portant souvent des ergots, cuisses saillantes et musculeuses; jarrets larges, courts et droits.

BRAQUE ITALIEN.

« FAUST »
appartenant au Comte A. Gaudenzio Tornielli, Novare. (Gravure extraite du Journal *L'Éleveur*.)

Pieds	Ronds et gros, à doigts recourbés bien serrés; la plante du pied grosse, élastique et résistante; les ongles forts, de couleur jaune ou brune selon la couleur de la robe, jamais noirs.
Queue	Grosse et effilée, couverte de poil ras et fin, ne dépassant pas le jarret quand elle est entière; généralement raccourcie et n'ayant plus alors que 25 à 30 centimètres.
Poil	Court, fin et très serré sur tout le corps.
Couleur	Blanc pur à taches orange; blanc moucheté d'orange à grandes taches orange; blanc pur ou blanc piqueté, à grandes taches marron et gris, ou rouan à taches marron.
Hauteur au garrot	De 55 à 65 centimètres.
Poids	De 30 à 35 kilogrammes.
Origine	Italienne.
Défauts	Structure légère.

Oesterreichische Bracke.

BRAQUE AUTRICHIEN.

Apparence générale	Chien de moyenne grandeur, d'une structure forte, mais élastique et longue; la physionomie est intelligente et grave.
Tête	Portée haut, de grandeur moyenne, l'os occipital peu proéminent, mais visible; les arcades sourcilières bien développées.
Crâne	Large, s'amincissant vers le museau, le dessus légèrement bombé.
Museau	L'os nasal est droit.
Yeux	Clairs, ne laissant pas voir l'intérieur de la paupière inférieure, de couleur brune, avec une expression intelligente.
Nez	Noir.
Lèvres	Bien développées.
Dents	Blanches et saines, s'adaptant parfaitement, les canines très développées.
Oreilles	De longueur moyenne, pas trop larges, arrondies à leurs pointes, attachées haut et tombant, si possible, sans plis contre la tête.
Cou	De longueur moyenne, très fort, s'élargissant vers la poitrine, sans fanons.
Epaules	Obliques, très mobiles et bien musclées.
Poitrine	Large, profonde et longue.
Dos	Long, légèrement enfoncé derrière les épaules, fortement charpenté.
Ventre	Quelque peu retroussé.
Croupe	Légèrement oblique.
Pattes de devant	Très développées et droites.
Pattes de derrière	Cuisses assez développées; jarrets de longueur moyenne et obliques.
Pieds	Forts et ronds; les doigts bien serrés, les ongles forts et courbés, les soles dures et grosses.

BRAQUE AUTRICHIEN. 627

Queue . . . . Longue, grosse à la naissance et s'amincissant graduellement vers la pointe, sans former toutefois de pointe, légèrement courbée et couverte en dessous d'un poil plus long et grossier.
Poil . . . . *A*. Dense, court et couché, avec un brillant soyeux.
B. Demi long, dur et revêche sans brillant.
Couleur . . . . Noir à marques feu ou jaunes. Le blanc n'est permis que pour une petite tache à la poitrine et aux doigts.

Braques Autrichiens à poil ras et à poil dur idéaux, d'après le peintre allemand L. BECKMANN.
(Gravure extraite du livre *Der Rassen des Hundes*.)

Hauteur au garrot . . . Environ 54 centimètres.
Poids . . . . Environ 22 kilogrammes.
Origine . . . . Autrichienne.
Défauts . . . . Crâne étroit, museau large, oreilles se terminant en pointes ou papillotées, pattes faibles, queue trop mince ou trop courbée ou sans poil plus long et plus grossier à la partie inférieure, structure plutôt large que longue, dents ne s'adaptant pas bien et canines peu développées; autres couleurs.

Oesterreichische Hundezuchtverein.

Président : Landgraf FURSTENBERG . . . . Vienne.
Secrétaire : Baron WRAZDA . . 46a, Elizabethstrasse, Graz.
Cotisation : 20 Florins.

Svensk Stöver.

BRAQUE SUÉDOIS.

Apparence générale	Chien de grandeur moyenne et de structure forte et longue, d'aspect noble et portant la tête haute.
Tête	Museau assez long et large, le crâne pas trop large, mais légèrement bombé.
Stop	Visible.
Yeux	Brillants, de couleur brune, avec un regard intelligent; la paupière inférieure ne doit pas être pendante.
Nez	Noir.
Lèvres	Serrées et pas trop pendantes.
Voix	Forte, souvent à deux tons, ni basse, ni criarde.
Oreilles	De grandeur moyenne, pas attachées trop haut, aux pointes assez arrondies.
Cou	Fort, avec peu ou pas de fanons.
Épaules	Obliques.

« PANG »
appartenant au Comte A. P. Hamilton, Stockholm.
(Gravure extraite du livre *Billeder af Racehundens*.)

Poitrine	Profonde et large, aux côtes bien arrondies.
Dos	De bonne longueur.
Ventre	Légèrement retroussé.
Reins	Bien musclés.
Pattes	De moyenne longueur, droites et musclées. Les pattes de devant sont plus courtes que celles de derrière; les jarrets légèrement arqués et pourvus d'ergots simples ou doubles; les cuisses bien musclées.
Pieds	Assez longs, les doigts bien serrés, les soles développées et dures.
Queue	Longue, attachée haut et s'amincissant vers la pointe. Au repos, la queue est pendante, le bout légèrement relevé, mais pas courbé à droite ou à gauche; en action, le fouet est plus relevé; mais jamais courbé sur le dos ou enroulé sur le côté.
Poil	Ras, plus gros chez les chiens noirs que chez les spécimens rouges ou jaunes. Le poil a la même longueur sur tout le corps, mais est plus fin sur les oreilles.
Couleur	Noir ou noir grisâtre et feu, souvent à marques brunes ou brun jaunâtre sur la tête, le cou, les pattes, les pieds et la pointe de la queue, avec ou sans blanc à la poitrine, aux pieds, autour du cou et à la pointe de la queue; aussi rouge ou jaune avec les marques blanches mentionnées ci-dessus.
Hauteur au garrot	Environ 55 centimètres.
Poids	De 22 à 24 kilogrammes.
Origine	Suédoise.
Défauts	Dos trop long ou ensellé; structure trop élancée ou haute; oreilles très petites et placées trop bas ou trop longues et papillotées; museau pointu; queue mal portée ou enroulée sur le dos; le fond de la robe blanc.

Dansk Jagtforenings.

Président : J. REEDTS THOTT . . . . Gauno.
Secrétaire : L. JUSTESEN. . . . . Nykjobing.
Cotisation : 10 Krone.

Perro de Mostra.

BRAQUE ESPAGNOL.

Apparence générale	Chien d'une ossature grossière et d'une musculature très développée, solidement bâti, mais excessivement lâche dans ses mouvements, plus grand et plus lourd que le Braque Anglais (Pointer).
Tête	Lourde, grande, avec une incurvation entre les yeux.
Crâne	Très large et légèrement arrondi.
Museau	Carré, long et large.
Yeux	Grands et enfoncés dans la tête.
Nez	Noir, très large, les narines bien ouvertes.
Lèvres	Larges, babines bien pendantes.
Oreilles	Minces, pendantes en plis, de longueur moyenne.
Cou	Fort, trapu avec des fanons.
Épaules	Musclées et fortes.
Poitrine	Large et profonde.
Dos	Musclé et large, légèrement arqué.
Croupe	Très musculeuse.
Pattes	De forte ossature et droites, souvent garnies d'ergots.

« BOLERO »
appartenant à M. A. Civiera, Madrid.

Pieds	Larges, assez ouverts, les pieds de derrière tournés un peu en dehors.
Queue	Toujours écourtée, forte à sa base et s'amincissant vers la pointe.
Poil	Court et dur, mais pas aussi court que le poil du Braque Anglais (Pointer).
Couleur	Brun foncé, brun et blanc, rouge et blanc, noir et blanc, mais le blanc ne doit pas prédominer.
Hauteur au garrot	Environ 60 centimètres.
Poids	De 30 à 35 kilogrammes.
Origine	Espagnole.

Dansk Honsehund.

BRAQUE DANOIS.

Apparence générale	Chien de forte structure, mais symétriquement bâti.
Tête	Forte et bien développée.
Crâne	Large et peu bombé.
Museau	Court et large.
Yeux	De moyenne grandeur, plutôt petits et de couleur brune, avec un regard très intelligent.
Nez	Noir et large, les narines bien ouvertes.
Lèvres	Assez pendantes et pas trop serrées.

« BÉCASSE »
appartenant à M. J. Rosrstorff, Copenhague. (Gravure extraite du livre *Billeder af Racehundene*.)

Oreilles	Larges et assez courtes, pendant contre la tête.
Cou	Fort et trapu.
Epaules	Obliques et bien musclées.
Pattes	De forte ossature, droites et très musculeuses.
Pieds	Plutôt ronds que longs.
Queue	Courte et garnie d'un poil plus long que sur le corps.
Poil	Ras.
Couleur	Blanche à taches et mouchetures brun foncé ou noir.
Hauteur au garrot	Environ 60 centimètres.
Origine	Danoise.

Norsk Stöver.

BRAQUE NORWÉGIEN.

Apparence générale	Chien de moyenne grandeur, fortement bâti, de structure assez longue et assez bas sur pattes.
Tête	Grande.
Crâne	Légèrement bombé.
Museau	De longueur moyenne.
Yeux	Bruns, la paupière inférieure bien close, expression dévouée.
Nez	Noir.
Oreilles	Larges et de longueur moyenne.
Cou	Fort et musclé.
Épaules	Obliques.
Poitrine	Large et profonde.
Dos	Fort et droit, légèrement arqué près des reins.
Ventre	Légèrement retroussé.
Pattes	Assez courtes, droites et musclées; les pattes de derrière sont garnies d'ergots simples ou doubles.
Pieds	Assez longs, aux doigts arqués et serrés.
Queue	De bonne longueur, garnie de poil plus long que sur le corps et portée légèrement relevée.
Poil	Court et dense.
Couleur	Noir à marques feu ou blanches et rouge jaunâtre à marques blanches; quelquefois gris foncé avec taches noires.
Hauteur au garrot	Environ 45 centimètres.
Poids	Environ 20 kilogrammes.
Origine	Norwégienne.
Défauts	Museau trop pointu, dos court, pattes trop longues ou arquées, queue à poil ras, couleur blanche comme fond de la robe.

Bosnische Bracke.

BRAQUE TURC.

Apparence générale	Un chien vif, avec une expression menaçante, sans toutefois être méchant; sa structure dénote un chien de grande endurance.
Aptitudes	Excellent chien de chasse, doué d'un nez très fin, capable de travailler même par une forte chaleur sur un terrain aride.
Tête	Ayant beaucoup de ressemblance avec la tête du Braque Allemand à poil roide; la peau ne doit pas former de plis.
Crâne	Large et légèrement arrondi.
Stop	La cassure du nez est peu développée.
Museau	De bonne longueur, pas aussi profond que celui du Braque Allemand à poil roide.
Yeux	De grandeur moyenne, brillants, de couleur jaune ou brun clair; la paupière inférieure ne doit pas être pendante; expression intelligente et menaçante à cause des sourcils broussailleux.
Nez	Bien développé.
Lèvres	Serrées.

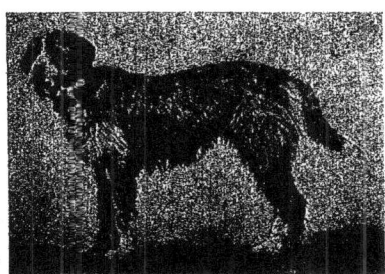

« LASSO »

appartenant à M. A. Bois de Chesne, Trieste. (Gravure extraite du *Oesterreichisches Hunde-Stammbuch*.)

BRAQUE TURC.

Oreilles	De longueur moyenne, larges et attachées haut, aux pointes arrondies et tombant sans plis contre la tête.
Cou	Long et joliment arqué; ne doit jamais avoir des fanons.
Epaules	Obliques.
Poitrine	Large, côtes plus rondes que profondes.
Dos	Assez court.
Ventre	Légèrement relevé.
Croupe	Oblique.
Pattes de devant	Droites; les coudes tournés ni en dedans ni en dehors.
Pattes de derrière	Cuisses légèrement développées; jarrets passablement longs, ne ployant pas, droits vu de face et de côté. Les ergots se voient souvent.
Pieds	Ronds, plutôt pieds de lièvre que de chat, bien serrés; ongles forts et soles bien formées; bien fourni de poils entre les doigts.
Queue	De longueur moyenne, forte à la base et s'effilant; portée tombante, un peu relevée en chasse; le poil de dessous est plus long sans toutefois former une frange ou même une brosse.
Poil	Dur, droit et serré, sans brillant, aux pointes légèrement courbées; sur la tête, les lèvres, l'os nasal et le menton, le poil, d'une longueur de 2 à 3 centimètres, est debout; les sourcils sont plus longs ainsi que les poils du museau qui forment barbiche sous le menton. Sur le corps le poil est légèrement relevé sans former de boucles, tandis qu'aux pattes il forme une légère frange.
Couleur	Différentes nuances de rouge, blanc à taches jaunes ou rouges, tricolore et brun feuille morte; le blanc accompagne toutes ces couleurs en forme d'étoile sur la tête, de collier et de taches sur la poitrine et les pieds.
Hauteur au garrot	De 60 à 65 centimètres.
Poids	De 25 à 30 kilogrammes.
Origine	De la Bosnie.
Défauts	Structure trop basse ou trop longue, poil trop long, trop doux ou bouclé.

« BARAK »
appartenant à M. A. ZWORNICK, Serajewo.

Steierischer Hochgebirgsbracke.

BRAQUE DE STYRIE.

Apparence générale	Un chien fortement charpenté, plutôt long de corps que ramassé.
Tête	Assez grande, pas trop longue, crâne bombé, stop visible.
Yeux	Petits, enfoncés et de couleur brun clair.
Nez	Brun.
Oreilles	De longueur moyenne, pas attachées sur toute la largeur et formant ainsi un pli assez caractéristique.
Cou	Trapu.
Épaules	Obliques.
Poitrine	Assez profonde.
Corps	Long en proportion de la hauteur.
Pattes	Droites et de forte ossature.
Pieds	Assez ronds, ongles forts et de couleur brune.
Queue	Descendant jusqu'au jarret, jamais écourtée, portée bas.
Poil	Roide et dur.
Couleur	Brun rouge.
Hauteur au garrot	Environ 60 centimètres.
Poids	De 25 à 30 kilogrammes, les chiennes sont plus légères.
Origine	Styrienne.

« WALA-W »
appartenant à la Vicomtesse
G. DE WASHINGTON-WELSERSHEIMB,
Mautern.
(Gravure extraite du Journal *Wild und Hund*.)

Gontschya.

BRAQUE RUSSE.

Apparence générale	Un chien lourd, fort et sans distinction; démarche traînante.
Tête	Massive et assez courte.
Crâne	Grand et arrondi.
Stop	Peu accusé, mais visible.
Museau	Large et court.
Yeux	Petits, assez enfoncés dans la tête, de couleur brun clair.
Nez	Fendu (double nez), de couleur noire ou brun foncé.
Joues	Fortes et arrondies.
Lèvres	Épaisses et pendantes.
Mâchoires	Assez courtes et très développées.
Dents	Fortes et s'adaptant parfaitement.
Oreilles	Larges et de moyenne longueur.
Cou	Court, fort et trapu; la peau, assez lâche, forme des fanons.
Epaules	Musclées et fortes.
Poitrine	Large.
Dos	Fort et large.
Croupe	Bien développée; reins musclés et cuisses assez en chair.
Pattes	De longueur moyenne, de forte ossature, droites et bien musclées.
Pieds	Assez allongés, les doigts serrés.
Queue	De longueur moyenne, garnie de poil plus long que sur le corps.
Poil	Court, dense et assez dur.
Couleur	Le fond de la robe est blanc avec des taches, grandes et petites, de couleur brun clair et brun foncé.
Hauteur au garrot	De 55 à 60 centimètres.
Poids	Environ 40 kilogrammes.
Origine	Russe.

« LORIS »
appartenant à M. A. Mondovi, Archangelsk. (Gravure extraite du Journal *L'Acclimatation*.)

« BRUTUS », Saint-Bernard à poil long, appartenant à M. A. Latz, Euskirchen.
« NERO », Chien de Terre-Neuve, appartenant à M. C. Pauptit, Scheveningen.
« SULTAN V », Saint-Bernard à poil ras, appartenant à M. G. Kloos, La Haye.
« ROMEO », Dogue Allemand, appartenant à M. N. Huygen, Rotterdam.
« CAESAR », Dogue Allemand, appartenant à M. D. de Blocq, Uccle.
« BEAU BOY », Mastiff, appartenant à M. W. de Haan, Transvaal.
« MAX », Mastiff, appartenant à M. L. Dobbelmann, Rotterdam.
« PLUTO », Chien de Terre-Neuve, appartenant à M. J. Rencs, Doorn.

Kennel Club Hollandais Cynophilia

Deux grandes Expositions canines chaque année

Secrétaire : Dr A. J. J. Kloppert, Hilversum (Hollande)

Cotisation : 3 et 10 Florins

Dropper.

Apparence générale	Un chien élégant et bien bâti, possédant les bonnes qualités du Braque Anglais (Pointer) et de l'Épagneul Anglais (Setter).
Tête	Assez longue et large.
Crâne	Développé, les arcades sourcilières proéminentes, l'os occipital visible.
Stop	La cassure du nez légèrement accusée.
Nez	Large, les narines bien ouvertes, de couleur noire ou brune.
Museau	Assez long sans être pointu.
Yeux	De moyenne grandeur, très intelligents et de couleur brune.
Dents	S'adaptant bien.
Oreilles	De longueur moyenne, arrondies aux pointes et tombant sans plis contre les joues.
Cou	Légèrement arqué, assez long et sans fanons.
Epaules	Obliques et musclées.
Poitrine	Assez large et profonde.
Dos	Fort, assez long et légèrement arqué près des reins.
Ventre	Légèrement retroussé.
Pattes	Fortes, droites, de bonne ossature et bien musclées, bien placées sous le corps, les jarrets descendus.
Pieds	Ronds (*cat-feet*), les soles bien développées, les doigts arqués.
Queue	De longueur moyenne, forte à sa base et s'effilant vers la pointe, garnie de poil assez long formant brosse, mais sans panache ; portée droite en arrière ou légèrement arquée, jamais sur le dos.
Poil	Demi long, dense et assez soyeux.
Couleur	Le fond de la robe est le plus souvent blanc avec de petites ou de grandes taches brunes, noires ou orange.
Hauteur au garrot	De 55 à 65 centimètres.
Poids	De 20 à 30 kilogrammes.
Origine	Croisement du Braque Anglais (Pointer) et de l'Épagneul Anglais (Setter).

Épagneul Belge.

Cette race (?) a eu ses adhérents il y a une dizaine d'années ; aux expositions canines il leur était réservé une ou deux classes, tandis que les lauréats étaient inscrits au Livre d'Origine de la Société Royale Saint-Hubert.

Des pourparlers ont même été engagés pour former un Club, mais ils n'ont pas abouti.

Actuellement, on ne les voit plus aux expositions.

Ce chien a beaucoup de ressemblance avec les Épagneuls Anglais et Français quoique sa tête soit plus courte et que ses oreilles ressemblent davantage à celles des petits Épagneuls.

Sa couleur est blanche à taches marron et son poil est assez bouclé.

Dans la Campine il était assez recherché, car étant moins rapide que les chiens anglais, il pouvait chasser plus longtemps et résistait davantage à la fatigue.

Il convenait particulièrement dans le pays de petites plaines entrecoupées de haies, et également à la chasse de la bécasse dans les bois.

« FOX »
appartenant à M. C. Fontaine, Marcq-en-Barœul. (Gravure extraite du Journal *Chasse et Pêche*.)

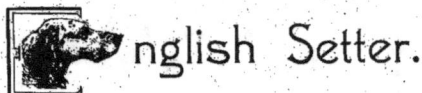nglish Setter.

ÉPAGNEUL ANGLAIS.

Apparence générale	Un chien très élégant et distingué.
Aptitudes.	Le chien le plus *généralement* utile des chiens de chasse à tir, étant doué d'une puissance d'endurance plus grande que celle des autres chiens et pour cette raison mieux approprié à tous les terrains et à tous les temps.
Tête.	Légère et longue, pas aussi grosse que la tête du Braque

« EMPRESS SYMBOL »
appartenant au Baron A. DE ROSEN, Pirange-lez-Tongres. (Gravure extraite du Journal *Le Chenil*.)

« SALL » et « CHAMPION ZEE », Retrievers
« GRANITE » et « ROCK », Épagneuls Anglais
appartenant à Sir HUMPHREY F. DE TRAFFORD, Manchester. (Gravure extraite du Journal *Our Dogs*.)

ÉPAGNEUL ANGLAIS.

Anglais (Pointer), plus étroite entre les oreilles, avec beaucoup de place pour le cerveau. Elle tient le milieu entre la tête du Braque Anglais (Pointer) et celle de l'Épagneul Cocker; elle n'est pas aussi lourde que la première, mais en revanche plus grande que la dernière. L'os occipital n'est pas aussi visible que chez le Braque Anglais (Pointer).

Les arcades sourcilières assez saillantes.

« LOLO OF OVERVEEN »
appartenant
à Mme la Comtesse H. DE BYLANDT,
Bruxelles.

Museau : . . . . Long.
Yeux . . . . De grandeur moyenne, brillants, intelligents, vifs, animés, de couleur brune ou ambrée et placés sur une ligne horizontale.
Nez . . . . Long, large et légèrement retroussé; la distance de la pointe du nez jusqu'à l'angle intérieur de l'œil doit être au moins de 10 centimètres. Entre la pointe et la racine du nez se trouve un léger renfoncement. Dans tous les cas, il ne peut pas y avoir de relèvement, un nez pincé donnant une expression de Terrier. Les narines, placées loin l'une

« CHAMPION GELTSDALE »
appartenant à M. G. POTTER, Carlisle. (Gravure extraite du Catalogue illustré du *Cruft Show*.)

Lèvres	de l'autre, sont largement ouvertes. La couleur du nez est noire ou foie; toutefois, les Épagneuls blancs à taches jaune citron ont quelquefois le nez couleur chair, ce qui est pardonnable. Ne sont pas aussi pleines et pendantes que celles du Braque Anglais (Pointer), mais les commissures sont plus serrées et plus épaisses.
Mâchoires	Longues et de la même longueur; un *pig-jaw* est un grand défaut.

« COUNTESS »

appartenant à MM. A. Villard et J. Stiévenart, Lanthenay. (Gravure extraite du Journal *L'Acclimatation*.)

Dents	Fortes et bien développées, s'adaptant parfaitement.
Oreilles	Plantées bas, plus courtes que celles du Braque Anglais (Pointer) et arrondies aux pointes. La peau de l'oreille (*leather*) doit être mince, souple et tomber aplatie contre les joues, afin de cacher l'intérieur de l'oreille. Les oreilles sont garnies d'un poil long et soyeux, ayant une longueur de 5 à 7 1/2 centimètres mesurée depuis la peau de l'oreille.

« SIR GILBERT »
appartenant à M. A. Dewez, Parc-Saint-Maur. (Gravure extraite du journal *L'Acclimatation*.)

ÉPAGNEUL ANGLAIS. 645

Cou	Pas aussi musclé, ni aussi masculin que celui du Braque Anglais (Pointer); il est plus mince, mais également légèrement arqué; quoique la peau du cou soit lâche, il ne peut avoir de fanons.
Epaules	Bien obliques et musclées, avec beaucoup de liberté pour les mouvements.
Poitrine	Plutôt profonde que large; les côtes derrière les épaules bien cerclées.
Dos	Légèrement arqué près des reins, mais sans exagération afin de ne pas former un *roach* ou *wheel-back*.
Croupe	Cuisses musclées quoique assez plates,

« BARTON CHARMER »
appartenant
à Sir HUMPHREY DE TRAFFORD, Manchester.
(Gravure extraite du Journal *Our Dogs*.)

articulations du pied bien arquées, larges et placées loin l'une de l'autre afin de permettre aux pattes de derrière de bien se jeter en avant dans le galop.

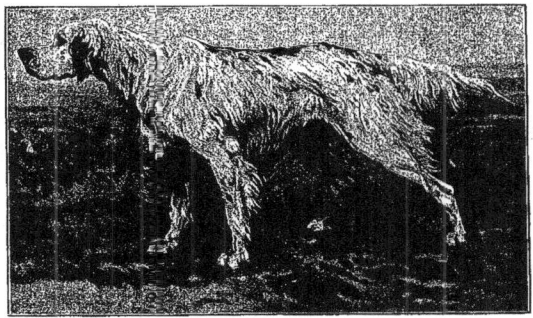

« SNOWDRIFT »
appartenant à M. P. CAILLARD, Lailly. (Gravure extraite du Journal *Zentralblatt*.)

« TAM OF BRAUNFELS »

appartenant à S. A. le Prince de Solms, Braunfels. (Gravure extraite du Journal *Le Chenil*.)

« MALWYDD FLO »
appartenant à Sir Humphrey F. de Trafford, Manchester. (Gravure extraite du Journal *Our Dogs*.)

Pattes de devant. . . . Les coudes et les doigts qui fonctionnent ensemble, doivent être droits. La patte tournée en dedans et le *pigeon toe* sont moins condamnables que la patte tournée en dehors, car, dans ce cas, le coude est trop serré contre les côtes. L'avant-bras doit être musclé et déviant peu de la ligne droite. L'ossature bien développée, les genoux forts et larges, l'articulation du talon courte et de forte ossature (*point très important*).

Pattes de derrière . . . Bien musclées, de bonne ossature, articulations larges et fortes, jarrets vigoureux et bien descendus.

Pieds . . . . Les opinions sont très partagées sur le point de savoir si l'Épagneul Anglais doit avoir des pieds courts ou longs (*cat-* ou *hare-feet*). Les Masters of Foxhounds préfèrent le

ÉPAGNEUL ANGLAIS.

« NED OF OVERVEEN »
appartenant à M. G. J. Van der Vliet, Overveen.
(Cliché gracieusement prêté par la Société cynégétique *Nimrod*.)

	pied court et comme ils ont sans doute pour cela de bonnes raisons, leur choix doit être préféré ; d'autre part, le pied devant être à l'épreuve de l'humidité et d'un mauvais terrain il est de toute nécessité qu'il soit bien feutré entre les doigts et pour cela un long pied, bien couvert de poil, est préférable à un pied rond qui est le plus souvent nu.
Queue	Appelée *flag*, un des points caractéristiques de la race ; elle est portée avec une légère courbe vers le bas ; la meilleure comparaison est celle d'une faulx renversée ; bien garnie d'une longue frange de poil soyeux et droit, devenant plus court vers la pointe.

« CHAMPION QUEEN ELSIE »
appartenant à M. G. Potter, Carlisle. (Cliché gracieusement prêté par la Maison Spratt's Patent Ld.)

« KING NED »

appartenant au Baron A. de Rosen, Pirange-lez-Tongres (Gravure extraite du Journal *Chasse et Pêche*.)

« PRINCESS IRENE »
appartenant à M. A. Chatelain, Monruz. (Gravure extraite du *Schweizerisches Hunde-Stammbuch*.)

Poil	Doux et soyeux sans boucles, plus long sur les oreilles, la queue et la partie postérieure des pattes.
Couleur	Suivant le goût des connaisseurs : blanc moucheté de noir avec de grandes tâches et plus ou moins marqué de noir, connu sous le nom de *blue-belton;* couleur foie et blanc tacheté de la même manière; noir et blanc tacheté à marques feu; orange ou citron et blanc tacheté; noir et blanc et couleur foie et blanc. Les robes unicolores blanches, noires, foie, rouges et orange citron existent, mais ne sont pas recherchées.
Hauteur au garrot	De 55 à 60 centimètres.
Poids	De 20 à 25 kilogrammes.
Origine	Anglaise.

« GROUSE OF KIPPEN »

appartenant à Sir Humphrey F. de Trafford, Manchester. (Gravure extraite du journal *Our Dogs*.)

ÉPAGNEUL ANGLAIS.

« YOUNG SIMONIAN »
appartenant à M. J. Siegers, Flessingue.

ÉCHELLE DES POINTS.

Apparence générale	10
Tête	10
Nez	5
Oreilles, lèvres et yeux	4
Cou	6
Épaules et poitrine	15
Dos et croupe	15
Pattes	12
Pieds	8
Queue	5
Poil et frange	5
Couleur	5
TOTAL	100

Groupe d'Epagneuls Anglais
appartenant à Sir Humphrey F. de Trafford, Manchester. (Gravure extraite du Journal *Our Dogs*.)

Nimrod
École de dressage de Chiens d'Arrêt

MM. les Membres de la " Société Royale Saint-Hubert " sont autorisés à envoyer des élèves à l'école de dressage de la " **Société Cynégétique Nimrod** " (Hollande).

S'adresser à M. le Secrétaire Général de la " Société Royale Saint-Hubert ".

Setter Club (ANGLAIS).

Président : J. SHORTHOSE . . . . Birmingham.
Secrétaire : GEO POTTER . . . . . The Elms, Birmingham.
Cotisation : £ 1.

Setter Club (HOLLANDAIS).

Président : G. J. VAN DER VLIET . . . . Overveen.
Secrétaire : H. J. E. GERLACH . . . . Voorburg.
Cotisation : 3 et 7.50 Florins.

Setter Club (FRANÇAIS).

Président : Comte A D'ARCHIAC . . . . Paris.
Secrétaire : J. BOUTROUE . . . 40, rue des Mathurins, Paris.
Cotisation : 20 Francs.

Setter Club (BELGE).

(En formation.)

« CORA- », « NED- », « BISHOF- » et « TAM OF GUNDORF »
appartenant à M. E. ACKERMANN, Gundorf. (Gravure extraite du Journal *Der Hunde-Sport.*)

 ordon Setter.

ÉPAGNEUL NOIR ET FEU.

Apparence générale	Un chien fortement charpenté et symétriquement construit, puissant sans lourdeur, à la fois souple et vigoureux.
Aptitudes	Une vive intelligence, beaucoup de docilité naturelle, une grande finesse d'odorat et une remarquable endurance constituent les qualités essentielles de cette race.
Tête	Est un des points les plus caractéristiques de la race ; elle est plus forte et plus lourde que celle de l'Épagneul Anglais ; la profondeur de l'os occipital au point le plus bas de la mâchoire doit être aussi plus grande.
Crâne	Légèrement arrondi, large entre les oreilles ; l'os occipital bien développé.
Front	Bien visible et développé au dessus des yeux.
Stop	La cassure du nez nettement indiquée.
Yeux	Brillants, très intelligents, pleins, pas trop petits et assez profonds dans la tête. L'expression intelligente est d'une grande importance chez l'Épagneul noir et feu.

Épagneuls noirs et feu idéaux, d'après le peintre anglais A. WARDLE.
(Gravure extraite du livre *Modern Dogs*.)

« KATE »
appartenant à M. A. Briens, Villedieu. (Gravure extraite du Journal *Le Chenil*.)

« BANG IV »
appartenant au Jardin d'Acclimatation de Paris. (Gravure extraite du journal *Le Chenil*.)

ÉPAGNEUL NOIR ET FEU.

« DON II »

appartenant à M. A. SMITS-GOMPERTZ, Eindhoven. (Gravure extraite du Journal *Chasse et Pêche*.)

Nez	De longueur moyenne et large à la pointe, donnant beaucoup de place aux organes olfactifs; les narines bien ouvertes et prenant la plus grande partie du nez. Un nez pincé est un grand défaut.
Lèvres	Très légèrement tombantes.
Mâchoires	Régulières, fortes et de même longueur.
Oreilles	Attachées à peu près à la hauteur des yeux, larges et de moyenne longueur, mais plutôt longues que courtes, tombant à plat contre les joues et le haut du cou (1).
Cou	Assez long et fort, mais pas trop lourd et sans fanons.
Épaules	Longues et musclées, sans lourdeur.
Poitrine	Profonde.

(1) *Note de l'auteur.* — Le Gordon Setter Club (Anglais) ne fait pas mention des oreilles.

ÉPAGNEUL NOIR ET FEU.

Corps	Plus lourd que celui de l'Épagneul Anglais, mais il doit être jugé de la même manière.
Pattes	Droites et de bonne ossature.
Pieds	Forts et grands, aux doigts bien arqués; il doit y avoir beaucoup de poil entre les doigts afin de protéger le pied.
Queue	Assez courte, ayant la forme d'un sabre courbé (*scimitar*), bien garnie de franges dont les plus longues sont au milieu du fouet.
Poil	Droit ou légèrement ondulé, jamais bouclé.
Couleur	La plus grande beauté du chien est sa robe magnifique; le noir doit être un noir corbeau très brillant, sans nuance bronzée; le feu doit être rouge doré acajou, pas jaune. Le corps est noir et les marques feu sont placées comme suit : deux petites taches ovales et très nettes situées juste au dessus de l'angle interne des yeux, une mince raie semi annulaire sur le nez, un peu au dessus des narines; une partie de l'intérieur des oreilles, quelques soies feu formant intérieurement bordure à la partie supérieure de la conque;

« SCOTT »
appartenant à M. J. Boisne, Amiens. (Gravure extraite du Journal *L'Acclimatation*.)

« CHAMPION HEATHER BEAUTY »
appartenant à M. P. Mulard, Paris. (Gravure extraite du Journal *Le Chenil*.)

« FLORA »
appartenant à M. J. M. Helling, Leiden.

les lèvres et les joues, jusqu'à un pouce environ au dessus des yeux ; la mâchoire inférieure et la naissance de la gorge ; sur la saillie antérieure des épaules se trouvent deux grandes taches régulières, reliées entre elles par une barre de la même couleur ; le feu doit aussi couvrir les pieds, les pattes de devant jusqu'au dessus des poignets et toute la partie interne jusqu'au coude, ainsi que la face interne des cuisses et des jarrets, en débordant sur toute l'arête des membres postérieurs, les franges des jambes et des cuisses. Le poil autour de l'anus et le dessous de la queue vers la base sont d'une nuance plus claire.

Hauteur au garrot	De 58 à 65 centimètres.
Poids	De 25 à 30 kilogrammes.
Origine	Ecossaise.

« FLORALIE »
appartenant à M. L. CAILLEUX, Paris. (Gravure extraite du Journal *L'Acclimatation*.)

ÉCHELLE DES POINTS.

Tête et cou	35
Épaules et poitrine	12
Reins et arrière-train	12
Pattes et pieds	16
Queue	5
Poil	10
Couleur	10
TOTAL	100

Gordon Setter Club (ANGLAIS).

Président : Sir HUMPHREY F. DE TRAFFORD . . . . Manchester.
Secrétaire : F. A. MANNING, Effingham Lodge, Upper Norwood.
   Cotisation : £ 1. 1 Sh.

Gordon Setter Club (BELGE).

Président : W. CASTELEIN . . . . Anvers.
Secrétaire : EUG. GUIOL . . . 8, rue du Congrès, Bruxelles.
   Cotisation : 20 Francs.

Gordon Setter Club (FRANÇAIS).

Président : P. CAILLARD . . . . Lailly.
Secrétaire : A. DEYROLLE . . . . . 46, rue du Bac, Paris.
   Cotisation : 20 Francs.

Setter Club (HOLLANDAIS).

Président : G. J. VAN DER VLIET . . . . Overveen.
Secrétaire : H. GERLACH . . . . Voorburg.
   Cotisation : 3 et 7.50 Florins.

Irish Setter.

ÉPAGNEUL IRLANDAIS.

Apparence générale	Un chien aux formes élégantes et solides.
Aptitudes	Un chien possédant les mêmes bonnes qualités que les Setters précédents, mais il est d'un dressage plus difficile.
Tête	Longue et légère.
Crâne	Ovale d'une oreille à l'autre, donnant beaucoup de place au cerveau; l'os occipital bien développé; les arcades sourcilières proéminentes.
Stop	La cassure du nez est visible.
Museau	Assez profond et légèrement carré au bout. La distance entre le *stop* et la pointe du nez doit être grande.
Yeux	De grandeur moyenne, mais pas trop grands et de couleur brun noisette.

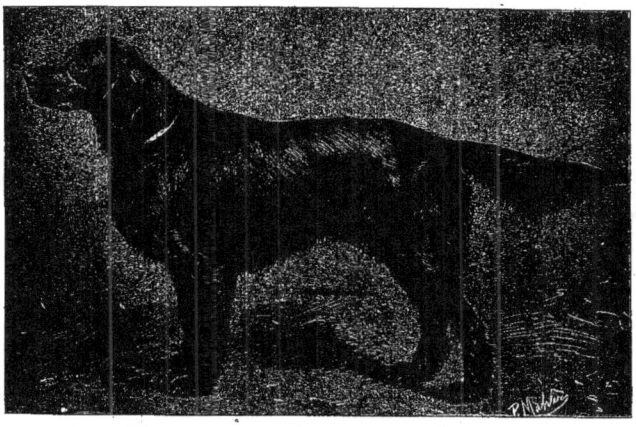

« PLUTON »

appartenant à MM. Catelin, Saint-Pol. (Gravure extraite du Journal *L'Acclimatation*.)

« NELL »

appartenant au Capitaine E. FAURE, Saint-Brieux. (Gravure extraite de la *Revue Cynégétique*.)

ÉPAGNEUL IRLANDAIS.

« SWELL »
appartenant à S. M. la Reine des Pays-Bas.
(Cliché gracieusement prêté par le *Kennel Club Hollandais Cynophilia*.)

Nez	De couleur brun acajou ou brun noix foncé, les narines bien ouvertes.
Lèvres	Non pendantes.
Mâchoires	De longueur égale.
Dents	S'adaptant parfaitement.
Oreilles	De grandeur moyenne, fines au toucher, placées bas et bien en arrière, pendant avec un joli pli contre la tête.
Cou	De longueur moyenne, très musclé, mais pas trop épais, légèrement arqué et exempt de fanons.
Epaules	Profondes, obliques et fines aux pointes.
Poitrine	Aussi profonde que possible et assez étroite.
Côtes	Bien arrondies, avec beaucoup de place pour les poumons.
Reins	Musculeux et légèrement arqués.
Croupe	Large et musclée.
Pattes	Celles de devant droites, musclées et de bonne ossature, les coudes bien libres dans leurs mouvements, placés bas et, comme les jarrets, tournés ni en dedans, ni en dehors. Les pattes de derrière longues et musclées de la hanche au jarret, courtes et fortes du jarret au talon; les jarrets et les articulations du pied bien arqués, mais tournés ni en dedans ni en dehors.

« NETHERBURY NORAH II »
appartenant à M. H. Gerlach, Arentsburgh, Voorburg.

« CHAMPION GARRYOWEN »
appartenant à M. J. J. Giltrap, Dublin. (Gravure extraite du Journal *Chasse et Pêche*.)

ÉPAGNEUL IRLANDAIS.

Pieds	Petits et forts, doigts forts, arqués et serrés.
Queue	De longueur moyenne, placée bas, grosse à la base et s'effilant vers la pointe, portée à la hauteur du dos ou plus bas.
Poil	Court et fin sur la tête, le devant des pattes et la pointe des oreilles; sur le reste du corps et les pattes, de longueur moyenne, couché, ni ondulé, ni bouclé.
Frange	Sur la partie supérieure des oreilles, longue et soyeuse; sur le derrière des pattes, longue et fine; sur le ventre s'étendant sur la poitrine et la gorge. Les pieds doivent être bien garnis entre les doigts. La queue joliment frangée de poil de longueur moyenne devenant plus court vers la pointe. Toutes les franges doivent être aussi droites que possible.
Couleur	Unicolore brun acajou doré et brillant, sans la moindre nuance de noir; un peu de blanc à la poitrine, à la gorge, au front ou aux doigts des pieds n'entraîne pas la disqualification.
Hauteur au garrot	De 55 à 65 centimètres.
Poids	De 22 à 27 kilogrammes.
Origine	Irlandaise.

« BÉBELLE »
appartenant à M. O. DE MENTOCK, Maeseyk.

« FERMOY »
appartenant à Mme A. BEYNEN VAN GEUNS, Brummen.

« CHAMPION RUBY GLENMORE »
appartenant à M. E. B. BISHOP, New-York. (Gravure extraite du Journal *The Dog Fancier*.)

« MISS HONORA »
appartenant à Mme M. Delper, St-John. (Gravure extraite du *Ladies' Kennel Journal*.)

« CHAMPION TYRCONNEL »
appartenant au Rev. O'Callaghan, Wickham Market.
(Cliché gracieusement prêté par la Maison Spratt's Patent L^d.)

« HEATHER PAT »
appartenant à M. le Jhr J. W. Schorer, Haarlem.

ÉPAGNEUL IRLANDAIS.

« VENTRY II »
appartenant a Mme A. BEYNEN VAN GEUNS, Brummen.

ÉCHELLE DES POINTS.

Apparence générale	14
Tête	10
Yeux	6
Oreilles	4
Cou	4
Corps	20
Pattes de devant et pieds	10
Pattes de derrière et pieds	10
Queue	4
Poil et frange	10
Couleur	8
TOTAL.	100

Irish Red Setter Club (ANGLAIS).

Président d'honneur : Lord Ardilaun. . . . . Dublin.
Président : J. J. Giltrap. . . . . Dublin.
Secrétaire : S. Brown. . . . . 27, Eustace Street, Dublin.
Cotisation : £ 1. 1 Sh.

Setter Club (HOLLANDAIS).

Président : G. J. van der Vliet. . . . . Overveen.
Secrétaire : H. J. E. Gerlach . . . . Voorburg.
Cotisation : 3 et 7.50 Florins.

Setter Club (FRANÇAIS).

Président : Comte A. d'Archiac . . . . Paris.
Secrétaire : J. Boutroue . . . 40, rue des Mathurins, Paris.
Cotisation : 20 Francs.

« LADY HONORA »
appartenant à Mme M. Belper, St-John. (Gravure extraite du *Ladies' Kennel Journal*.)

anghaarige Deutsche Vorstehhund.

ÉPAGNEUL ALLEMAND.

Apparence générale	Un chien fort et un peu long, le coffre en forme de coin et moins rond que celui du Braque Allemand. La tête et le cou portés haut le plus souvent; la queue horizontale jusqu'au milieu, se courbant ensuite légèrement vers le haut. Les poils, assez longs, tombent légèrement ondulés de chaque côté du corps. Expression intelligente et douce; marche légère et presque sans bruit.
Aptitudes	Un chien à la quête moins vive que celle des Epagneuls Anglais; mais, par contre, plus apte à un travail plus dur.
Tête	Allongée, sans être lourde.
Crâne	Large et légèrement arrondi; le passage du front au museau pas trop brusque. L'os occipital et l'attache du cou plus prononcés que chez le Braque Allemand.

« TELL-OSNABRUCK »
appartenant à M. O. HORSTMANN, Osnabrück. (Gravure extraite du Journal *Zwinger und Feld*.)

« COMMODUS »

appartenant au *Verein zur Züchtung Deutscher Vorstehhunde*.

Museau	Bien proportionné avec le derrière de la tête; l'os nasal pas trop large; vu de profil, il est droit ou légèrement voûté.
Yeux	De couleur brune plus ou moins foncée, suivant la nuance de la robe; légèrement ovales, de moyenne grandeur, clairs, ni proéminents, ni trop enfoncés dans l'orbite; les paupières bien serrées.
Nez	Suivant la couleur de la robe, brun clair ou foncé; les narines bien ouvertes. Un nez fendu (double nez) entraîne la disqualification.
Lèvres	Bien tombantes avec un pli très prononcé à la commissure des lèvres.
Mâchoires	Pas trop courtes; vues de face, plus étroites et vues de profil, moins obtuses que chez le Braque Allemand.
Oreilles	De longueur moyenne, larges, arrondies vers le bas, attachées dans toute la largeur et tombant droit sans aucun pli de chaque côté de la tête.

« FELDMANN »
appartenant à M. J. Neukomm, Schaffhausen. (Gravure extraite du Journal *Chasse et Pêche*.)

ÉPAGNEUL ALLEMAND.

Cou	Fort, un peu plus long que chez le Braque Allemand, un peu courbé à l'attache de la tête et s'élargissant peu à peu jusqu'à la poitrine.
Épaules	Obliques.
Poitrine	Vue de face, moins large que chez le Braque Allemand; par contre, les côtes sont plus longues et par ce fait la poitrine est plus profonde.
Dos	Large, droit et musclé; légèrement voûté sur les reins.
Ventre	Bien serré, légèrement relevé près des flancs.
Reins	Courts, larges et musclés.
Croupe	Pas trop courte et modérément tombante.
Pattes de devant . . .	Droites et bien musclées, les coudes tournés ni en dedans, ni en dehors; les genoux non pliés.
Pattes de derrière . . .	Très musclées; les jarrets pas trop droits comme chez le Lévrier; l'articulation du pied pas trop raide, mais bien placée sous le jarret. Vus de derrière, les jarrets ne doivent être tournés ni en dedans, ni en dehors.
Pieds	Ronds, cependant un peu plus allongés que chez le Braque Allemand; les doigts modérément arqués et bien serrés; les ongles forts et bien arqués; les soles grandes et rudes.

« ARMINIUS »
appartenant au Freiherr J. von Ayx, Betburg. (Gravure extraite du Journal *Der Hunde-Sport*.)

ÉPAGNEUL ALLEMAND.

« TELL VON CLEVE »
appartenant à M. Th. Bierhorst, Haarlem.
(Cliché gracieusement prêté par le propriétaire.)

Queue . . . . De longueur moyenne, forte à l'attache et allant en diminuant vers la pointe ; droite jusqu'au milieu, et de là, se relevant fortement ; bien garnie de franges.

Poil . . . . Long, soyeux, doux et brillant, légèrement ondulé (non bouclé ou frisé) ; sur la tête, court, épais et doux ; plus long aux oreilles, les faisant paraître de plus grande dimension qu'elles ne le sont en réalité ; sur la gorge, le cou, la poitrine et le ventre le poil forme une espèce de frange ; à l'intérieur des pattes, depuis les coudes jusqu'aux pieds et à la culotte le poil est ondulé ; entre les doigts, le poil est épais et doux ; sur la queue, le poil va en augmentant de longueur jusque vers le milieu, pour se raccourcir ensuite peu à peu jusqu'à l'extrémité.

Couleur . . . . Unicolore brun foncé, souvent avec une tache blanche à la poitrine et blanc avec des taches ou des mouchetures brunes.

678 — ÉPAGNEUL ALLEMAND.

Hauteur au garrot...	De 60 à 66 centimètres, les chiennes sont plus légères.
Poids	Environ 30 kilogrammes.
Origine.......	Allemande.
Défauts	Structure trop lourde, tête trop grande, os occipital trop proéminent, oreilles trop longues ou trop courtes, trop épaisses et mal attachées, nez noir ou couleur chair, paupières tombantes, pattes courbées, coudes tournés en dedans ou en dehors, pieds tournés en dehors ou longs, doigts écartés, couleur unicolore blanc, jaune ou rouge. Les ergots ne sont pas désirés.

Klub Langhaar.

Président : Frhr J. von Schorlemer-Alst . . . Sonderhaus.
Secrétaire : Fr. Krichler . 6, Ihmebruckstrasse, Hanovre.
Cotisation : 20 Mark.

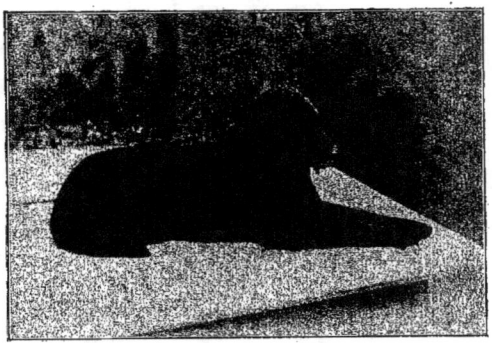

« JUNO-HAARLEM »
appartenant à M. Th. Bierhorst, Haarlem. (Cliché gracieusement prêté par le propriétaire.)

Épagneul Allemand idéal, d'après le peintre allemand H. SPERLING.
(Réduction d'un spécimen de *Sperling's Rassehundtypen*.)

« JUNO-HAARLEM » et « TASSO-PROBSTING »
appartenant à M. TH. BIESHORST, Haarlem. (Cliché gracieusement prêté par le propriétaire.)

Épagneul Espagnol.

Apparence générale	Un chien de taille moyenne, mais de forte ossature.
Aptitudes	Un chien employé aussi bien pour la plaine que pour le marais; il plonge très bien et est excellent au rapport.
Tête	Large.
Crâne	Légèrement bombé.
Stop	La cassure du nez est visible.
Museau	Assez carré.
Yeux	Bruns, vifs et pétillants, avec une expression intelligente et animée.
Nez	De couleur rose.
Babines	Fortes et tombantes.
Oreilles	Courtes, légères, fines, un peu relevées à leur naissance.
Cou	Vigoureux, de longueur moyenne, sans fanons.
Épaules	Légèrement obliques.
Poitrine	Large et profonde.
Dos	Légèrement arqué.
Corps	Bien charpenté, de forte ossature, mais sans lourdeur.
Pattes	Solides et peu élevées, coudes placés bas.
Pieds	Ronds, soles dures.
Queue	Très touffue et empanachée, portée avec une légère courbe; elle ressemble plus à la queue de l'Épagneul Allemand qu'à celle de l'Épagneul Anglais.
Poil	Lisse et luisant, d'un soyeux extrême; les pattes et les oreilles sont frangées.
Couleur	Le fond de la robe est blanc; sur la tête et le long de l'épine dorsale se trouvent quelques taches régulières d'un blond presque rose, nommé *crin lavé*.
Hauteur au garrot	De 50 à 60 centimètres.
Poids	Environ 24 kilogrammes.
Origine	Espagnole.

« DICK I »
appartenant à M. P. d'Arc, Aix. (Gravure extraite du Journal *Chasse et Pêche*.)

L'entrée d'une Exposition du *Kennel Club Anglais*
(Gravure extraite du Journal *Nederlandsche Sport*.)

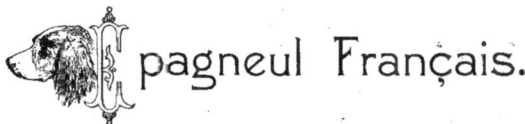pagneul Français.

Apparence générale	Chien un peu mou et assez lourd.
Aptitudes	Un chien excellent au marais et au bois dans les ajoncs les plus fourrés, n'hésite jamais en hiver à se mettre à l'eau pour rapporter le gibier.
Tête	Forte et carrée.
Crâne	Légèrement bombé.
Stop	Visible.
Museau	Profond.
Yeux	Bruns ou jaunes, expression intelligente, paupières serrées.
Nez	Brun, assez gros.
Lèvres	Légèrement pendantes.
Mâchoires	D'égale longueur.

« CAM »

appartenant à M. A. GUILLEBOUT, Vauchelles. (Gravure extraite du Journal *Chasse et Pêche*.)

« MÉDOR DE SANVIC »
appartenant à M. J. Beaussart, Sanvic. (Gravure extraite du journal *L'Acclimatation*.)

« CÉSAR »
appartenant à M. A. Grave, Amiens. (Gravure extraite du Journal *L'Acclimatation*.)

« TOM »
appartenant à M. A. M. MOUTON, Rouen. (Gravure extraite du Journal L'Acclimatation.)

Oreilles	Encadrant bien la tête, assez longues, plantées un peu bas et terminées par des poils ondoyants.
Cou	Assez court.
Épaules	Droites et un peu plates.
Poitrine	Large et profonde, le coude n'atteignant pas le dessous de la poitrine.
Dos	Droit, légèrement arqué au dessus des reins.
Côtes	Assez plates.
Reins	Droits et assez longs.
Croupe	Musclée.
Pattes	Assez fines, un peu courtes et garnies de longs poils un peu bouclés, les cuisses plates.
Pieds	Ronds et larges.
Ongles	Gros.
Queue	Un peu courbée, attachée un peu bas et garnies de longues soies allant en diminuant vers l'extrémité.
Poil	Ondulé et non frisé.
Couleur	Blanc et marron ou marron et gris moucheté; la première couleur est préférée.
Hauteur au garrot	De 5o à 58 centimètres.
Poids	Environ 25 kilogrammes.
Origine	Française.

Société Hâvraise pour l'amélioration des Races de Chiens.

Président : J. DE CONINCK . . . . Le Hâvre.
Secrétaire : . . . . Le Hâvre.
Cotisation : *Ad libitum*.

Réunion des Amateurs de Chiens d'arrêt Français.

Président d'honneur : Prince DE WAGRAM. . . . . Paris.
Président : J. DE CONINCK. . . . . Le Hâvre.
Secrétaire : J. EOUTROUE . . 40, rue des Mathurins, Paris.
Cotisation : 20 Francs.

Epagneul de Pont-Audemer.

Apparence générale	Un chien trapu et vigoureux.
Aptitudes	Plus rustique, plus vigoureux et plus ardent que l'Épagneul Français dont il possède d'ailleurs les mêmes qualités, l'intelligence, la souplesse et la douceur. La quête est vive et soutenue; il arrête également bien. Excellent chien de fourré; vrai broussailleur.
Tête	Fine, un peu pointue, à poil ras jusqu'au front; couronnée de longues boucles frisées et semblables à de la bourre formant huppe; cette huppe se confond avec le poil des oreilles qui sont généralement bouclées et forme ainsi une sorte de bonnet ruché autour de la tête.
Yeux	Plutôt petits et de couleur jaune.
Nez	Brun.
Oreilles	Plantées assez haut, longues, larges et très touffues.
Cou	Assez court.
Epaules	Obliques et musculeuses.
Poitrine	Large et profonde, le coude n'atteignant pas le dessous de la poitrine.
Côtes	Arrondies, portant souvent une espèce de frange bouclée.
Reins	Courts, solides et arqués.
Cuisses	Très musclées.
Pattes	Fortes et nerveuses, quelquefois un peu courtes, garnies d'une frange frisée; la cuisse bien gigotée.
Pieds	Ronds, garnis de longs poils entre les doigts, ongles gros et de couleur brun foncé.
Queue	Attachée assez haut, souvent coupée, bien garnie de poils frisés.
Poil	Frisé et ayant légèrement l'aspect de la bourre.
Couleur	Marron et gris moucheté.
Hauteur au garrot	De 5o à 55 centimètres.
Origine	Française.

« STOP II »
appartenant à la *Société Hâvraise pour l'amélioration des Races de Chiens*. (Gravure extraite du Journal *L'Acclimatation*.)

« GRILLE D'ÉGOUT »
appartenant à M. L. Verrier, Préaux.
(Cliché gracieusement prêté par M. G. Chasseignac, imprimeur, Angoulême.)

« DIANE III »
appartenant à la *Société Havraise pour l'amélioration des Races de Chiens*. (Gravure extraite du Journal *L'Acclimatation*.

« NINA »

appartenant à M. L. Verrier, Préaux.

(Cliché gracieusement prêté par M. G. Chasseignac, imprimeur, Angoulême.)

Société Hâvraise pour l'amélioration des Races de Chiens.

Président : J. de Coninck . . . . Le Hâvre.
Secrétaire : . . . . Le Hâvre.

Cotisation : *Ad libitum.*

Épagneul Russe.

Apparence générale	Un chien grand, fort et assez haut sur pattes.
Tête	Assez courte et grande, le crâne rond, le museau court et obtus.
Yeux	Pas trop grands et de couleur brune.
Nez	Noir et court, les narines bien ouvertes.
Oreilles	Larges et assez courtes, garnies de poil plus court que sur le corps.
Cou	Fort, trapu et musclé.
Épaules	Obliques et musculeuses.
Dos	Fort, large et assez court.
Pattes	Droites, assez grossières et de forte ossature.
Pieds	Ronds, gros; doigts bien serrés; soles dures et épaisses.

« BABOUSCHKA »
appartenant à M. J. Krasavtschi, Moscou.

Queue	De longueur moyenne, plutôt courte, garnie de poil plus long que sur le corps, mais sans former de longues franges comme chez les Épagneuls Anglais.
Poil	Demi long et assez dur au toucher.
Couleur	Blanc à taches jaunes et brunes; on voit quelquefois des exemplaires presque entièrement brun sale.
Hauteur au garrot	Environ 75 centimètres.
Origine	Russe.

Épagneul de Picardie[1].

Apparence générale	Un chien fort et robuste, plutôt lourd, mais sans exagération.
Tête	Assez forte, le front bombé.
Crâne	Légèrement bombé.
Stop	Visible.
Museau	De bonne longueur.
Yeux	De couleur brun foncé, pas trop grands.
Nez	Noir, droit et assez large, narines bien ouvertes.
Lèvres	Peu pendantes.
Mâchoires	Égales.
Oreilles	Assez courtes et bien couvertes de poil, attachées assez bas.
Cou	Fort et court, sans fanons.
Epaules	Obliques.
Poitrine	Profonde.
Dos	Court, droit, légèrement arqué au dessus des reins.
Ventre	Légèrement relevé.
Corps	Robuste.
Pattes	Fortes, droites, de bonne ossature et pas trop longues.
Pieds	Plutôt ronds que longs, bien garnis de poils entre les doigts; les ongles noirs.
Poil	Assez long et légèrement ondulé; le poil forme une frange à la partie postérieure des pattes.
Couleur	Unicolore noir ou noir et feu.
Hauteur au garrot	Environ 60 centimètres.
Poids	De 24 à 26 kilogrammes.
Origine	La Picardie.

Réunion des Amateurs de Chiens d'arrêt Français.

Président d'honneur : Prince DE WAGRAM. . . . . Paris.
Président : J. DE CONINCK. . . . . Le Hâvre.
Secrétaire : J. BOUTROUE . . 40, rue des Mathurins, Paris.
Cotisation : 20 Francs.

---

(1) *Note de l'auteur*. — Cette race est aussi nommée Épagneul noir du Nord.

« PICARDO »
appartenant à M. L. Hardy, Dieppe. (Gravure extraite du Journal *L'Acclimatation*.)

Épagneul Ardennais.

Apparence générale	Chien ayant beaucoup de ressemblance avec l'Épagneul Français, mais la tête est plus fine, les oreilles plus courtes et le poil plus rude.
Aptitudes	Chien très utile pour la chasse au bois et au marais.
Tête	Assez allongée et forte.
Crâne	Pas trop plat.
Stop	Assez visible.
Museau	De bonne longueur, mais sans exagération.
Yeux	De grandeur moyenne, jaune et orange pâle, avec une expression énergique et intelligente.
Nez	De couleur brune; coupé net; narines bien ouvertes, non pincées.
Joues	Pas trop pleines.
Lèvres	Peu pendantes.
Mâchoires	D'égale longueur.
Dents	S'adaptant parfaitement.
Oreilles	Demi longues, attachées assez haut, garnies de longs poils ondulés.
Cou	Bien attaché.
Épaules	Droites et un peu plates.
Poitrine	Très profonde et assez étroite, le coude atteint le bas de la poitrine.
Dos	Droit, légèrement arqué au dessus des reins.
Ventre	Légèrement relevé.
Côtes	Bien descendues.
Reins	Forts, légèrement voûtés au repos.
Hanches	Musclées.
Croupe	Musculeuse.
Corps	Solide.
Pattes	Fortes et bien musclées, bien garnies de longs poils; les coudes tournés ni en dedans, ni en dehors.
Pieds	Ronds, garnis de poil entre les doigts; doigts arqués et serrés. Soles grandes et dures.
Queue	Assez longue, en forme de lame de sabre, bien garnie de poil.

ÉPAGNEUL ARDENNAIS.

Poil	Long, rude et ondulé.
Couleur	Gris et marron ou blanc et marron, à fond ordinairement piqueté.
Hauteur au garrot . . .	De 53 à 58 centimètres.
Poids	Environ 22 kilogrammes.
Origine	Ardennaise.
Défauts	Tête courte et compacte, museau trop pointu, nez noir, corps trop levretté, queue mal garnie de poil et autres couleurs.

« DO II »

appartenant à M. J. LAMY, Bellevue. (Gravure extraite du Journal L'Éleveur.)

Réunion des Amateurs de Chiens d'arrêt Français.

Président d'honneur : Prince DE WAGRAM. . . . . Paris.
Président : J. DE CONINCK. . . . . Le Hâvre.
Secrétaire : J. BOUTROUE . . 40, rue des Mathurins, Paris.
Cotisation : 20 Francs.

 Spaniels.

ÉPAGNEUL DE SUSSEX.

Apparence générale . .	Un chien plutôt massif et musclé, mais avec des actions libres et un beau mouvement de la queue, dénotant un caractère docile et gai.
Aptitudes	Petits chiens (Sussex, Cocker, Clumber, etc.), n'arrêtant point, mais très utiles dans les pays coupés de grosses haies et de ronciers, dans les bois et au bord des marais.
	Remuants, actifs, audacieux et parfois téméraires et rageurs, se manifestant dans leur ardeur à dépister le gibier, trouvant les buissons les plus épineux, sans souci de leurs soies, qu'ils laissent accrochées aux branches.
	Ils chassent au fourré, trouvent et font lever le gibier et le rapportent.
Tête	Grande, carrée, massive, mais pas trop courte, donnant une apparence plutôt lourde que grossière.
Crâne	De longueur moyenne et assez large, avec une rainure au milieu, les arcades sourcilières assez développées, l'os occipital plein, mais pas pointu.
Stop	La cassure du nez est bien développée.
Museau	Carré, il doit avoir une longueur d'environ 7 1/2 centimètres.
Yeux	De couleur noisette, assez grands et languissants, ne montrant pas trop la conjonctive, expression intelligente et affectueuse.
Nez	De couleur foie, les narines bien ouvertes.
Lèvres . , ...	Un peu pendantes.
Oreilles	Épaisses, assez grandes et en forme de lobes; attachées assez bas, mais pas autant que chez l'Épagneul noir; portées pendantes contre la tête et garnies de poil doux et ondulé.

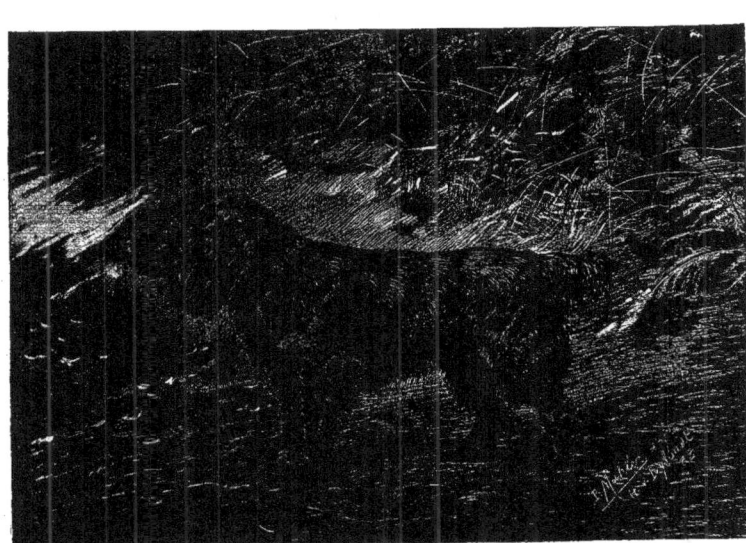

« BRIDFORD MANBERT »
appartenant à M. S. J. van den Berg, La Haye. (Gravure extraite du Journal *Le Cheval*.)

Cou	Assez court, fort et légèrement arqué, mais n'élevant pas la tête beaucoup plus haut que la ligne du dos; sans fanons, mais le poil forme une collerette.
Epaules	Obliques.
Poitrine	Profonde, large et ronde, surtout derrière les épaules, donnant beaucoup de place pour les poumons.
Dos	Long et très musclé.
Reins	Longs et très musclés, aussi bien dans la longueur que dans la profondeur.
Corps	Bas, long, droit et fort.
Pattes de devant . . .	L'avant-bras de bonne ossature et bien musclé, les genoux et les talons larges et forts, l'articulation du talon courte et de bonne ossature. Les pattes, très courtes et fortes, ont une ossature puissante; elles peuvent être légèrement torses dans l'avant-bras et sont bien frangées.
Pattes de derrière . . .	Ne doivent pas être visiblement plus courtes que celles de devant, ni trop arquées dans les jarrets, ce qui dénote une mauvaise structure; les cuisses bien musclées. Les pattes sont bien frangées au dessus des jarrets, mais sont à poil ras en dessous; les jarrets courts et placés loin l'un de l'autre.
Pieds	Grands et ronds, bien garnis de poil court entre les doigts.
Queue	Coupée sur une longueur de 12 1/2 à 18 centimètres, attachée bas et portée dans le prolongement de la ligne du dos, fortement garnie d'une frange assez longue.

« BRIDFORD MANBERT »
appartenant à M. S. J. van den Bergh, La Haye.
(Cliché gracieusement prêté par la Société cynégétique *Nimrod*.)

« TINKLE »
appartenant à M. P. A. Salter, Kelvedon. (Gravure extraite du Journal *Chasse et Pêche*.)

ÉPAGNEUL DE SUSSEX.

Poil	Abondant, lisse ou légèrement ondulé, sans tendance à friser, assez bien frangé sur les pattes et la queue, mais ras en dessous des jarrets.
Couleur	Brun foie doré; cette couleur est un signe certain de la pureté de la race; la robe foie foncé ou puce dénote le croisement avec un Épagneul noir ou une autre sorte de Field Spaniel.
Hauteur au garrot	De 32 à 40 centimètres.
Poids	De 16 à 21 kilogrammes.
Origine	Anglaise.

ÉCHELLE DES POINTS.

POINTS POSITIFS.		POINTS NÉGATIFS.	
Apparence générale	15	Air grogneur ou rampant	10
Tête	10	Tête étroite	10
Yeux	5	Museau faible	10
Nez	5	Yeux clairs	5
Oreilles	10	Toupet	10
Cou	5	Oreilles frisées ou attachées haut	5
Épaules et poitrine	5	Corps court ou plat	5
Dos et reins	10	Haut sur pattes ou ossature légère	5
Pattes et pieds	10	Queue mal portée	5
Queue	5	Poil frisé	15
Poil	5	Couleur trop claire ou trop foncée	15
Couleur	15	Blanc sur la poitrine	5
TOTAL	100	TOTAL	100

Spaniel Club (ANGLAIS).

Président : J. F. FARROW . . . . Ipswich.

Secrétaire : J. S. COWELL . 38, Gauden Road, Clapham S. W.

Entrée : £ 1. 1 Sh.;

Cotisation : £ 1. 1 Sh.

lumber Spaniel.

ÉPAGNEUL DE CLUMBER.

Apparence générale	Un chien long, bas, lourd et très massif, avec une expression réfléchie.
Tête	Grande, carrée et massive, de moyenne longueur.
Crâne	Large, os occipital bien visible, arcades sourcilières bien développées.
Stop	La cassure du nez est profonde.
Museau	De moyenne longueur et bien moucheté de petites taches citron.
Yeux	De couleur ambre foncé, placés assez profondément dans la tête et laissant voir la conjonctive.
Nez	Carré et de couleur chair.
Babines	Bien développées.
Oreilles	Larges, de la forme d'une feuille de vigne, bien couvertes de poil lisse, pendant légèrement en avant. Le poil ne doit pas dépasser le lobe.

« CHELMSFORD CLYTIA »
appartenant à M. H. H. Haylock, Chelmsford.

« SNOW »

appartenant à M. H. H. SIMMONS, Plymouth. (Gravure extraite du Journal *Chasse et Pêche*.)

ÉPAGNEUL DE CLUMBER.

Cou	Très épais et puissant, bien frangé sur le dessous.
Epaules	Fortes et musclées.
Poitrine	Large et profonde.
Dos	Droit, large et long.
Ventre	Peu relevé.
Reins	Puissants et bien bas dans les flancs.
Corps	Long, lourd, bas et près de terre.
Arrière-train	Très musclé et bien développé.
Cuisses	Bien fournies.
Pattes	Courtes, droites, grosses, de forte ossature, jarrets bas ; bien frangées.
Pieds	Grands et ronds, bien garnis de poil.
Queue	Écourtée, attachée bas, bien frangée et portée sur la même ligne horizontale que le dos.
Poil	Long, abondant, doux et droit.
Couleur	Tout blanc, avec des marques citron; des marques orange sont permises, mais pas désirées; les petites mouchetures citron clair sur la tête avec le corps blanc forment la robe la plus recherchée.
Hauteur au garrot	De 40 à 45 centimètres.
Poids	Les chiens, de 25 à 30 kilogrammes, et les chiennes, de 20 à 25 kilogrammes.
Origine	Anglaise (?).

« WYCOMBE RATTLE »
appartenant à Mlle E. TOMPKYNS, Grafton.
(Gravure extraite du *Ladies' Kennel Journal*.)

« CHAMPION PSYCHO »
appartenant au Capitaine S. MORETON THOMAS, Llangadock.
(Cliché gracieusement prêté par la Maison SPRATT'S PATENT L^d.)

« ROCKETTER »
appartenant à M. P. Caillard, Lailly. (Gravure extraite du Journal *L'Acclimatation*.)

« CHAMPION SAM II »
appartenant au Duc de Portland, Worksop.

« DUNNO »
appartenant à M. E. Hutton, Londres.
(Cliché gracieusement prêté par le *Kennel Club Hollandais Cynophilia*.)

« LIGHTWOOD BRUCE »
appartenant à M. J. McKenna, Manchester.
(Cliché gracieusement prêté par la Société cynégétique *Nimrod*.)

ÉCHELLE DES POINTS.

POINTS POSITIFS.		POINTS NÉGATIFS.	
Apparence générale	10	Museau pointu	15
Tête et mâchoires	20	Yeux clairs	5
Yeux	5	Oreilles frisées ou bouclées	10
Oreilles	5	Haut sur pattes	10
Cou	5	Queue mal portée	10
Corps	15	Poil frisé ou bouclé	20
Pattes de devant	5		
Pattes de derrière	5		
Pieds	5		
Queue	5		
Poil et frange	10		
Couleur et marques	10		
TOTAL	100	TOTAL	70

Spaniel Club (ANGLAIS).

Président : J. F. Farrow . . . . Ipswich.
Secrétaire : J. S. Cowell . 38, Gauden Road, Clapham S. W.
Entrée : £ 1. 1 Sh.;
Cotisation : £ 1. 1 Sh.

Norfolk Spaniel.

ÉPAGNEUL DE NORFOLK.

Apparence générale	Un chien actif, utile, compact et de taille moyenne.
Tête	Assez longue.
Crâne	Long et assez étroit.
Stop	La cassure du nez est visible.
Museau	Long et large jusqu'au bout.
Yeux	Assez petits, brillants et intelligents.
Nez	Grand et mou.
Oreilles	Longues, attachées bas et lobulaires, garnies de long poil.
Cou	Long, fort et légèrement arqué.
Épaules	Longues et obliques.
Poitrine	Profonde et assez large.
Dos	Droit et fort.
Reins	Assez longs, plats et forts.
Corps	Assez lourd.
Arrière-train	Fort et musclé.
Pattes	Plus longues que chez les autres petits Épagneuls Anglais, mais pas aussi longues que chez l'Épagneul Irlandais; de forte ossature, jarrets bien descendus et modérément courbés, tournés ni en dedans, ni en dehors.
Pieds	Grands et un peu plats.
Queue	Écourtée, portée bas, c'est-à-dire pas plus relevée que la ligne du dos.
Poil	Dur, non laineux; pas bouclé, mais il peut être cassé.
Couleur	Foie et blanc ou noir et blanc.
Hauteur au garrot	De 43 à 46 centimètres.
Poids	Environ 25 kilogrammes.
Origine	Anglaise.

ÉPAGNEUL DE NORFOLK.

ÉCHELLE DES POINTS.

POINTS POSITIFS.		POINTS NÉGATIFS.	
Apparence générale	10	Toupet	5
Tête, mâchoires et yeux	20	Queue mal portée	5
Oreilles	10		
Cou	10		
Corps	10		
Pattes de devant	10		
Pattes de derrière	10		
Pieds	5		
Queue	5		
Poil et frange	10		
TOTAL	100	TOTAL	10

« FAG »
appartenant à M. C. DELLA FAILLE DE LEVERGHEM, Anvers.

Spaniel Club (ANGLAIS).

Président : J. F. FARROW . . . . Ipswich.
Secrétaire : J. S. COWELL . 38, Gauden Road, Clapham S. W.
Entrée : £ 1. 1 Sh. ;
Cotisation : £ 1. 1 Sh.

Black Cocker Spaniel.

ÉPAGNEUL COCKER NOIR.

Apparence générale	Une combinaison de pur sang, de type, de sagacité, de docilité, de bonne humeur, d'affection et d'activité.
Tête	En proportion, pas aussi grande ni aussi lourde que chez le moderne Field Spaniel; l'os occipital est également moins développé.
Crâne	Arrondi, comparativement large et bien développé, avec beaucoup de place pour le cerveau.
Front	Uni et couvert de poil ras.
Stop	La cassure du nez n'est pas trop marquée.
Museau	Bien développé, décharné, mais non pointu et pas aussi carré que chez les variétés de Clumber et de Sussex.
Yeux	Pleins, non proéminents, de couleur noisette ou brune, avec une expression intelligente et gentille, quoique éveillée, brillante et gaie; jamais rêveurs ou mouillés comme chez l'Épagneul King Charles ou Blenheim.
Nez	De couleur noire. Suffisamment large et développé pour assurer un odorat supérieur.
Mâchoires	Bien développées, décharnées, mais non pointues.
Oreilles	Lobuleuses, attachées bas, la peau fine et ne dépassant pas le nez en longueur, bien garnies de poil long et soyeux; ce poil doit être droit ou légèrement ondulé, sans jamais former des boucles ou des cordes.
Cou	Fort, musculeux et gracieusement placé sur les épaules.
Épaules	Fines et obliques.
Poitrine	Profonde et bien développée, mais pas trop large ou arrondie pour empêcher le libre mouvement des pattes de devant.

« CHAMPION SOLUS »
appartenant à M. J. ROYLE, Manchester.

« CHAMPION OBO » et « CHAMPION MISS OBO »
appartenant à M. J. F. Farrow, Ipswich. (Gravure extraite du Journal *Chasse et Pêche*.)

Dos	Très fort et compact proportionnellement à la taille et au poids du chien; légèrement ravalé vers la queue.
Reins	Fortement développés.
Corps	Pas *aussi long ni aussi bas* que chez les autres variétés d'Épagneuls, mais *plus compact et ramassé*, donnant une impression de force et d'activité infatigable.
Arrière-train	Large, bien arrondi et très musclé, afin d'obtenir un mouvement infatigable et une force motrice considérable, même avec les circonstances aggravantes d'un travail laborieux par le mauvais temps, sur des routes mal entretenues et dans des broussailles épaisses.
Pattes	De bonne ossature, droites et bien frangées; assez courtes pour la grande force que l'on exige de ce chien, mais pas trop courtes cependant pour empêcher la liberté des mouvements. Cet Épagneul n'est pas bâti comme les autres variétés, mais est, en comparaison, plus court de dos et plus haut sur pattes.
Pieds	Forts et ronds (*cat-feet*), pas trop grands, les doigts non écartés et l'articulation pas lâche, les soles dures et bien développées.
Queue	Celle-ci, très caractéristique du *blue-blood* dans la famille des Épagneuls, peut être portée, quoique *attachée bas*, un peu plus haut par le Cocker noir que par les autres variétés, mais jamais sur le dos, formant une ligne avec celui-ci; plus le port est bas, mieux cela vaut; au travail, son action sera continuelle et la plus gaie de toute la famille des Épagneuls.
Poil	Droit ou ondulé et soyeux au toucher; jamais dur, laineux ou frisé; avec une frange ondulée comme celle de l'Épagneul Anglais (Setter), mais pas trop abondante et jamais frisée ou bouclée.
Couleur	Unicolore noir jais; une tache blanche à la poitrine n'entraîne pas la disqualification, mais les pieds blancs ne sont pas permis, pas plus que dans n'importe quelle race canine.
Hauteur au garrot	De 26 à 32 centimètres.
Poids	Pas plus de 11 1/2 kilogrammes.
Origine	Anglaise.

« BURTON VICTOR »
appartenant à M. W. Calens, Jr, Londres. (Gravure extraite du Journal *The Stock-Keeper*.)

ÉCHELLE DES POINTS.

POINTS POSITIFS.		POINTS NÉGATIFS.	
Apparence générale	10	Toupet	20
Tête et mâchoires	10	Yeux clairs	10
Yeux	5	Nez pâle	15
Oreilles	5	Oreilles frisées	15
Cou	5	Queue mal portée	20
Corps	15	Poil frisé ou bouclé	20
Pattes de devant	10		
Pattes de derrière	10		
Pieds	10		
Queue	10		
Poil et frange	10		
TOTAL	100	TOTAL	100

Spaniel Club (ANGLAIS).

Président : J. F. FARROW . . . . Ipswich.
Secrétaire : J. S. COWELL . 38, Gauden Road, Clapham S. W.
Entrée : £ 1. 1 Sh.;
Cotisation : £ 1. 1 Sh.

Cocker Spaniel.

(ANY OTHER VARIETY.)

AUTRES VARIÉTÉS DE L'ÉPAGNEUL COCKER.

Les points de ces diverses variétés sont conformes à ceux de l'Épagneul Cocker noir, à l'exception de :

Yeux . . . . La couleur en harmonie avec la nuance du poil, sinon conformément à ceux de l'Épagneul Cocker noir.

Nez . . . . La couleur en harmonie avec la nuance du poil, sinon conformément à celui de l'Épagneul Cocker noir.

Couleur . . . . Noir et feu; foie et feu; foie; noir, feu et blanc; foie, feu et blanc; citron et blanc; moucheté brun foie et en général, toutes ces nuances assemblées ou mélangées.

« DITTON GAIETY »
appartenant à M. H. J. Price, Kingston-on-Thames.
(Cliché gracieusement prêté par le *Kennel Club Hollandais Cynophilia*.)

« NELL »
appartenant à M. A. Leroy, Senlis. (Gravure extraite du Journal *L'Acclimatation*.)

« FANNY »
appartenant à M. G. Villenieu, Jonzac. (Gravure extraite du Journal *L'Acclimatation*.)

ECHELLE DES POINTS.

POINTS POSITIFS		POINTS NÉGATIFS	
Apparence générale	10	Toupet	20
Tête et mâchoires	10	Yeux clairs	10
Yeux	5	Nez pâle	15
Oreilles	5	Oreilles frisées	15
Cou	5	Queue mal portée	20
Corps	15	Poil frisé ou bouclé	20
Pattes de devant	10		
Pattes de derrière	10		
Pieds	10		
Queue	10		
Poil et frange	10		
TOTAL.	100	TOTAL.	100

Spaniel Club (ANGLAIS).

Président : J. F. FARROW. . . . . Ipswich.
Secrétaire : J. S. COWELL, 38, Gauden Road, Clapham, S. W.
Entrée : £ 1. 1 Sh ;
Cotisation : £ 1. 1 Sh.

« BUXTON SWEEP »
appartenant à M. C. MEYRICK, Surbiton.

Black Field Spaniel.

ÉPAGNEUL NOIR DE PLAINE (1).

Apparence générale	Celle d'un chien de chasse, capable de faire et d'apprendre tout ce qui est possible en accord avec sa hauteur et sa conformation; combinant la beauté et l'utilité.
Tête	Doit être très caractéristique, comme c'est aussi le cas pour le Bull-Dog et le Chien de Saint-Hubert; son apparence dénote le pur sang et le caractère noble.
Crâne	Bien développé, *l'os occipital bien visible,* ce qui lui donne son apparence si caractéristique.

« BEVERLEY RHEA »
appartenant à M. W. R. BRYDEN, Beverley.
(Cliché gracieusement prêté par le *Kennel Club Hollandais Cynophilia.*)

---

(1) *Note de l'auteur.* — Nommé aussi quelquefois Épagneul noir des champs.

Épagneul noir de plaine idéal, d'après le peintre allemand H. SPERLING.
(Réduction d'un spécimen de *Sperling's Rassehundtypen*.)

« BRIDFORD GIDDIE »
appartenant à M. M. WOOLLAND, Londres.

« BARTON SALLY »

appartenant à Sir Humphrey F. de Trafford, Manchester. (Gravure extraite du Journal *Our Dogs*.)

Museau	Pas trop large, long et mince, jamais pointu ou carré et, vu de profil, se courbant graduellement depuis le nez jusqu'à la gorge; maigre sous les yeux, une épaisseur à cette place rend toute la tête lourde. Une bonne longueur de museau dénote un libre développement du sens olfactif.
Yeux	Pas trop pleins, mais pas petits, ni enfoncés, ni proéminents, de couleur brun noisette foncé, brun foncé ou presque noir; d'expression grave et dénotant une docilité et un instinct extraordinaire.
Nez	Bien développé, avec les narines bien ouvertes et toujours de couleur noire.
Oreilles	*Attachées aussi bas que possible,* ce qui contribue beaucoup à la beauté de la tête; assez longues et larges et suffisamment couvertes d'une jolie frange.
Cou	Très fort et musclé, mais pas trop court, afin de faire lever le gibier sans fatigue inutile.
Epaules	Obliques et libres.
Poitrine	Profonde et bien développée, mais ni trop ronde, ni trop large.
Dos	Très fort et musclé, droit et long en comparaison de la taille du chien.
Ventre	Peu relevé.

« GIPPING SAM »
appartenant à M. J. F. Farrow, Ipswich. (Gravure extraite du Journal *Chasse et Pêche*.)

ÉPAGNEUL NOIR DE PLAINE.

Reins	Forts et musclés.
Corps	*Long et très bas,* côtes bien arrondies jusqu'aux reins, fort, droit ou légèrement arqué, jamais ensellé.
Arrière-train	Très fort et musculeux, large et bien développé.
Pattes	Droites et de solide ossature, fortes et courtes, garnies d'une jolie frange de poil droit ou ondulé. La frange au dessous des jarrets est à rejeter.
Pieds	Pas trop petits et bien protégés entre les doigts de poils doux; les soles bien développées et dures.
Queue	Bien attachée, portée *bas,* si possible *plus bas que la ligne du dos,* droite ou inclinée un peu vers le bas, jamais relévée plus haut que le dos, même au travail; joliment frangée de poils ondulés et soyeux.

« BRIDFORD PERFECTION »
appartenant à M. M. WOOLLAND, Londres. (Gravure extraite du Journal *Der Hunde-Sport.*)

ÉPAGNEUL NOIR DE PLAINE.

« RONA »
appartenant au Col. W. G®stwyck-Gard, Inverness. (Gravure extraite au Journal *Our Dogs*.)

Poil . . . . Droit ou légèrement ondulé, jamais bouclé — assez dense pour résister à la température et pas trop court —, soyeux au toucher, brillant et fin de nature, ni laineux, ni dur ou bouclé; sur la poitrine, sous le ventre et derrière les pattes le poil forme une frange abondante, mais sans exagération, dans le genre de celle de l'Épagneul Anglais (Setter). La queue et l'arrière-train sont embellis de la même manière.

Couleur . . . . Noir jais, brillant et pur. Un peu de blanc à la poitrine est une faute, mais n'entraîne pas la disqualification.
Hauteur au garrot . . . De 33 à 40 centimètres.
Poids . . . . De 15 1/2 à 20 kilogrammes.
Origine . . . . Anglaise.

« EASTEN'S-BUSY » et « BRUCE »
appartenant à M. W. R. BRYDEN, Beverley. (Gravure extraite du Journal *Chasse et Pêche*.)

ÉPAGNEUL NOIR DE PLAINE.

ÉCHELLE DES POINTS.

POINTS POSITIFS.		POINTS NÉGATIFS.	
Apparence générale	10	Toupet	15
Tête et mâchoires	15	Yeux clairs	20
Yeux	5	Nez clair	15
Oreilles	5	Oreilles frisées	10
Cou	5	Pattes de devant courbées	10
Corps	10	Queue mal portée	10
Pattes de devant	10	Poil bouclé	10
Pattes de derrière	10	Blanc à la poitrine	10
Pieds	10		
Queue	10		
Poil et frange	10		
TOTAL	100	TOTAL	100

« TYPE »
(Cliché gracieusement prêté par la Maison SPRATT'S PATENT Ld.)

Spaniel Club (ANGLAIS).

Président : J. F. FARROW. . . . . Ipswich.
Secrétaire : J. S. COWELL, 38, Gauden Road, Clapham, S. W.
Entrée : £ 1. 1 Sh ;
Cotisation : £ 1. 1 Sh.

Field Spaniel.

(ANY OTHER VARIETY.)

AUTRES VARIÉTÉS DE L'ÉPAGNEUL DE PLAINE.

Les points de ces diverses variétés sont conformes à ceux de l'Épagneul noir de plaine, à l'exception de :

Yeux . . . . La couleur en harmonie avec la nuance du poil :
Noir et feu. — Couleur noisette ou brun.
Foie et feu. — Plus légère que les précédentes, mais d'une riche nuance.
Foie. — Couleur noisette claire.
Moucheté noir, feu et blanc. — Couleur noisette ou brun.
Moucheté foie et feu, etc. — Couleur noisette ou brun.

« BRANTLEY BACHELOR »
appartenant à M. J. ROYLE, Manchester. (Gravure extraite du Journal *Our Dogs*.)

AUTRES VARIÉTÉS DE L'ÉPAGNEUL DE PLAINE.

« ALVA DASH »
appartenant à M. J. W. Robinson, New-Castle-on-Tyne. (Gravure extraite du Catalogue illustré du *Cruft Show*.)

Épagneuls de plaine idéaux, d'après le peintre anglais A. Wardle.
(Gravure extraite du livre *Modern Dogs*.)
(Cliché gracieusement prêté par le *Kennel Club Hollandais Cynophilia*.)

Nez	La couleur en harmonie avec la nuance du poil : *Noir et feu.* — Noir. *Foie et feu.* — Couleur foie foncée. *Foie.* — Foie. *Moucheté noir, feu et blanc.* — Noir. *Moucheté foie et feu, etc.* — Foie.
Couleur	Noir et feu; foie et feu; foie; moucheté noir; feu et blanc; moucheté foie, feu et blanc et, en général, toutes ces nuances assemblées ou mélangées.

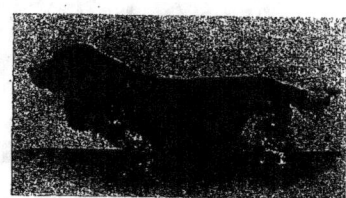

« COLESHILL BLUE BOY »
appartenant à M. J. Smith, Coleshill.

ÉCHELLE DES POINTS.

POINTS POSITIFS.		POINTS NÉGATIFS.	
Apparence générale	10	Toupet	15
Tête et mâchoires	15	Yeux clairs (variété foncée) . .	20
Yeux	5	Nez clair (variété foncée) . . .	15
Oreilles	5	Oreilles frisées	10
Cou	5	Pattes de devant courbées . .	10
Corps	10	Queue mal portée	10
Pattes de devant	10	Poil bouclé	10
Pattes de derrière	10	Blanc à la poitrine (variété foncée)	10
Pieds	10		
Queue	10		
Poil et frange	10		
Total . .	100	Total . . .	100

Spaniel Club (ANGLAIS).

Président : J. F. Farrow . . . . Ipswich.
Secrétaire : J. S. Cowell, 38, Gauden Road, Clapham, S. W.
Entrée : £ 1. 1 Sh.;
Cotisation : £ 1. 1 Sh.

English Water Spaniel.

ÉPAGNEUL D'EAU ANGLAIS.

Apparence générale	Un chien sobre, avec une allure lourde et, en général, avec une manière de faire très indépendante; son allure change immédiatement à la vue d'un fusil.
Tête	Longue, assez droite et passablement étroite; une tête lourde est un défaut.
Museau	Assez long et même quelque peu pointu.
Yeux	Petits, en comparaison de la taille du chien, paupières assez serrées.
Nez	Grand.
Oreilles	Attachées en avant de la tête et bien couvertes de poil, aussi bien à l'intérieur qu'à l'extérieur.
Cou	Droit.
Epaules	Basses.
Poitrine	Assez étroite, mais profonde.
Dos	Fort, mais pas ramassé.
Ventre	Très légèrement relevé.
Reins	Bien développés.
Corps	Grand et très profond, côtes bien développées et arrondies, mais pas aussi longues que celles de l'Épagneul noir de plaine.
Arrière-train	Long et droit, plutôt s'élevant que s'inclinant vers la queue, ce qui, avec les épaules basses, lui donne l'apparence d'être plus haut à la croupe qu'au garrot.
Pattes	Longues et fortes, les jarrets bien arqués.
Pieds	Bien ouverts, grands et forts, bien couverts de poil, surtout entre les doigts.
Queue	Coupée à une longueur de 18 à 25 centimètres, suivant la taille du chien, portée un peu plus haut que la ligne du dos, mais jamais plus haut; elle ne doit pas être garnie de frange.

Épagneul d'eau Anglais, d'après une vieille gravure anglaise.
(Gravure extraite du Journal *Le Chenil*.)

Poil	Formant sur tout le corps des boucles crépues ou de petites cordes; la tête n'est pas embellie d'un toupet, mais les boucles serrées doivent cesser sur le haut de la tête, laissant le museau parfaitement ras et d'apparence maigre.
Couleur	Noir et blanc; foie et blanc; unicolore noir et unicolore foie. *Les tachetés selon le goût.*
Hauteur au garrot	De 50 à 55 centimètres.
Poids	Environ 23 kilogrammes.
Origine	Anglaise.
Défauts	Tête courte, toupet et queue frangée.

ÉCHELLE DES POINTS.

POINTS POSITIFS.		POINTS NÉGATIFS.	
Apparence générale	10	Toupet	10
Tête, mâchoires et yeux	20	Frange à la queue	10
Oreilles	5		
Cou	5		
Corps	10		
Pattes de devant	10		
Pattes de derrière	10		
Pieds	5		
Queue	10		
Poil	15		
TOTAL.	100	TOTAL.	20

Spaniel Club (ANGLAIS).

Président : J. F. FARROW . . . . Ipswich.
Secrétaire : J. S. COWELL . 38, Gauden Road, Clapham S. W.
Entrée : £ 1. 1 Sh.;
Cotisation : £ 1. 1 Sh.

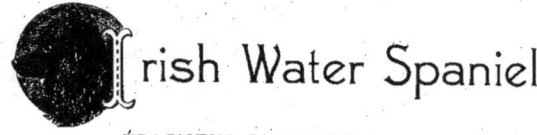
Irish Water Spaniel.

ÉPAGNEUL D'EAU IRLANDAIS.

Apparence générale . . Un chien fort, compact et vif, avec une expression intelligente ; il ne doit pas être haut sur pattes, car on lui demande de la force et de la résistance dans son travail. Bruyants et joueurs en prenant leurs ébats, ils sont muets à la chasse.

Aptitudes . . . . . . Le chien par excellence pour la chasse à l'eau par sa peau huileuse comme celle du canard, ses doigts palmés comme ceux de la loutre et son tempérament d'amphibie. Il poursuit les blessés et rapporte le gibier mort au travers des glaces, par les temps les plus effroyables, se rejète vingt fois à l'eau, nageant sans jamais se lasser, plon-

« CHAMPION SHAUN »
appartenant au Col. W. Le Poer Trench, St Hubert's, Gerrard's Cross, Bucks.
(Cliché gracieusement prêté par le *Kennel Club Hollandais Cynophilia*.)

« POTSEY »
appartenant au Jardin d'Acclimatation de Paris. (Gravure extraite du Journal *Le Chenil*.)

Quatre générations de Champions vivants
« SHAUN », « SHAMUS », « HARP » et « ERIN »
(Fils) (Arrière-petit-fils) (Mère) (Petite-fille)
appartenant au Col. W. Le Poer Trench, St Hubert's, Gerrard's Cross, Bucks.
(Cliché gracieusement prêté par le propriétaire.)

geant comme un phoque, brisant sur son passage les roseaux durcis par la gelée, guidé par un nez infaillible et soutenu par une vigueur inouïe.

Tête.	De moyenne longueur.
Crâne	Spacieux, un peu relevé en dôme et assez large, dénotant une grande capacité cérébrale. La partie supérieure du crâne paraît plus haute à cause du toupet (*top-knot*) qui finit en pointe entre les yeux, laissant les tempes libres.
Yeux	Comparativement petits, de couleur ambre foncé et d'une expression très intelligente.
Nez	De couleur foie brun foncé, assez large et bien développé.
Oreilles	Attachées assez bas; chez un chien adulte, le lobe de l'oreille doit avoir une longueur d'au moins 45 1/2 centimètres; avec la frange, environ 61 centimètres; la frange doit être longue, abondante et ondulée.

« BIDDY III »
appartenant à M. J. Wray, Glasgow. (Gravure extraite du Journal *Chasse et Pêche*.)

« CHAMPION THE SHAUGRAUN »
appartenant à M. G. T. Miller, Denbigh. (Gravure extraite du Journal *Chasse et Pêche*.)

ÉPAGNEUL D'EAU IRLANDAIS.

Cou	Semblable à celui du Braque Anglais (Pointer), c'est-à-dire musculeux, légèrement arqué et pas trop long; il doit être attaché fortement aux épaules.
Épaules	Fortes, assez obliques et couvertes de muscles durs.
Poitrine	Profonde et *pas* trop étroite.
Dos	Fort.
Reins	Un peu arqués et puissants, de façon à lui permettre de faire le fatigant travail consistant à battre les jonchères et les bords boueux des rivières et des marais.
Corps	D'une belle taille, rond, cylindrique et bien pris dans les côtes.
Arrière-train	Rond et musculeux, légèrement ravalé vers la naissance de la queue.
Pattes de devant . . .	Droites et de bonne ossature, bien garnies de poil ondulé tout autour et jusqu'au bas des pieds.
Pattes de derrière . . .	Articulation du pied longue, jarrets bas; bien fournies de poil sauf à l'avant des talons jusqu'en bas.
Pieds	Grands, ronds et palmés.

« PAT MALONE »
appartenant à M. A. GLAISBY, New Barnet.

« BARNEY O'TOOLE »
appartenant à M. G. W. THOMSON, Glasgow.
(Cliché gracieusement prêté par la Maison SPRATT'S PATENT Ld.)

Queue	En fouet, grosse à la base et finissant en dard. Elle doit être garnie d'un poil court, droit et ras jusqu'à quelques centimètres de la racine où il doit se mêler graduellement à celui de l'arrière-train par quelques boucles drues et courtes.
Poil	Huileux, ni laineux, ni plat; il doit être formé de courte boucles frisées et relevés jusqu'à la queue; le toupet qui retombe sur les yeux, doit être, ainsi que le poil sur les oreilles, abondant et ondulé.
Couleur	Brun foie intense foncé ou puce; la couleur rouge jaunâtre clair est un défaut. L'absence de blanc est désirable; on pardonne une petite tache à la poitrine ou aux doigts des pieds; toute autre tache est un motif de disqualification.
Hauteur au garrot . . .	De 50 à 58 1/2 centimètres, suivant le sexe.
Poids	De 22 à 26 kilogrammes.
Origine	Irlandaise.
Défauts	Entraînant la disqualification : absence totale de toupet, queue complètement frangée, toute tache blanche sur n'importe quel partie du corps, excepté une petite tache sur la poitrine ou aux doigts des pieds.

« CHAMPION SHAUN » et « CHAMPION ERIN »
appartenant au Col. W. Le Poer Trench, St Hubert's, Gerrard's Cross, Bucks.
(Gravure extraite du Journal *Het Sportblad*.)

« SPALPEEN »
appartenant au Col. W. Le Poer Trench, St Hubert's, Gerrard's Cross, Bucks.
(Cliché gracieusement prêté par le *Kennel Club Hollandais Cynophile*.)

ÉCHELLE DES POINTS.

POINTS POSITIFS.

Apparence générale	15
Tête et mâchoires	10
Yeux	5
Toupet	5
Oreilles	10
Cou	7.5
Corps	7.5
Pattes de devant	5
Pattes de derrière	5
Pieds	5
Queue	10
Poil	15
TOTAL. . .	100

POINTS NÉGATIFS.

Yeux jaune clair	10
Poils cordés ou mêches de poils morts ou feutre	12
Moustache ou poil de caniche sur la joue.	5
Poil plat, ouvert ou laineux . .	7
Robe rouge jaunâtre clair . .	8
Queue frangée plus que la moitié	7
Franges sur les pattes. . . .	10
Tache blanche à la poitrine . .	6
TOTAL. . .	65

Irish Water Spaniel Club.

Président : Vicomte DE VESCI . . . . Dublin.
Secrétaire : J. STUART WELLS . . . . Swan Park, Monaghan.
Entrée : 10 Sh. 6 d. ; Cotisation : 10 Sh. 6 d.

Spaniel Club (ANGLAIS).

Président : J. F. FARROW . . . . Ipswich.
Secrétaire : J. S. COWELL . 38, Gauden Road, Clapham S. W.
Entrée : £ 1. 1 Sh.; Cotisation : £ 1. 1 Sh.

riffon Korthals.

GRIFFON A POIL DUR.

Apparence générale . .	Un chien de taille moyenne, vigoureusement charpenté et aux formes bien symétriques.
Aptitudes.	Un chien de chasse infatigable, chassant partout et dans tous les terrains.
Tête	Grande et longue, couverte de poil dur et assez court avec une moustache et des sourcils bien visibles.
Crâne	Pas très large.
Stop	La cassure du nez pas trop brusque.

M. E. K. KORTHALS (†), de Biebesheim, avec
« FALKA », « PARTOUT », « NITOUCHE » et « BATTA »

« PASSE-PARTOUT »
appartenant au Baron A. de Gingins, Untersu. (Gravure extraite du *Griffon-Stammbuch*.)

« PUCK-MOUSTACHE »
appartenant à M. John Lysen, Anvers.

« BATTA »
appartenant à M. E. K. Korthals, Biebesheim.

« INGO-WALDMEISTER »
appartenant au Baron A. de Gingins, Cronberg.

Museau	Long et carré, l'os nasal légèrement busqué.
Yeux	Grands, non cachés par les sourcils, d'expression très intelligente et de couleur brune ou jaune foncé.
Nez	Toujours brun.
Oreilles	De grandeur moyenne, pendant contre la tête, pas attachées trop bas; le poil ras qui les recouvre est plus ou moins mélangé de poil plus long.
Cou	Assez long, sans fanons.
Epaules	Assez longues et bien obliques.

« MOUCHE »

appartenant à M. E. K. Korthals, Biebesheim. (Gravure extraite du *Griffon-Stammbuch*.)

« BRANI II »
appartenant à Mme G. LELIMAN, Heerde. (Gravure extraite du Journal *Lady's Pictorial*.)

« OLANCHITA »
appartenant à Mme G. LELIMAN, Heerde. (Gravure extraite du Journal *Lady's Pictorial*.)

Poitrine	Profonde, pas trop large.
Dos	Fort.
Côtes	Légèrement voûtées.
Reins	Bien développés.
Pattes de devant . . .	Droites et fortes, bien placées sous le corps et garnies de poil dur.
Pattes de derrière . . .	Garnies de poil rude et court, cuisses longues et bien développées, jarrets arqués, pas droits.
Pieds	Ronds et forts, doigts bien fermés.
Queue	Portée horizontalement ou légèrement relevée, garnie de poil dur, sans former de frange ou de panache. Généralement raccourcie d'un quart ou d'un tiers.
Poil	Dur et rude au toucher comme du fil de fer fin; jamais crépu ou laineux; sous-poil dense et doux.

« BRANI »
appartenant à Mme G. LELIMAN, Heerde.
(Gravure extraite du *Lady's Pictorial*.)

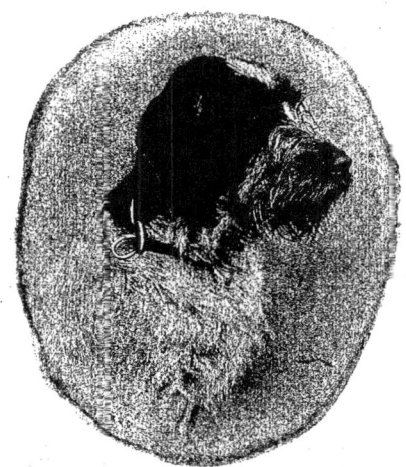

« INGO »
appartenant au Baron A. DE GINGINS, Cronberg.

« KENAU »
appartenant au Baron A. de Gingins, Cronberg. (Gravure extraite du *Griffon-Stoumbeck*.)

« PARTOUT »
appartenant à M. E. K. Korthals, Biebesheim. (Gravure extraite du *Griffon-Stammbuch*.)

GRIFFON KORTHALS

« HEXE-WALDMEISTER » et sa progéniture
appartenant à M. E. Schildknecht, Furth. (Cliché gracieusement prêté par le propriétaire.)

Couleur	Gris d'acier à plaques brunes et unicolore brun, souvent tiqueté de poil gris. On admet aussi le gris blanc avec brun ou le gris blanc avec jaune.
Hauteur au garrot	Chiens, de 55 à 60 centimètres et chiennes, de 50 à 55 centimètres.
Poids	Environ 25 kilogrammes.
Origine	Continentale.

« HILDA »
appartenant à Mme G. Leliman, Heerde. (Gravure extraite du Journal *Lady's Pictorial*.)

« BROCART »
appartenant à M. G. VAN DER ELST, Bruxelles. (Gravure extraite du journal *Chasse et Pêche*.)

« SILLY-SARDINE »

appartenant à Mme G. Leliman, Heerde. (Gravure extraite du Journal *Lady's Pictorial*.)

« CHAMPION KATE-BELLA »

appartenant au Baron A. de Gingins, Cronberg.

« MOUSTACHE II »

appartenant à S. A. I. le Grand Duc Constantin de Russie.

Jeunes Griffons Korthals
appartenant à Mme G. LELIMAN, Heerde. (Gravure extraite du Journal *Lady's Pictorial*.)

Griffon-Klub (ALLEMAND).

A. HAUPT-VEREIN :

Président d'honneur : Prince A. DE SOLMS-BRAUNFELS, Braunfels.
Président : Baron A. DE GINGINS . . . . Unterau.
Secrétaire : R. WINKLER . . . . Gimbsheim.

B. BEZIRK-VEREIN SUD-DEUTSCHLAND :

Président : A. LAMMERER. . . . . Munich.
Secrétaire : E. GEYER . . . . 75, Theresienstrasse, Munich.
Cotisation : 8 Mark.

Griffon-Club (BELGE).

Président d'honneur : Baron E. COPPENS . . . . . Aye.
Président : THÉO LACOURT . . . . Jodoigne.
Secrétaire : G. ANCIAUX. . . . . Jodoigne.
Cotisation : 10 Francs.

Griffon Boulet.

GRIFFON A POIL LONG.

Apparence générale . . .	Un chien ramassé, un peu lourd, d'apparence un peu rébarbative, mais avec une expression douce et intelligente.
Tête	D'aspect buissonneux.
Museau	Long, large et bien carré, garni de fortes moustaches.
Yeux	Intelligents et bons, surmontés d'épais sourcils laissant les yeux à découvert ou les voilant légèrement; iris toujours jaune.
Nez	De couleur blonde ou brune, narines bien ouvertes.
Oreilles	Pendantes, attachées assez bas, légèrement roulées, bien garnies de poils lisses et ondulés.
Cou	Plutôt un peu long.
Épaules	Pas très obliques, un peu saillantes.
Poitrine	Large et profonde.
Côtes	Arrondies.
Reins	Forts, un peu bombés.
Pattes de devant	Fortes et musculeuses, garnies de poil assez long jusqu'aux extrémités inférieures.

« DIAVOLO V »

appartenant à M. E. BOULET, Elbeuf. (Gravure extraite du Journal *Chasse et Pêche*.)

« MARCO V », « JEANNETTE » et leur progéniture
appartenant au Jardin d'Acclimatation de Paris. (Gravure extraite du Journal Le Chenil.)

« CHAMPION MYRA »
appartenant à M. E. Boulet, Elbeuf. (Gravure extraite du Journal *Chasse et Pêche*.)

« CHAMPION MARCO »
appartenant à M. E. Boulet, Elbeuf. (Gravure extraite du Journal Le Chenil.)

« ROSE »
appartenant à M. E. Cuvelier, Tourcoing. (Gravure extraite du Journal *Chasse et Pêche*.)

GRIFFON BOULET.

« CHAMPION DIAVOLO »
appartenant à M. E. Boulet, Elbeuf. (Gravure extraite du Journal *Chasse et Pêche*.)

Pattes de derrière	Cuisses longues, très descendues, jarrets plutôt coudés que droits.
Pieds	Un peu allongés, à manchettes, les ongles recouverts par le poil.
Queue	Droite et bien portée, garnie de poil sans panache.
Poil	Demi long et demi soyeux sans brillant, lisse ou ondulé, jamais frisé.
Couleur	Marron, feuille morte avec ou sans blanc, jamais de noir.
Hauteur au garrot	Chiens, de 55 à 60 centimètres et chiennes, de 50 à 55 centimètres.
Poids	Environ 25 kilogrammes.
Origine	Française (1).

« MOUSTACHE »
appartenant à M. E. Cuvelier,
Tourcoing.

(1) *Note de l'auteur.* — Race complètement régénérée par M. Emmanuel Boulet, d'Elbeuf.

Griffon Nivernais.

Apparence générale	Un chien fortement bâti, quoique un peu long de corps.
Tête	Pas trop longue et assez carrée.
Crâne	Légèrement bombé.
Stop	La cassure du nez n'est pas brusque.
Museau	De longueur moyenne et carré.
Yeux	Vifs, intelligents et de couleur brune.
Nez	Brun, narines bien ouvertes.
Babines	Pas trop pendantes.
Oreilles	Attachées haut et assez en arrière de la tête, de bonne longueur et largeur, tombant sans plis contre la tête.
Cou	Fort et court.
Epaules	Obliques.
Poitrine	Profonde.

« NIVERNAISE »
appartenant au Jardin d'Acclimatation de Paris.
(Gravure extraite du *Schweizerisches Hunde-Stammbuch*.)

« ROMANO »
appartenant à M. V. Picard, Nevers. (Gravure extraite du Journal *L'Acclimatation*.)

GRIFFON NIVERNAIS.

« SOUPÇON »

appartenant à M. Vilcoq, Dyon. (Gravure extraite du Journal *L'Éleveur*.)

Dos	Long, droit et fort.
Reins	Bien musculeux.
Pattes	Droites, assez grosses, de forte ossature et bien garnies de poil dur.
Pieds	Grands et ronds, doigts bien arqués.
Queue	De longueur moyenne, bien garnie de poil.
Poil	Demi long, dur et serré.
Couleur	Tricolore, noir et feu et brun avec ou sans taches blanc sale.
Hauteur au garrot . . .	Environ 60 centimètres.
Poids	Environ 28 kilogrammes.
Origine	Nivernaise.

Griffon Vendéen.

Apparence générale	Un chien de haute taille, d'une solide structure, enveloppé d'une fourrure dure et serrée.
Tête	Assez grande et très typique.
Crâne	Assez plat, l'os occipital bien développé.
Museau	De bonne longueur.
Yeux	Assez petits, de couleur brune, les paupières pas trop serrées.
Nez	Large et brun, narines bien développées.
Oreilles	Bien descendues, longues et papillotées.
Voix	Pas celle d'un hurleur, il cogne généralement sourd, quoiqu'on l'entende de loin.

« SENTOR I »
appartenant au Comte J. LE COUTEULX DE CANTELEU, Etrepagny.
(Gravure extraite du *Schweizerisches Hunde-Stammbuch*.)

« CLAIRON »
appartenant au Jardin d'Acclimatation de Paris. (Gravure extraite du Journal *Le Chenil*.)

« STENTOR »
appartenant au Comte J. Le Couteulx de Canteleu, Etrepagny.
(Gravure extraite du livre *Cerf, Chevreuil, Chiens courants*, Firmin Didot, Paris.)
(Cliché gracieusement prêté par le *Schweizerisches Hunde-Stammbuch*.)

Cou	Court, fort et musclé.
Épaules	Obliques.
Poitrine	Profonde et large.
Reins	Musculeux, droits et assez courts.
Pattes	Droites et fortes, jarrets bien descendus.
Pieds	Ronds et serrés, doigts crochus, soles dures et coriaces.
Queue	De longueur moyenne, bien garnie de poil.
Poil	Gros, dur et raide.
Couleur	Blanc et orange ou blanc et gris souris.
Hauteur au garrot	Environ 65 centimètres.
Poids	Environ 30 kilogrammes.
Origine	Vendéenne.

« GAILLARD »
appartenant au Comte A. d'Elva, Paris. (Gravure extraite du Journal L'*Acclimatation*.)

« RIBAUDE »
appartenant à M. A. Béjarry, Sainte-Hermine. (Gravure extraite du Journal *Chasse et Pêche*.)

« SANS FIN »

appartenant à M. A. Pontevoye, Bourganeuf. (Gravure extraite du Journal *L'Éleveur*.)

Société Centrale pour l'amélioration des Races de Chiens en France.

Président d'honneur : Prince DE WAGRAM . . . . Paris.
Président : LÉON D'HALLOY . . . . Paris.
Secrétaire : Comte A. D'ELVA . . 40, rue des Mathurins, Paris.
Cotisation : 30 et 60 Francs.

Griffon Vendéen-Nivernais.

Apparence générale	Un chien d'une construction résistante, combinant toutes les bonnes qualités du Griffon Vendéen et du Griffon Nivernais.
Aptitudes	Excellent chien pour la chasse aux sangliers.
Tête	Plus longue que grosse.
Crâne	Très légèrement bombé, l'os occipital visible.
Stop	Visible.
Front	Large.
Museau	Fort et carré.
Yeux	Assez grands, de couleur brune, pleins de feu.
Nez	Ni trop pointu, ni trop court, les narines larges et très ouvertes, de couleur brun foncé.

Meute appartenant à M. E. Coste, Lacanche. (Gravure extraite du Journal *La Chasse illustrée*.)

« PISTOLET »
appartenant à M. E. Coste, Lacanche. (Gravure extraite du Journal *Le Chenil*.)

Babines	Joliment arrondies.
Oreilles	Basses, très longues et pendantes, tortillées en tire-bouchon.
Voix	Belle et sonore.
Cou	Fort et musclé.
Épaules	Ni étroites, ni charnues, bien obliques et musclées.
Poitrine	Large.
Dos	Fort et pas trop long.
Ventre	Légèrement relevé.
Côtes	Rondes.
Reins	Bien arrondis, élevés et courts.
Hanches	Hautes et larges.
Cuisses	Bien troussées et gigottées.
Croupe	Large.
Pattes	Bien placées d'aplomb, droites, nerveuses et de bonne ossature.
Pieds	Petits, ronds et secs, ongles gros, courts et courbés, soles dures.
Queue	Forte et velue à son origine, longue, déliée, presque sans poil à son extrémité et recourbée en demi cercle, jamais portée en trompette.
Poil	Dur, gros, épais et demi long.
Couleur	Tricolore, blanc et orange ou blanc et gris brunâtre.
Hauteur au garrot	De 60 à 65 centimètres.
Poids	Environ 30 kilogrammes.
Origine	Croisement du Griffon Vendéen avec le Griffon Nivernais.
Défauts	Tête courte, oreilles courtes placées haut, pattes courbées, pieds longs et ouverts, queue trop poilue, autres couleurs.

Société Centrale pour l'amélioration des Races de Chiens en France.

Président d'honneur : Prince DE WAGRAM . . . . . . Paris.
Président : LÉON D'HALLOY . . . . Paris.
Secrétaire : Comte A. D'ELVA . . 40, rue des Mathurins, Paris.
Cotisation : 30 et 60 Francs.

Griffon fauve de Bretagne.

Apparence générale	Un chien d'aspect assez lourd, quoique vigoureux.
Tête	Grande et forte.
Crâne	Plat, l'os occipital assez développé.
Museau	De bonne longueur, carré et fort.
Yeux	De grandeur moyenne, la paupière inférieure n'est pas pendante.
Nez	Brun, large, narines bien ouvertes.
Dents	Développées et s'adaptant parfaitement.
Oreilles	Pas trop longues et garnies de poil plus doux.
Cou	Fort et court.
Epaules	Obliques.
Poitrine	Profonde.
Pattes	Fortes et de grosse ossature.
Pieds	Ronds et gros, doigts bien arqués, soles dures et épaisses.

« FANFARE II »
appartenant à M. H. DE LAMANDÉ, Doussay. (Gravure extraite du Journal *L'Éleveur*.)

GRIFFON FAUVE DE BRETAGNE.

« GLANEUR »
appartenant à M. H. DE LAMANDÉ, Doussay. (Gravure extraite du Journal L'Eleveur.)

Queue	De longueur moyenne, garnie de poil un peu plus long que sur le corps, sans former panache.
Poil	Demi long, dur et cassé.
Couleur	Fauve, tirant sur le rouge brun.
Hauteur au garrot	Environ 60 centimètres.
Poids	Environ 30 kilogrammes.
Origine	Bretonne.

« LOURDAUD »
appartenant à M. J. DE MADEC, Saint-Brieuc. (Gravure extraite du Schweizerisches Hunde-Stammbuch.)

Griffon du Grip[1].

Apparence générale	Un chien de forte taille et de solide structure.
Tête	Assez grande, crâne pas trop bombé; l'os occipital bien développé.
Museau	De bonne longueur.
Yeux	Pas trop grand, de couleur brune et pleins d'ardeur.
Nez	Brun, les narines bien développées.
Oreilles	Bien papillotées, attachées à la hauteur des yeux.
Corps	Cou bien musclé, épaules obliques, poitrine large et profonde, dos assez long et musculeux, reins assez courts, ventre très légèrement relevé.
Pattes	Fortes, droites et de bonne ossature.
Pieds	Serrés et ronds, doigts courbés, soles dures.
Queue	De longueur moyenne, portée gaiement.
Poil	Demi long, dur, gros et raide.
Couleur	Blanc avec des taches rouges ou brunes.
Hauteur au garrot	De 45 à 50 centimètres.
Poids	Environ 25 kilogrammes.
Origine	D'Anjou et regénéré par les Comtes d'Andigné.

« GÉRONSART »
appartenant au Comte G. D'ANDIGNÉ, Segré. (Gravure extraite du Journal *L'Acclimatation*.)

---

(1) *Note de l'auteur*. — Anciennement cette race était plus souvent nommée Griffon d'Anjou.

Sperling's Rassehundtypen

Imprimés en couleur. Grandeur de la gravure : 24 × 31 centim. Grandeur du carton : 39 × 48 1/2 centim.
Chiens de chasse, 16 gravures dans un élégant album.
Prix : **40** francs.

Braque Allemand à poil ras (chien).
Braque Allemand à poil ras (chienne).
Epagneul Allemand « Commodus ».
Basset Allemand (poids léger).
Basset Allemand (poids lourd).
Basset Allemand à poil long.
Basset Allemand à poil dur.
Setter Irlandais « Troll Edelroth ».

Gordon Setter « Bishop Hoppenrade ».
Setter Anglais « Roderick of the Lahn »
Pointer « Illo ».
Fox-Hound « Welcome ».
Fox-Terrier « Maud-Styria ».
Fox-Terrier « Ch. Abdel Leobner Austria ».
Field Spaniel noir.
Lévrier Anglais « Cantarine ».

Chien de luxe, 12 gravure dans un élégant album.
Prix : **30** francs.

Lévrier Russe « Puck ».
Lévrier Ecossais « Druamah ».
Saint-Bernard « Rocher ».
Berger Ecossais « Achmet ».
Dogues Allemands bleus
Chien de Poméranie noir.

Yorkshire Terrier « Rose ».
Airedale Terrier « Lucas ».
Terrier Allemand à poil dur.
Dogue Allemand bringé.
Dogue Allemand jaune.
Groupe de chiens primés.

A vendre séparément **sans** passe-partout à raison de fr. **2.10**
Les mêmes en noir pour fr. **1.20** la pièce.
Voir réduction des spécimens de ces gravures dans le texte de ce livre.

FEINE NASEN
Croquis de chasse dans un élégant album, **30** francs.

Siegfried Dyck, Sport-Verlag, Eberswalde (Allemagne)

Spinone.

GRIFFON ITALIEN.

Apparence générale . . Un chien bien bâti et de taille moyenne.
Aptitudes. . . . . . . Un chien d'arrêt très résistant à la fatigue.
Tête . . . . Longue et grande, à poil dur mais pas long, moustaches
et sourcils bien développés.
Crâne . . . . Pas trop large.

« KAMBO II »

appartenant à M. A. Iurin-Bobr, Turin. (Gravure extraite du Journal *Zentralblatt*.)

« TORINO »
appartenant au Chevalier F. Silva, Naples. (Gravure extraite du Journal *Le Chenil*.)

« RAMBO » et « PO »

appartenant au Comte I. di Torazzo et au Chevalier F. Silva, Naples. (Gravure extraite du Journal *Chasse et Pêche*.)

Front	Légèrement bombé.
Museau	Carré et long, l'os nasal légèrement arqué, la cassure du nez pas trop brusque.
Yeux	Grands, de couleur brune ou jaune, avec une expression très intelligente; ils ne doivent pas être couverts par les sourcils.
Nez	Brun, narines bien développées.
Lèvres	Pas trop pendantes.
Mâchoires	Fortes.
Dents	S'adaptant bien.
Oreilles	Pas trop grandes, attachées assez haut et tombant sans plis contre la tête.
Cou	Assez long, sans fanons.
Epaules	Obliques et assez longues.
Poitrine	Profonde, sans être trop large.
Dos	Fort.
Ventre	Légèrement relevé.
Côtes	Légèrement arrondies.
Reins	Bien développés.
Pattes	Droites et fortes, cuisses longues, jarrets arqués; garnies de poil rude et court.
Pieds	Forts et ronds, doigts bien arqués.
Queue	Portée légèrement relevée ou horizontale, bien garnie de poil sans former de frange (généralement raccourcie).
Poil	Rude et dur, jamais laineux ou crépu; le sous-poil est doux et dense.
Couleur	Unicolore blanc, ou blanc avec taches jaunes, brunes ou marron.
Hauteur au garrot	De 5o à 6o centimètres.
Poids	Environ 25 kilogrammes.
Origine	Italienne (?) (1).

---

(1) *Note de l'auteur.* — L'origine du Griffon Italien est la même que celle du Griffon Korthals et de tous les Griffons d'arrêt à poil dur. Ces variétés ne forment qu'une race. Les amateurs et éleveurs italiens désirent plus de blanc dans la robe.

Griffon Russe.

Apparence générale . . — Un chien de forte structure, mais dont les formes sont presque entièrement cachées sous une épaisse fourrure de longs poils laineux.
Aptitudes. . . . . . . — Un bon chien d'arrêt, explorant le terrain sagement, la tête et la queue relevées.
Tête . . . . — Grande, et pas trop longue, crâne bombé, museau assez court, avec de fortes moustaches, mais d'une texture plus fine que celle de ses confrères du Sud.
Yeux . . . . — Brun clair, presque cachés par le poil.
Nez . . . . — Large et brun.
Oreilles . . . . — Larges et épaisses.
Corps . . . . — Fortement bâti et assez ramassé de formes.
Pattes . . . . — Sèches, droites, vigoureuses et de forte ossature.
Pieds . . . . — Plats et ronds, garnis d'une forte sole et bien fourrés.
Queue . . . . — De longueur moyenne, bien garnie de poil formant une légère frange.
Poil . . . . — Long, laineux, mais pas trop doux.
Couleur . . . . . . — Blanc à taches brunes.
Hauteur au garrot . . — Environ 55 centimètres.
Poids . . . . — Environ 26 kilogrammes.
Origine. . . . . . . — Russe.

« URAL ZANOZA »
appartenant
à M. A. L. TCHERBIKOFF, Troitsk.

Griffon Picard.

Apparence générale	Un chien de taille moyenne, court, ramassé et d'une belle conformation.
Tête	Large et longue.
Yeux	Assez grands, non couverts par les poils, de couleur brun clair.
Nez	Brun, narines bien ouvertes.
Oreilles	Bien plantées, un peu courtes.
Cou	Assez long, sans fanons.
Épaules	Sèches et obliques.
Poitrine	Assez large.
Dos	Vigoureux et bien formé.
Corps	Assez ramassé.
Pattes	Droites et fortes, garnies de poil rude et court, cuisses longues et bien développées, jarrets arqués.
Pieds	Ronds, fermés, doigts arqués.
Queue	Portée droite, garnie de poil rude sans former panache; elle est généralement raccourcie d'un tiers.
Poil	Rude et revêche, non crépu, souvent assez court sur le corps.
Couleur	Le fond de la robe est blanc avec des taches marron ou jaunes.
Hauteur au garrot	De 50 à 60 centimètres.
Poids	Environ 25 kilogrammes.
Origine	La Picardie (?) (1).

---

(1) *Note de l'auteur.* — L'origine du Griffon Picard, qui est un chien d'arrêt et non pas un Griffon courant, est certainement la même que la variété de Korthals.

« SAC A PUCES »

appartenant à M. A. Guerlin, Crotoy. (Gravure extraite du Journal *Le Cheval*.)

Ermenti.

GRIFFON ÉGYPTIEN.

Apparence générale	Une combinaison du Griffon et du Lévrier à poil dur.
Aptitudes	Un chien employé pour la chasse, pour la garde et comme chien de berger.
Tête	Longue et assez étroite.
Crâne	De longueur moyenne, paraissant plus large à cause du poil.
Stop	La cassure du nez est visible.
Museau	Long et légèrement effilé, bien garni de moustaches.
Yeux	De grandeur moyenne, bruns et très intelligents, souvent cachés par le poil du front.
Nez	Noir et rond.
Babines	Peu pendantes.
Dents	Fortes et développées.
Oreilles	Très petites, droites et pointues, garnies d'un poil court qui s'allonge un peu à l'intérieur.
Cou	Fort et musclé.
Epaules	Assez obliques et fortes.
Poitrine	Bien descendue.
Dos	Droit, large et fort, légèrement arqué au dessus des reins.
Ventre	Assez relevé.
Côtes	Longues et arrondies.
Reins	Forts et musclés.
Corps	Fortement charpenté.

GRIFFON ÉGYPTIEN.

« BACHILD »

appartenant au Prince E. Ruspoli, Caïro. (Gravure extraite du Journal *Zentralblatt*.)

Pattes	Droites et de forte ossature, jarrets assez descendus.
Pieds	Ronds et grands, doigts courbés, soles dures.
Queue	Longue et pendante, la pointe relevée.
Poil	Long et laineux, ondulé sans être bouclé.
Couleur	Jaune grisâtre à masque plus foncé.
Hauteur au garrot	Environ 55 centimètres.
Poids	Environ 25 kilogrammes.
Origine	Égyptienne.

Griffon de l'Asie Centrale.

Apparence générale	Un chien de taille moyenne et légèrement levretté.
Tête	Large et longue.
Yeux	Bruns et cachés par les poils.
Nez	Noir ou brun.
Oreilles	De longueur moyenne, bien couvertes de poils.
Corps	Cou long et fort, épaules musculeuses, poitrine assez large, dos vigoureux et droit, arrière-train assez léger.
Pattes	Droites et bien couvertes de poils.
Pieds	Ronds, doigts arqués.
Queue	Portée recourbée vers le haut, garnie d'une frange.
Poil	Assez long, revêche et rude.
Couleur	Gris rougeâtre.
Hauteur au garrot	Environ 55 centimètres.
Poids	Environ 24 kilogrammes.
Origine	L'Asie Centrale.

« GILGHIT »
appartenant à Mme la Baronne D. DE UJFALVY, Paris. (Gravure extraite du Journal *Zentralblatt*.)

Barbet.

Apparence générale	Un chien vigoureux, aux formes ramassées.
Tête	Ronde.
Front	Développé.
Museau	Un peu court, garni de longues moustaches pendantes.
Yeux	Ronds, vifs et intelligents, complètement recouverts par d'épais et longs sourcils retombant jusqu'au chanfrein.
Nez	Brun ou noir.

« PILOTE »
appartenant à M. F. Coste, Lacanche. (Gravure extraite du Journal *L'Éleveur*.)

« PATAVEAU »
appartenant à M. P. Deville, Paris. (Gravure extraite du Journal *L'Acclimatation*.)

Oreilles	Longues et plates, garnies de long poil frisé ou par mèches.
Cou	Gros et court.
Épaules	Droites.
Poitrine	Large, sans beaucoup de profondeur.
Côtes	Arrondies.
Reins	Courts, forts et vigoureux.
Pattes	Fortes et grosses, garnies de haut en bas de long poil.
Pieds	Ronds, larges, recouverts de poil.
Queue	Relevée et formant crochet vers l'extrémité.
Poil	Long, laineux et frisé, se massant souvent par larges plaques.
Couleur	Gris, noir, café au lait, blanc sale, blanc et marron, etc.
Hauteur au garrot	De 45 à 55 centimètres.
Poids	Environ 25 kilogrammes.
Origine	Française.

Société Hâvraise pour l'amélioration de la Race Canine.

Président : J. DE CONINCK . . . . Le Hâvre.
Secrétaire : . . . . Le Hâvre.
           Cotisation : *Ad libitum*.

Société Centrale pour l'amélioration des Races de Chiens en France.

Président d'honneur : Prince DE WAGRAM . . . . . Paris.
Président : LÉON DHALLOY . . . . Paris.
Secrétaire : Comte A. D'ELVA . . 40, rue des Mathurins, Paris.
           Cotisation : 30 et 60 Francs.

Pudel-Pointer.

Apparence générale . . Un chien aux formes symétriques.
Tête . . . . Large et assez longue, mais non pointue.
Crâne . . . . Assez large entre les oreilles, bombé, l'os occipital bien visible.
Stop . . . . La cassure du nez est visible.
Museau . . . . Long et assez large.
Yeux . . . . Très intelligents et de couleur brune, paupières sérrées.

« SYLVA-WALDMEISTER »
appartenant à M. E. Schildknecht, Fürth. (Cliché gracieusement prêté par le propriétaire.)

« CORA »

appartenant à M. J. WALTER, Wolsdorf.

Nez	Large, narines bien ouvertes, de couleur noire ou brun foncé.
Oreilles	Assez longues, garnies de poil plus court que sur le corps.
Cou	Arqué, long et rond.
Épaules	Obliques, poitrine profonde et assez descendue.
Dos	Assez long et fort.
Corps	Bien charpenté et de bonne ossature.
Pattes	Fortes et droites, jarrets bien descendus.
Pieds	Ronds, doigts arqués.
Queue	Forte à sa base et s'effilant vers le bout, souvent écourtée.
Poil	Dense, demi long, épais et demi dur.
Couleur	Brun sale.
Hauteur au garrot	Environ 55 centimètres.
Poids	Environ 25 kilogrammes.
Origine	Croisement allemand du Caniche avec le Braque Anglais (Pointer).

Pudel-Pointer Klub.

(En formation.)

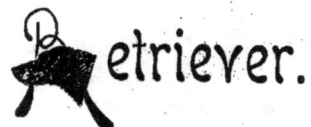etriever.

(A poil bouclé.)

Apparence générale	Un chien fort, passablement bas sur pattes, actif, joyeux et ayant une expression intelligente.
Aptitudes	Le travail de ce chien consiste uniquement à rapporter le gibier tiré.
Tête	Longue et étroite pour sa longueur.
Crâne	Moins large que dans la variété à poil ondulé.
Museau	Long.

« PRESTON WONDER »
appartenant à M. R. WALKER, Preston.
(Cliché gracieusement prêté par le *Kennel Club Hollandais Cynophilia*.)

« LYONEL »
appartenant à M. J. Lemon, Londres. (Cliché gracieusement prêté par le *Kennel Club Hollandais Cynophilia*.)

« GOMERSAL TIPSTER »
appartenant à MM. Mason et Wood, Gomersal. (Gravure extraite du Journal *Our Dogs*.)

Yeux	Aussi foncés que possible, assez grands et très intelligents; un grand œil comme celui du Carlin est un défaut.
Nez	Noir, narines bien ouvertes et humides au toucher.
Lèvres	Non pendantes.
Mâchoires	Longues et fortes.
Dents	Bien saines.
Oreilles	Assez petites, attachées bas et pendant contre la tête; elles sont couvertes de boucles courtes.
Cou	Long, gracieux, mais musculeux et bien placé, exempt de fanons.
Épaules	Très profondes, musclées et obliques.
Poitrine	Pas trop large, mais très profonde.
Dos	Musclé et assez court.
Reins	Forts et profonds.
Corps	Assez court, musculeux et bien pris dans les côtes.

« DORA »
appartenant à M. J. Masson, Paris. (Gravure extraite du journal *L'Acclimatation*.)

« CHAMPION DOCTOR »
appartenant à M. S. Darby, Tiverton.

Pattes	Droites, de bonne ossature, pas trop longues et bien placées sous le corps.
Pieds	Ronds et compacts, doigts bien arqués.
Queue	Portée presque droite, couverte de courtes boucles et s'effilant vers la pointe.
Poil	Formant une masse de petites et courtes boucles serrées allant de l'os occipital jusqu'à la pointe de la queue; une partie de poil non bouclé derrière les épaules est un défaut.
Couleur	Unicolore noir ou brun foie foncé. Une tache blanche à la poitrine ou ailleurs est un défaut, mais quelques poils blancs égarés sur la poitrine sont encore pardonnables.
Hauteur au garrot	De 60 à 70 centimètres.
Poids	De 25 à 35 kilogrammes.
Origine	Croisement.

Curly Coated Retriever Club.

Président : Vicomte Melville. . . . . Edinburgh.
Secrétaire : T. Smith. . . . . . Springwood, Oldham.
Cotisation : £ 1. 1 Sh.

ÉCHELLE DES POINTS.

Apparence générale	10
Tête	10
Yeux	5
Nez	5
Mâchoires	5
Oreilles	5
Cou	5
Épaules	5
Poitrine	5
Reins	10
Corps	5
Pattes	5
Pieds	5
Queue	5
Poil	15
TOTAL	100

« CHAMPION TIVERTON VICTOR »
appartenant à M. S. DARBY, Tiverton. (Gravure extraite du Catalogue illustré du *Cruft Show*.)

 Retriever.

(A poil ondulé.)

Apparence générale ...	Un chien ayant beaucoup d'analogie avec le Chien de Terre-Neuve et le Chien du Labrador (Saint-John), sans être ni aussi grand ni aussi compact; il est plus léger et plus agile; son poil n'est ni aussi dense ni aussi rude, tandis que tous ses contours sont beaucoup plus fins.
Tête	Grande et longue, en comparaison de la taille du chien, bien développée entre les oreilles.
Crâne	Long, large et plat au dessus avec une légère rainure au milieu. Les arcades sourcilières ne doivent pas être proéminentes; toutefois, le crâne ne forme pas une ligne droite avec le museau jusqu'au nez.

Retrievers idéaux, d'après le peintre anglais A. WARDLE.
(Gravure extraite du livre *Modern Dogs*.)

« HELPFUL »
appartenant à M. G. J. van der Vliet, Overveen.

Museau	Plus long et plus large que chez la variété à poil bouclé.
Yeux	De grandeur moyenne, de couleur foncée, brillants, avec un regard intelligent et doux; l'intérieur de la paupière inférieure ne doit jamais être visible.
Nez	Large et de couleur noire, humide et froid au toucher; les narines bien ouvertes.
Mâchoires	Longues et fortes, afin de pouvoir porter aisément un lièvre ou un faisan, sans abîmer le gibier.
Dents	S'adaptant parfaitement, ni *over-* ni *under-shot*.
Oreilles	Petites, couchées contre la tête, attachées bas et en arrière, exemptes de frange, mais garnies d'un poil court, doux et soyeux.
Cou	Musclé et long, bien libre dans ses mouvements.
Épaules	Longues et obliques.
Poitrine	Profonde et large, mais pas trop large afin de ne pas rejeter les pattes en dehors.

« CHAMPION ETTA »
appartenant à M. H. Armstrong, Southampton. (Cliché gracieusement prêté par le *Kennel Club Hollandais Cynophilia*.)

Dos	Large et fort.
Ventre	Légèrement relevé.
Reins	Larges, profonds et forts, afin que le chien puisse sauter aisément par dessus une haie ou un fossé avec une pièce de gibier dans la gueule.
Arrière-train	Très musclé pour la même raison.
Pattes	Musclées, droites et de moyenne longueur, les genoux larges, les jarrets bien développés et placés assez loin l'un de l'autre.
Pieds	De grandeur moyenne, plus grands que ceux de l'Épagneul Anglais (Setter), compacts et les doigts bien arqués, bien garnis de poils entre les doigts. Les soles épaisses et fortes. Les pieds écartés (*splay-feet*) sont un défaut.

« STANDEFORD TRACE »

appartenant à M. H. LIDDELL, Belford. (Gravure extraite du Catalogue illustré du *Cruft Show*.)

« THISTLE OF ALDENHAM »
appartenant à M. H. Liddell, Belford. (Cliché gracieusement prêté par la Maison Spratt's Patent L^d.)

Queue	Portée gaiement, mais jamais sur le dos. Quant au poil, l'opinion varie : Dalziel veut une queue avec une longue frange comme celle de l'Épagneul Anglais (Setter) tandis que Stonehenge prescrit une queue grosse, sans former panache, comme celle du Chien de Terre-Neuve.
Poil	Assez court, mais pas aussi court que chez le Braque Anglais (Pointer), légèrement ondulé, dense et brillant.
Couleur	Unicolore noir jais brillant, sans teinte bronzée; une petite tache à la poitrine ou sur les doigts est un défaut, sans entraîner la disqualification.
Hauteur au garrot	De 55 à 65 centimètres.
Poids	De 25 à 32 kilogrammes.
Origine	Croisement.

Field and Bench Retriever Club.

Président : W. Arkwright . . . . Chesterfield.
Secrétaire : L. Allen Shuter . . . . Horton, Kirby, Kent.
Cotisation : 10 Sh. 6 d.

« CHAMPION MOONSTONE »
appartenant à M. S. E. SHIRLEY, Stratford-on-Avon.
(Cliché gracieusement prêté par la Société cynégétique *Nimrod*.)

ÉCHELLE DES POINTS.

Apparence générale	10
Crâne	10
Nez et mâchoires	10
Yeux et oreilles	5
Cou	5
Épaules	6
Poitrine	4
Dos et reins	10
Arrière-train	10
Pattes	10
Pieds	5
Queue	5
Poil	5
Couleur	5
TOTAL . . .	100

Labrador Dog.

CHIEN DE SAINT-JOHN.

La race du Chien de Labrador est décrite à la page 154; ce chien, employé au même usage que le Retriever, doit donc être renseigné ici également.

Chesapeake Bay Dog.

CHIEN DE LA BAIE DE CHESAPEAKE.

Apparence générale . . . Un chien aux formes symétriques et bâti pour la chasse à l'eau.
Aptitudes. . . . . . . Un nez excellent pour retrouver le gibier ; sa grandeur et sa force lui permettent d'aller prendre les canards partout où ils tombent, que ce soit dans la boue, dans la glace ou entre les roseaux. Il est très intelligent et d'un dressage facile.
Tête . . . . Large, s'effilant très légèrement vers le nez, mais non pointu.

« CHAMPION CLEVELAND »
appartenant au Docteur W. S. Bigelow, New-York.

Chien de la baie de Chesapeake idéal, d'après la peinture allemand A. Kull.
(Gravure extraite du Journal *Le Chenil*.)

Yeux	De couleur jaune, avec une expression intelligente et gaie.
Oreilles	Petites, attachées assez haut à la tête.
Cou	De moyenne longueur et d'une apparence ferme et forte.
Épaules	Bien libres dans leurs mouvements, sans aucune tendance à être serrées.
Poitrine	Forte et profonde.
Arrière-train	Plus développé et musclé que l'avant-main et sans la moindre faiblesse.
Pattes	Courtes, mais sans exagération afin de ne pas donner au chien une apparence compacte; bien musclées et de forte ossature; les pattes de devant sont droites et symétriques; les jarrets droits et bas.
Pieds	De bonne grandeur et palmés.
Queue	Forte, assez longue, portée aussi droite que possible et garnie d'une frange très modérée.
Poil	Court et épais, quelque peu écru, avec une tendance à onduler sur les épaules, le dos et les reins où il est le plus long, sans toutefois dépasser 3 à 4 centimètres; sur les flancs, les pattes et le ventre, le poil est plus court; les pieds ainsi que le museau ont un poil ras. Sous ce poil se trouve un sous-poil laineux qui couvre bien la peau et est visible en écartant les poils longs. Ce poil préserve le chien contre l'humidité et le froid et le rend capable de supporter toute sorte de privations; il facilite la vitesse de la nage.
Couleur	Se rapprochant le plus de la laiche mouillée ou de la couleur effacée d'une robe de buffle. Une petite tache à la poitrine est admissible. La couleur est un point important.
Hauteur au garrot	Environ 60 centimètres.
Poids	Les chiens, de 27 à 31 kilogrammes et les chiennes, de 20 à 25 kilogrammes.
Origine	Américaine.

Norfolk Retriever.

Apparence générale	Un chien fortement bâti, de grandeur moyenne, bien musclé et compact.
Tête	Assez grande et lourde.
Crâne	Légèrement bombé.
Museau	Carré et large.
Yeux	De grandeur moyenne, foncés de couleur. L'intérieur de la paupière inférieure ne doit pas être visible.
Nez	Brun foncé ou noir suivant la nuance de la robe.
Mâchoires	Fortes et développées.
Dents	Bien développées et s'adaptant parfaitement.
Oreilles	Grandes et larges, bien couvertes d'un poil long et bouclé.
Cou	Long et musclé.
Épaules	Obliques.
Poitrine	Profonde et large.
Dos	Large et fort.
Ventre	Légèrement relevé.
Pattes	Droites, fortes et de bonne ossature.
Pieds	Larges et palmés, bien garnis de poil entre les doigts.
Queue	Souvent écourtée comme chez les différentes variétés de petits Épagneuls de chasse (Spaniels), mais pas aussi courte, car l'apparence du chien en souffre.
Poil	Bouclé, mais les boucles ne sont pas aussi petites ni aussi serrées que chez le Retriever à poil bouclé; elles sont plus ouvertes, plus laineuses, plus dures et plus revêches au toucher. Il existe souvent derrière les épaules une partie de poil non bouclé.
Couleur	Brun foncé ou noir; la première couleur est préférée.
Hauteur au garrot	Environ 60 centimètres.
Poids	Environ 35 kilogrammes.
Origine	Duché de Norfolk.

Retriever Russe.

Apparence générale	Un grand chien, assez haut sur pattes, de formes carrées et enveloppé d'une immense fourrure de poil.
Tête	Grande et courte.
Crâne	Large et arrondi.
Museau	Court et carré.
Yeux	De couleur foncée et en forme d'amande.
Nez	Noir, les narines bien ouvertes.
Mâchoires	Courtes et carrées.
Dents	S'adaptant parfaitement.
Oreilles	De grandeur moyenne, pendantes et abondamment couvertes de poil.
Cou	Fort et très musclé.
Epaules	Obliques.
Dos	Musclé, large et fort.
Ventre	Légèrement relevé.
Reins	Très musclés.
Pattes	Droites, de forte ossature et bien couvertes de long poil aussi bien à la partie antérieure qu'à la partie postérieure; ayant beaucoup de ressemblance avec celles de l'Épagneul d'eau Irlandais.
Pieds	Larges et bien garnis de long poil.
Queue	De longueur moyenne et garnie de poil plus court que sur le reste du corps.
Poil	Long, dense et légèrement bouclé, excessivement abondant et cachant les yeux comme chez le Skye-Terrier; si le poil n'est pas bien soigné il se feutre très vite, comme c'est le cas avec le Chien de Berger Russe.
Couleur	Noire.
Hauteur au garrot	De 65 à 70 centimètres.
Poids	Environ 40 kilogrammes.
Origine	Russe.

Staghound.

CHIEN DE CERF.

Apparence générale...	Un chien symétriquement bâti.
Aptitudes.......	Chien employé autrefois en Angleterre pour la chasse aux cerfs, suivant les principes de la vénerie.
Tête........	De bonne grandeur, assez carrée et bien proportionnée au corps.
Crâne........	De bonne longueur.
Front........	Bien prononcé, mais sans exagération.
Museau.......	Assez long, mais pas pointu.
Yeux........	De couleur brune.
Nez........	Bien développé, narines larges et ouvertes.
Mâchoires......	Assez longues.
Dents........	S'adaptant parfaitement.
Oreilles.......	Attachées bas et portées contre la tête; elles ne sont pas arrondies par une opération comme chez le Chien de renard (Foxhound).
Cou.........	S'élargissant graduellement de la tête vers les épaules, long et musclé, sans être lourd; exempt de fanons.
Épaules.......	Fortes et assez minces, pas surchargées, bien obliques et très musclées.
Poitrine.......	Profonde et assez large, les côtes du dos bien descendues, donnant de la force et un certain aspect de forme carrée.
Dos.........	Fort, large et droit, légèrement arqué au dessus des reins.
Ventre........	Assez retroussé.
Reins........	Forts et très musculeux.
Avant-main......	Musclée, les bras longs et musclés, les coudes bien descendus. Les coudes sont bien droits, en ligne avec le corps, afin d'assurer la vitesse exigée; c'est là un point essentiel.

« STAGHOUND »
d'après une vieille gravure anglaise. (Gravure extraite du Journal *Le Chenil*.)

Arrière-train	Très développé, les cuisses fermes, musculeuses et longues, les jarrets légèrement arqués et bien descendus.
Pattes	De forte ossature et droites, les muscles durs et fermes.
Pieds	Ronds et compacts, les doigts bien arqués, les soles dures et fermes.
Queue	Grosse à la naissance, s'effilant graduellement vers la pointe, portée gaiement avec une gentille courbe et garnie en dessous d'un poil un peu plus long.
Ossature	Puissante.
Poil	Dense et court, assez rude au toucher.
Couleur	Noir et blanc; noir, feu et blanc et tacheté brun. Plus de blanc que le Chien de renard (Foxhound).
Hauteur au garrot	Environ 65 centimètres.
Poids	Environ 32 kilogrammes.
Origine	Normande.

ÉCHELLE DES POINTS.

Apparence générale	10
Tête, yeux et oreilles	15
Cou	5
Épaules	10
Poitrine	10
Dos et reins	10
Arrière-train	10
Pattes et pieds	20
Queue	5
Poil et couleur	5
TOTAL	100

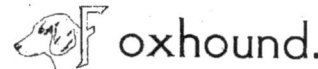oxhound.

CHIEN DE RENARD.

Apparence générale	Un chien de taille moyenne, aux formes symétriques et bâti pour la course.
Aptitudes	Le chien par excellence pour la chasse au renard; plein d'ardeur, il est toujours porté à se jeter en avant et à redoubler de vitesse, comme s'il savait instinctivement que le renard vise comme but une retraite différente de celle dans laquelle on l'a découvert.
Tête	De bonne grandeur, bien équilibrée, mais pas trop lourde.

Foxhounds idéaux, d'après le peintre anglais A. WARDLE.
(Gravure extraite du livre *Modern Dogs*.)

Meute de Foxhounds
appartenant à l'Institut Royal Militaire à Hanovre. (Gravure extraite du journal *Zwinger und Feld*.)

Crâne	De bonne longueur; mesuré par dessus les oreilles, sa circonférence est d'environ 41 centimètres.
Front	Bien accentué, sans être trop proéminent; les arcades sourcilières bien visibles, sans être trop hautes ou trop brusques.
Museau	De bonne longueur, sans être pointu.
Yeux	De couleur brune.
Nez	Long d'environ 11 1/2 centimètres, narines larges et bien ouvertes.
Oreilles	Généralement arrondies pour les empêcher de se déchirer, plantées bas et bien pendantes contre les joues. La peau est fine et le poil doux.
Cou	Long (afin de permettre au chien de quêter bas), mince et musculeux, sans fanons; il doit se rétrécir gracieusement depuis les épaules jusqu'à la tête; la ligne supérieure légèrement arquée.
Épaules	Longues et bien couvertes de muscles, sans être lourdes, surtout aux pointes; bien obliques; l'avant-bras doit être long et musclé, mais pas trop fort ou grossier.

« TRUMAN »
appartenant à Lord WILLOUGHBY DE BROKE, Londres.

Foxhound idéal, d'après le peintre suisse J. PETERSEN.
(Gravure extraite du *Schweizerisches Hunde-Stammbuch*.)

Vautrait de Foxhounds
d'après une vieille gravure anglaise. (Gravure extraite du Journal *Le Chenil*.)

Meute de Foxhounds
appartenant au Comte G. Fitzwilliam, Rotherham. (Gravure extraite du *Ladies' Kennel Journal*.)

Poitrine	Profonde, solide, musclée et résistante au toucher; elle doit avoir une circonférence de 76 centimètres pour un chien d'une taille de 61 centimètres.
Dos	Fort, les côtes bien profondes.
Reins	Bien reliés avec le dos, sans le moindre rétrécissement; les flancs spacieux, même un peu grossiers et très peu arqués.
Arrière-train	Très fort et développé et puisque l'endurance est aussi nécessaire que la vitesse, l'articulation du pied doit être plutôt droite que semblable à celle du Lévrier.
Coude	Placé droit, jamais courbé en dehors ou en dedans. Il doit être bas comparé à l'avant-bras décrit ci-dessus.
Pattes	Tous les *Masters of Foxhounds* exigent des pattes droites comme les canons d'un fusil, aussi fortes que possible et d'une bonne ossature; tendons solides. Un chien d'exposition peut avoir le coude visible.
Pieds	Ronds (*cat-feet*), les articulations élevées et la plante des pieds dure et ferme, ce qui a une grande importance. Les os du pied doivent être bien rassemblés, les griffes fortes et la sole rembourée.

Queue	Gracieusement portée avec une courbe au dessus du dos, épaisse à la naissance et s'amincissant peu à peu vers la pointe. Elle est légèrement frangée de poils assez durs.
Poil	Court, dense, serré, brillant et plutôt dur.
Couleur	Noir, feu et blanc (tricolore); noir et blanc; blanc moucheté de couleur lièvre ou blaireau.
Hauteur au garrot . . .	Environ 60 centimètres.
Poids	Environ 30 kilogrammes.
Origine	Croisement.

Nichée de Foxhounds
appartenant à l'Institut Royal Militaire, à Hanovre. (Gravure extraite du Journal *Zwinger und Feld*.)

ÉCHELLE DES POINTS.

Apparence générale	5
Tête	15
Cou	5
Épaules	10
Poitrine	10
Dos et reins	10
Arrière-train	10
Coudes	5
Pattes et pieds	20
Queue	5
Poil et couleur	5
TOTAL . . .	100

American Foxhound.

CHIEN DE RENARD AMÉRICAIN.

Apparence générale	Un chien plus léger de muscles et d'ossature que la variété anglaise; les formes en sont bien symétriques. Dans son aspect et dans tous ses mouvements il dénote le pur sang et le caractère d'un chien courant.
Tête	De grandeur moyenne avec le museau en proportion harmonieuse.
Crâne	Arrondi avec l'os occipital visible; la ligne du profil presque droite, avec assez de cassure (*stop*) pour donner de la symétrie à la tête.
Yeux	De grandeur moyenne, de couleur brune, avec un regard doux.
Nez	Les narines assez développées.
Oreilles	De grandeur moyenne, pas trop longues, couvertes d'un poil doux et court, attachées bas et pendantes contre la tête.

« CHAMPION COMMODORE »
appartenant à M. R. Williams, Lexingston.

« SPOTTY »

appartenant à M. H. E. Cook, Milwaukee.

Cou	Mince et de bonne longueur, légèrement arqué, fort à la sortie des épaules et s'amincissant graduellement vers la tête ; sans trace de fanons.
Epaules	De bonne longueur afin de donner de la force ; bien obliques ; musclées, mais nettes sans être chargées, et pas trop larges.
Poitrine	Profonde pour donner de la place aux poumons ; plus étroite, en proportion avec la profondeur, que la variété anglaise ; une circonférence de 70 centimètres pour un chien mesurant 60 centimètres au garrot est bonne. Les côtes bien arrondies et s'étendant bien vers les flancs ; un flanc de 7 1/2 centimètres contribue à l'élasticité dans les mouvements.
Dos	Large, fort et court, légèrement arqué.
Reins	Forts et larges.
Arrière-train	Bien musculeux et très fort.
Coudes	Droits, tournés ni en dehors ni en dedans.
Pattes	Droites, celles de devant placées carrément sous les épaules, de bonne ossature sans être grossières ; jarrets bas, ni trop arqués, ni trop droits ; talons forts et droits.
Pieds	Ronds (*cat-feet*), pas trop grands, les doigts bien arqués, serrés et compacts, ongles forts, soles épaisses, dures et rendues insensibles par le travail.

Queue	De longueur moyenne, forte à la base, portée comme un sabre courbé et garnie d'une bonne frange. Une queue coupée ne sera pas un motif de disqualification, mais simplement d'appréciation.
Poil	Court et dur, sans être épineux.
Couleur	Le noir, blanc et feu (tricolore) est la couleur la plus recherchée, quoique les différentes couleurs tachetées soient permises.
Hauteur au garrot	De 53 à 60 centimètres pour les chiens et 50 à 57 centimètres pour les chiennes.
Poids	Environ 26 kilogrammes pour les chiens et 23 kilogrammes pour les chiennes.
Origine	Américaine.

ÉCHELLE DES POINTS.

Apparence générale et symétrie	5
Tête	15
Cou	5
Épaules	10
Poitrine	10
Dos et reins	10
Arrière-train	10
Coudes	5
Pattes et pieds	20
Queue	5
Poil et couleur	5
TOTAL	100

Harrier.

CHIEN DE LIÈVRE.

Apparence générale	Chien très symétrique dont chacun des points a sa raison d'être; il tient le milieu entre le Foxhound et le Beagle.
Aptitudes	Chien employé à la chasse du lièvre; sa vitesse est moindre que celle du Foxhound; il va mieux en plaine que dans le fourré; cependant, il prend son lièvre en tout lieu et très vite.
Tête	Plus lourde que celle du Chien de renard Anglais (Foxhound).
Crâne	Plat et large.

Harriers idéaux, d'après le peintre anglais A. WARDLE.
(Gravure extraite du livre *Modern Dogs*.)

Meute de Harriers
appartenant à S. A. R. le Prince de Galles.

Museau	S'amincissant plus vers le nez que celui du Chien de renard Anglais (Foxhound).
Yeux	De couleur brune.
Nez	Assez large, les narines bien ouvertes.
Dents	S'adaptant parfaitement.
Oreilles	Attachées bas, bien appliquées contre la tête et d'un tissu fin.
Voix	Gorge tellement sonore qu'on l'entend à plusieurs milles de distance lorsqu'il crie en meute.
Cou	Long et musculeux, légèrement arqué à partir des épaules.
Épaules	Bien placées, tombantes en arrière, obliques et pleines de muscles.
Poitrine	Ample et profonde.
Dos	Large, fort et solidement musclé.
Reins	Profonds et très forts, ainsi que tout l'arrière-train; les côtes, surtout les postérieures, bien descendantes.
Pattes	Droites, les cuisses très musculeuses, les jarrets jamais cagneux et les pattes, à partir des jarrets, courtes, droites et fortes.
Pieds	Ronds (*cat-feet*).
Queue	Épaisse à la naissance, allant en s'amincissant jusqu'à l'extrémité, portée presque droite; elle est bien recouverte de poils qui ne doivent pas être touffus.
Poil	Modérément fin et très doux.
Couleur	Noir, blanc et feu, à reflets bleus, pie blaireauté, pie rouge, en un mot des couleurs panachées qui sont du plus gracieux effet.
Hauteur au garrot	De 40 à 50 centimètres.
Poids	Environ 25 kilogrammes.
Origine	Anglaise.

Harrier idéal, d'après le peintre suisse J. Petersen.
(Gravure extraite du *Schweizerisches Hunde-Stammbuch*.)

ÉCHELLE DES POINTS.

Apparence générale et symétrie . .	20
Tête et oreilles.	20
Cou	5
Épaules et poitrine	10
Dos et reins	10
Pattes et pieds	15
Queue et arrière-train	5
Poil et couleur.	15
Total. . .	100

eagle.

(A poil ras.)

Apparence générale	Un chien de formes compactes, sans être lourd, donnant une impression de grande endurance et de beaucoup de vivacité.
Tête	De bonne longueur, forte sans être lourde.
Crâne	Arrondi, de largeur moyenne; l'os occipital visible.
Stop	La cassure du nez bien définie.
Museau	Assez long, sans être pointu (*snipey*).

« BABIOLE », « MONTJOYE » et « MICO »
appartenant à MM. R. et M. DE LA BORDE, Segré. (Gravure extraite du Journal *L'Acclimatation*.)

« CHAMPION LONELY »

appartenant à M. E. B. JOACHIM, Primrose Hill. (Gravure extraite du livré *The Dog Owner's Annual*.)

Yeux	Bruns ou couleur noisette foncé, ni enfoncés, ni proéminents, avec une expression aimable.
Nez	Noir et large, les narines bien ouvertes.
Lèvres	Assez pendantes.
Oreilles	Longues, attachées bas, fines au toucher et pendantes en formant un pli gracieux contre les joues.
Cou	De longueur moyenne, légèrement arqué; un peu de fanons à la gorge.
Epaules	Nettes et légèrement obliques.
Corps	Court, bien descendu dans la poitrine; côtes assez bien arrondies et le corps bien pris dans les côtes; reins forts et pas levrettés.

« READER » et « RINGLEADER »
appartenant à M. E. B. Joachim, Primrose Hill. (Gravure extraite du Journal *Chasse et Pêche*.)

Arrière-train	Très musclé dans les cuisses, jarrets et coudes bien arqués et bien descendus.
Pattes de devant	Parfaitement droites, bien placées sous le corps, d'une bonne et ronde ossature.
Pieds	Ronds (*cat-feet*), les doigts bien arqués; les soles très développées et fortes.
Queue	De longueur moyenne, attachée haut, épaisse et portée gaiement sans être courbée sur le dos.
Poil	Ras, très dense, mais pas trop fin ou trop court.
Couleur	Noir, blanc et feu et les différentes nuances de brun tacheté.
Hauteur au garrot	Pas plus de 40 centimètres (1).
Poids	De 11 à 12 kilogrammes.
Origine	Anglaise.
Défauts	Toute mutilation entraîne la disqualification; il est toutefois permis de couper les ergots.

« NELL VAN OOSTERBEEK »
appartenant au Comte S. DE LIMBURG-STIRUM, Oosterbeek.
(Cliché gracieusement prêté par le *Kennel Club Hollandais Cynophilia*.)

---

(1) *Note de l'auteur*. — Les Beagles de 20 à 25 centimètres sont nommés Pocket-Beagles ou Elizabeth-Beagles.

« CHAMPION LONELY » et « PRIMROSE COUNTESS »
appartenant à M. E. B. Joachim, Primrose Hill. (Gravure extraite du Journal *Der Hunde-Sport*.)

ÉCHELLE DES POINTS.

Tête	20
Yeux	5
Oreilles	10
Corps	15
Arrière-train	10
Pattes et pieds	20
Queue	5
Poil	10
Expression	5
TOTAL	100

Beagle Club.

Président : W. Temple . . . . Londres.
Secrétaire : N. G. Gwynne . . . 77, Fleet Street, Londres.
Cotisation : £ 1. 1 Sh.

Beagle.

(A poil dur.)

Les points du Beagle à poil dur sont exactement les mêmes que ceux de la variété à poil ras, sauf :

Poil . . . .   Dur, très dense et assez long.

L'échelle des points est également la même que pour le Beagle à poil ras.

Beagles à poil dur idéaux, d'après le peintre anglais A. WARDLE.
(Gravure extraite du livre *Modern Dogs*.)

Beagle Club.

Président : W. TEMPLE . . . . Londres.
Secrétaire : N. G. GWYNNE . . . 77, Fleet Street   Londres.
Cotisation : £ 1. 1 Sh.

Kerry Beagle.

BEAGLE DU COMTÉ DE KERRY.

Apparence générale	Chien gracieux, musculeux et fortement bâti.
Tête	De longueur moyenne, crâne large, ovale de l'occiput aux yeux, front bas, arcades sourcilières légèrement proéminentes; la cassure du nez est visible.
Museau	Long, la longueur depuis la cassure du nez entre les yeux jusqu'à la pointe du nez est à peu près la même que celle du crâne; légèrement arqué des yeux à la pointe du nez.
Yeux	Grands, brillants et intelligents, variant entre le jaune brillant et le brun buffle intense.
Nez	Pas carré, mais légèrement pointu; les narines bien ouvertes.
Joues	Pas trop pleines, les lèvres supérieures pendantes et plus grosses aux commissures.
Dents	S'adaptant parfaitement, fortes et de forme élégante.
Oreilles	Grandes, pendant dans la nuque et attachées bas aux côtés de la tête.
Cou	Légèrement arqué, épais et avec des fanons développés.
Épaules	Fortes et larges.
Poitrine	Profonde, mais pas trop large.
Dos	Fort et de longueur moyenne.
Reins	Larges, musclés et légèrement arqués.
Cuisses	Épaisses et légèrement courbées.
Pattes	De grande ossature et bien musclées, courtes et fortes.
Pieds	Ronds et serrés.
Queue	Longue avec une légère frange égale, grosse à la naissance et portée recourbée.
Poil	Ras, dense et dur.
Couleur	Noir et feu ou bleu moucheté et feu.
Hauteur au garrot	Environ 56 centimètres.
Poids	Environ 18 kilogrammes.
Origine	Du Comté de Kerry.

Meute de Beagles du Comté de Kerry
appartenant à M. J. O'Connell de Grenagh, Killarney. (Gravure extraite du Journal *Le Chenil*.)

Svensk Harehund.

BEAGLE SUÉDOIS.

Apparence générale	Chien de forte structure.
Aptitudes	Chien employé à la chasse du lièvre.
Tête	Une combinaison de deux types, celui du Terrier et celui du Chien courant; assez large entre les oreilles et un peu arrondie; fanons très développés formant un double fanon.
Crâne	Légèrement arrondi.
Stop	La cassure du nez assez visible.
Museau	De bonne longueur.
Yeux	De couleur foncée, avec un regard doux.
Nez	Toujours noir.
Lèvres	Épaisses et assez pendantes.
Mâchoires	Bien développées et fortes.
Dents	Saines et s'adaptant parfaitement.
Oreilles	Très longues, fines et pendantes.
Cou	Court et large.
Épaules	Obliques.

« JERKER »
appartenant à M. E. Hutton, Pudsey.

Poitrine	Assez étroite.
Dos	Long et légèrement arqué.
Ventre	Presque pas retroussé.
Reins	Musclés.
Corps	Long, compact, arrondi et bien pris dans les côtes, dénotant beaucoup de force.
Pattes de devant	Droites, musclées et de bonne ossature; placées bien sous le corps.
Pattes de derrière	Comme celles de devant, fortes et de bonne ossature; jarrets bien arqués.
Pieds	De bonne grandeur, les doigts bien arqués, les soles très développées et dures afin de pouvoir faire un travail fatigant sans devenir mous ou douloureux.
Queue	Attachée bas, portée inclinée vers le bas, pas comme celle du Chien de renard (Foxhound), grosse et assez touffue.
Ossature	Forte.
Poil	Court, rude et résistant, afin de préserver le chien contre les intempéries des saisons.
Couleur	Noir et feu; le feu est assez pâle.
Hauteur au garrot	Environ 35 centimètres.
Poids	Environ 12 kilogrammes.
Origine	Suédoise.

Dansk Jagtforenings.

Président : J. REEDTS THOTT . . . . Gauno.
Secrétaire : L. JUSTESEN. . . . . Nykjobing.

Cotisation : 10 Krone.

Welsh Hound.

CHIEN COURANT DE GALLES.

Apparence générale	Un chien aux formes symétriques, bâti pour la course.
Aptitudes	Un chien combinant les bonnes qualités du Chien de renard Anglais (Foxhound) et du Chien de loutre (Otter-Hound).
Tête	De bonne grandeur et bien formée.
Crâne	Bombé, de bonne longueur.
Museau	Assez long, sans être pointu (*snipey*).
Yeux	Petits et assez enfoncés, de couleur brune, avec une expression intelligente.
Nez	Bien formé, aux narines larges et ouvertes.
Mâchoires	Longues et larges.
Oreilles	Souvent arrondies, portées contre la tête.
Voix	Peu de voix.
Cou	Long, mince et musculeux, sans fanons.
Epaules	Musculeuses, longues et obliques.
Poitrine	Profonde.
Dos	Large et fort.
Ventre	Légèrement relevé.
Cuisses	Musclées.
Arrière-train	Très fort et développé; articulation du pied droite.
Pattes	Droites, musclées et de bonne ossature, jarrets bien développés.
Pieds	Ronds (*cat-feet*) et serrés, soles dures et fermes.
Queue	Gracieusement relevée, épaisse à la naissance et bien garnie de poil dur.
Poil	Rude, peluché (*crisp*), crêpu et résistant à l'eau.
Couleur	Rouge grisâtre à taches blanches et marqué comme les Chiens de renard Anglais (Foxhound), les Chiens de lièvre (Harriers) et les Beagles.
Hauteur au garrot	Les chiens, environ 60 centimètres et les chiennes, environ 50 centimètres.
Poids	Les chiens, environ 35 kilogrammes et les chiennes, environ 25 kilogrammes, en condition de travail.
Origine	Principauté de Galles.

« LIVELY », « X » et « LANDMARK »
appartenant à MM. H. C. Wynn, Rug et H. Buckley, Newtown. (Gravure extraite du Journal *The Field*.)

 # Otter-Hound.

CHIEN DE LOUTRE.

Apparence générale	Un chien ayant beaucoup d'analogie, sauf la robe, avec le Chien de Saint-Hubert (Bloodhound). Il doit être d'une symétrie parfaite, fortement bâti, dur à la fatigue, résistant et doué d'un nez remarquable; il a l'horreur naturelle de l'animal qu'il est appelé à chasser (la loutre).
Aptitudes.	Un chien employé à la chasse de la loutre; il nage en vrai poisson et plonge parfaitement; l'eau est son élément et ni les basses températures, ni les froids les plus rigoureux ne l'impressionne; il plonge sous la glace à la poursuite de son ennemi. Son nez est très fin, mais il manque de vitesse et d'entrain; il est courageux et endurant, souvent sauvage et hargneux parce qu'il est destiné à attaquer un animal très sauvage et méchant, dont les morsures sont cruelles.

Otterhounds idéaux, d'après le peintre anglais A. WARDLE.
(Gravure extraite du livre *Modern Dogs*.)

« SPORTSMAN »
et la meute d'Otterhounds du West-Cumberland, appartenant à M. H. W. CLIFT, Cockermouth.

« CHAMPION TRUSTY »
appartenant à M. H. Buckley, Newtown.

Tête	Une tête bien formée est un des points les plus essentiels de cette race; elle doit être grande dans toutes ses mesures, même en largeur. La peau est bien ridée, mais pas autant que chez le Chien de Saint-Hubert (Bloodhound).
Crâne	Très bombé, finissant par un os occipital très développé, l'arcade sourcilière est peu proéminente.
Museau	De bonne longueur.
Yeux	Petits et assez enfoncés dans la tête, de couleur brun noisette foncé; la conjonctive de la paupière inférieure doit être visible. Le regard indique un animal résolu et courageux.
Nez	Toujours noir, les narines bien développées.
Mâchoires	Larges et longues près des narines, creusées et maigres sur les joues, surtout sous les yeux.

EN CHASSE
d'après un tableau de ANSDALE
appartenant à Sir HUMPHREY F. DE TRAFFORD, Manchester. (Gravure extraite du Journal *Our Dogs*.)

« KENDAL BOOZER »
appartenant à M. G. Cartmel, Kendal. (Gravure extraite du *Schweizerisches Hunde-Stammbuch*.)

Lèvres	Lâches et très pendantes.
Dents	Fortement développées et s'adaptant parfaitement.
Oreilles	Longues, minces, attachées bas, dépassant le nez, bien frangées de poils, pendant avec un beau pli contre les mâchoires.
Cou	Assez long; l'abondance de poils qui le recouvrent le fait paraître plus court qu'il n'est en réalité; fanons assez développés.
Épaules	Bien inclinées et très musclées.
Poitrine	Plutôt large que profonde; le contour de la poitrine suffisamment grand.
Dos	Profond, fort et large.
Ventre	Légèrement relevé, les flancs larges et spacieux.
Côtes	Légèrement arrondies, bien descendantes, particulièrement les postérieures.
Reins	Un peu arqués et puissants, de façon à lui permettre de faire le fatigant travail auquel il est appelé.
Cuisses	Grandes, fermes et musclées.
Corps	Fortement bâti.
Pattes	Droites, de bonne ossature et très musclées, les jarrets bien développés.

CHIEN DE LOUTRE. 837

Victoire!
(Gravure extraite du Journal *St-Hubertus*.)

Pieds	De bonne grandeur, serrés, palmés et bien couverts de poil entre les doigts.
Queue	Bien recouverte de poil épais, bien relevée, mais non en trompette.
Poil	Dur et long avec un sous-poil court et laineux, afin de maintenir la chaleur du corps quand le chien est dans l'eau. Sur le museau le poil est plus doux.
Couleur	Grise ou cendrée, quelquefois fauve rougeâtre, à marques noires et feu.
Hauteur au garrot	De 60 à 65 centimètres; les chiennes sont généralement un peu plus petites.
Poids	Les chiens, de 30 à 35 kilogrammes et les chiennes, de 25 à 30 kilogrammes.
Origine	Incertaine, française ou anglaise.

« CHAMPION OTTER »
appartenant au Frhr. J. von Furstenberg, Eresburg.

ÉCHELLE DES POINTS.

Apparence générale	10
Tête et oreilles	15
Cou et poitrine	10
Épaules	5
Dos et reins	10
Arrière-train et queue	10
Pattes et pieds	15
Poil	15
Couleur	10
TOTAL	100

Mediliani.

CHIEN D'OURS.

Apparence générale	Un chien ayant les formes du Mastiff et du Dogue de Bordeaux, mais à poil demi long et dur.
Aptitudes	Un chien employé à la chasse de l'ours.
Tête	Massive et carrée.
Crâne	Large entre les oreilles.
Museau	Court, large sous les yeux.
Yeux	De couleur brune, la paupière inférieure tombante comme chez le Chien de Saint-Hubert (Bloodhound).
Nez	Large et noir, mais pas retroussé; les narines bien ouvertes.
Babines	Larges, épaisses et pendantes.
Dents	Fortement développées.
Oreilles	Petites, assez minces, attachées au plus haut point du crâne et pendant sans plis contre les mâchoires.
Cou	Court, fort, trapu et très musclé.
Poitrine	Large et profonde.
Dos	Large et musculeux.
Pattes	Droites, placées assez loin l'une de l'autre et de très forte ossature.
Pieds	Grands, ronds, doigts bien arqués.
Queue	Large à la racine et de moyenne longueur, bien garnie de poil.
Poil	Demi long et très dur, mais pas bouclé.
Couleur	Rouge, brun sale à taches blanches et à ombres noires comme chez le Chien du Saint-Bernard.
Hauteur au garrot	Environ 70 centimètres.
Poids	Environ 80 kilogrammes.
Origine	Russe.

« WOTJAKA »
appartenant à S. M. l'Empereur de Russie. (Gravure extraite du journal *Le Chenil*.)

« POLKAN »
appartenant à S. M. l'Empereur de Russie. (Gravure extraite du Journal illustré *Wild und Hund*.)
(Cliché gracieusement prêté par M. Paul Parey, libraire, Berlin.)

Chien du Haut Poitou.

Apparence générale	Un chien aux conformations robustes.
Aptitudes.	Chien galopant aisément, vite dans les ajoncs et les bruyères; en plaine, il manque de train.
Tête	Assez carrée, fine et un peu busquée.
Crâne	Légèrement bombé, l'os occipital est moins développé que chez la variété du Poitou.
Yeux	De couleur brune, vifs et intelligents.
Nez	Noir, narines bien ouvertes.
Oreilles	Bien attachées, assez courtes et bien papillotées.
Voix	Vibrante et prolongée.
Cou	De bonne longueur.
Epaules	Obliques.
Poitrine	Peu profonde.
Dos	Complètement harpé.
Ventre	Légèrement relevé.
Reins	Plats.
Corps	Allongé.
Pattes	Fortes et droites, de bonne ossature.
Pieds	Ronds et serrés, soles fortes.
Queue	De longueur moyenne, portée gaiement.
Poil	Court et assez épais.
Couleur	Blanc, bleu et orangé, avec des marques feu pâle plus ou moins larges sur le corps et sur les pattes.
Hauteur au garrot	Environ 62 centimètres.
Poids	Environ 26 kilogrammes.
Origine	Du Haut Poitou.

« REVEILLEAU »
appartenant à M. A. Hublot, Rivault. (Gravure extraite de la *Revue Cynégétique*.)

« MONTJOIE »
appartenant à l'équipage Servant Servant, Fontainebleau. (Gravure extraite du Journal *Le Chenil*.)

Meute
appartenant à l'équipage SERVANT SERVANT, Fontainebleau.
(Cliché gracieusement prêté par la Société cynégétique *Nimrod*.)

Société Centrale pour l'amélioration des Races de Chiens en France.

Président d'honneur : Prince DE WAGRAM . . . . Paris.
Président : LÉON D'HALLOY . . . . Paris.
Secrétaire : Comte A. D'ELVA . . 40, rue des Mathurins, Paris.
Cotisation : 30 et 60 Francs.

Chien du Poitou.

Apparence générale	Un chien aux formes nerveuses, plutôt grosses de muscles que de graisse; membres assez plats, mais larges.
Aptitudes	Chien très collé à la voie; n'est pas très vif, mais ne souffle jamais; il a encore assez de train pour prendre un louvart en décembre; excellent pour la chasse au loup et capable de suivre seul son animal d'un soleil à l'autre.
Tête	Fière, sèche, fine, nerveuse et un peu busquée, bien attachée à une longue encolure.
Crâne	Légèrement bombé, os occipital visible.
Yeux	Vifs et intelligents, de couleur brune.
Nez	Noir, long et arqué, la puissance de l'odorat très développée.
Oreilles	Assez courtes, mais extrêmement minces, soyeuses et papillotées.
Voix	Prolongée, mais très claire.
Cou	Assez long et gracieusement arqué.
Epaules	Obliques.
Poitrine	Profonde.
Dos	Complètement harpé.
Ventre	Peu relevé.
Reins	Bien musclés.
Pattes	Droites, musclées et de bonne ossature.
Pieds	Petits, ronds, les doigts bien serrés et les soles dures.
Queue	De longueur moyenne, s'effilant vers la pointe.
Poil	Gros et pas trop court, un peu plus abondant aux fesses et à la queue.
Couleur	Blanc, noir et feu, tricolore.
Hauteur au garrot	Environ 65 centimètres.
Poids	Environ 26 kilogrammes.
Origine	Poitevine.

« MILTON »
appartenant au Comte E. de Renault, Le Bourget. (Gravure extraite du Journal *L'Acclimatation*.)

Chienne du Poitou idéale, d'après le peintre allemand R. STREBEL.
(Gravure extraite du *Schweizerisches Hunde-Stammbuch*.)

Chien Vendéen[1].

Apparence générale . . . Chien de grande taille, fortement bâti et aux formes élégantes.

Aptitudes . . . . Chasseur très brillant, mais parfois fougueux; il est d'un nez très fin, d'un grand pied, très bien gorgé, mais un peu chiche de crier. Il rallie parfaitement, est fort requérant en chasse et se créance bien.

« TAMERLAN »
appartenant à M. A. Baudry-d'Asson, Paris.
(Gravure extraite du livre *Cerf, Chevreuil, Chiens courants*, Firmin Didot, Paris.)
(Cliché gracieusement prêté par le *Schweizerisches Hunde-Stammbuch*.)

[1] *Note de l'auteur.* — Aussi nommé Chien blanc du roi, Baud ou Greffier.

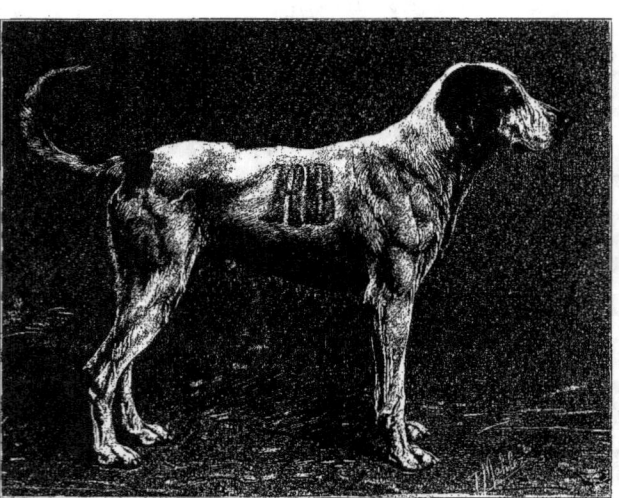

« MIRABEAU »
appartenant au Comte J. DE LA FERRIÈRE, La Morlaye. (Gravure extraite du Journal L'*Acclimatation*.)

CHIEN VENDÉEN.

Tête	Nerveuse, sèche, légèrement busquée.
Crâne	Arrondi.
Museau	De longueur moyenne.
Yeux	Jaunâtres ou brun clair.
Nez	Brun, les narines bien ouvertes.
Dents	S'adaptant parfaitement.
Oreilles	Souples, minces, longues, tombantes et vrillées.
Voix	Bien gorgée.
Cou	Long, net, musclé et d'une grande élégance.
Épaules	Obliques.
Poitrine	Forte et en lame.
Ventre	Légèrement relevé.
Reins	Bien arqués.
Pattes	Sèches, droites et de bonne ossature.
Pieds	Ronds et forts.
Queue	De moyenne longueur, portée courbée vers le haut, la pointe effilée.
Poil	Court et fin.
Couleur	Blanche, avec ou sans quelques taches fauve orangé.
Hauteur au garrot	Environ 65 centimètres.
Poids	Environ 26 kilogrammes.
Origine	Vendéenne.

« RAVISSANTE »
appartenant à M. A. Baudry-d'Asson, Paris.
(Gravure extraite du *Schweizerisches Hunde-Stammbuch*.)

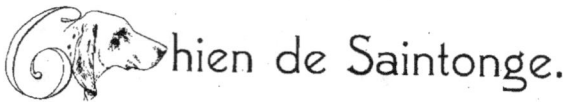
Chien de Saintonge.

Apparence générale	Chien aux formes élégantes et pas trop lourdes.
Aptitudes	Droit dans la voie, allure régulière, chassant toute espèce de bêtes et fort bien le loup.
Tête	Décharnée, légère et osseuse, de bonne longueur.
Crâne	Légèrement arrondi, l'os occipital bien visible.
Museau	De bonne longueur.

« CALYPSO »
appartenant au Comte J. DE CHABOT, Jonzac.
(Gravure extraite du livre *Cerf, Chevreuil, Chiens courants*, FIRMIN DIDOT, Paris.)
(Cliché gracieusement prêté par le *Schweizerisches Hunde-Stammbuch*.)

« LURON »
appartenant au Comte J. DE CHABOT, Jonzac. (Gravure extraite du Journal *L'Acclimatation*.)

« MÉLANTHE »

appartenant au Comte A. DE SAINT-LÉGIER, Saintes. (Gravure extraite du Journal *Chasse et Pêche*.)

Yeux	Vifs, intelligents et de couleur brune.
Nez	Noir, légèrement retroussé ou du moins produisant cet effet par suite de la grande largeur et de l'épaisseur des narines.
Oreilles	Longues, fines, très papillotées, attachées bas, de couleur noire, bordées sur la face externe d'un liséré de feu pâle.
Voix	Superbe, un peu sourde toutefois, souvent chiche et fournissant de loin en loin.
Cou	Fin et léger, sans fanons.
Épaules	Obliques.
Poitrine	Profonde, mais un peu serrée.
Reins	Assez étroits et arqués.
Flancs	Secs, décharnés et retroussés.
Cuisses	Plates.
Pattes	Droites et de bonne ossature sans être grossières; sèches et allongées.
Pieds	Légèrement allongés, soles bien développées.
Queue	De moyenne longueur et effilée.
Poil	Court et assez fin.
Couleur	Blanc avec taches noires, oreilles noires, palais et testicules noirs, marqué de feu pâle au dessus des yeux, légèrement truité de noir sous poil.
Hauteur au garrot	De 66 à 77 centimètres.
Poids	Environ 28 kilogrammes.
Origine	Saintongeoise.

« CALYPSO II »

appartenant au Comte J DE CHABOT, Jonzac. (Gravure extraite du *Schweizerisches Hunde-Stammbuch*.)

hien de Gascogne.

Apparence générale . . Un chien assez grand et massif.
Aptitudes . . . . Un chien chassant le loup dans la perfection ; par une bizarrerie assez singulière, beaucoup de chiens de cette race ont l'allure du loup et un pied dont l'empreinte s'en rapproche extrêmement.
Tête . . . . Grosse, expressive et forte, quelquefois un peu longue.

« GÉNÉREUX »
appartenant au Baron A. DE RUBLE, Bagnères.
(Gravure extraite du livre *Cerf, Chevreuil, Chiens courants*, FIRMIN DIDOT, Paris.)
(Cliché gracieusement prêté par le *Schweizerisches Hunde-Stammbuch*.)

« PRINTANAU »
appartenant à M. E. DE LAPRADE, Revel. (Gravure extraite du Journal *L'Acclimatation*.)

« MAJOR »

appartenant au Baron A. DE RUBLE, Bagnères. (Gravure extraite du *Schweizerisches Hunde-Stammbuch*.)

Crâne	Élevé, l'os occipital bien prononcé, ayant beaucoup de ressemblance avec celui du Chien de Saint-Hubert.
Museau	De bonne longueur.
Yeux	De couleur brune, vifs et clairs, assez cachés, la paupière supérieure couverte, la paupière inférieure très tombante, de façon à ne laisser voir des yeux que la conjonctive.
Nez	Noir et extrêmement large.
Lèvres	Bien pendantes.
Dents	S'adaptant parfaitement.
Oreilles	Très longues, assez fines, bien papillotées.
Voix	Une gorge magnifique, quelquefois un peu sourde, ayant un timbre grave et prolongé imitant les bourdons de cathédrales.
Cou	De moyenne longueur, fort, large, les fanons bien développés.
Epaules	Un peu rondes et chargées, obliques.
Poitrine	Très profonde.
Dos	Large et fort.
Côtes	Bien faites.
Reins	Bien soutenus, larges et puissamment musclés.

CHIEN DE GASCOGNE.

« CORVETTE »

appartenant à M. E. Piston d'Eaubonne, Lombez.
(Gravure extraite du *Schweizerisches Hunde-Stammbuch*.)

Pattes	Sèches et bien faites, les jarrets légèrement en dedans et parfois un peu écrasés.
Pieds	Ronds et forts, les doigts bien courbés, les soles dures et développées.
Queue	Fine, bien portée et pas trop longue, le poil ne doit pas former de frange.
Poil	Court et dur sur le corps, doux et soyeux sur le crâne et les oreilles.
Couleur	Bleue ou blanche avec beaucoup de taches noires et de marques couleur lie-de-vin; souvent du feu aux yeux et aux pattes; entièrement truitée de noir sous poil.
Hauteur au garrot	De 65 à 75 centimètres.
Poids	Environ 28 kilogrammes.
Origine	Gasconne.

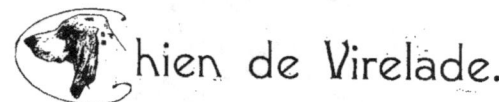hien de Virelade.

CHIEN GASCON-SAINTONGEOIS.

Apparence générale . .	Un chien de grande taille et d'une tournure singulière. Fort et léger en même temps, il est peut-être un peu trop long, mais il combine toutes les bonnes qualités des deux races de Gascogne et de Saintonge.
Aptitudes	Chien forçant cerf et chevreuil.

« COMMANDEUR »
appartenant au Comte G. DE VÉZINS, Montauban.
(Gravure extraite du livre *Cerf, Chevreuil, Chiens courants*, FIRMIN DIDOT, Paris.)
(Cliché gracieusement prêté par le *Schweizerisches Hunde-Stammbuch*.)

« SOUVERAINE »
appartenant au Comte G. de Vezins, Montauban. (Gravure extraite du Journal *L'Acclimatation*.)

« CÉLÉBRAUX »
appartenant au Baron A. Carayon-Latour, Rochefort. (Gravure extraite du Journal *Chasse et Pêche*.)

CHIEN DE VIRELADE. 863

« FRÉGATE »
appartenant au Comte G. DE VEZINS, Montauban.
(Gravure extraite du Livre *Cerf, Chevreuil, Chiens courants*, FIRMIN DIDOT, Paris.)
(Cliché gracieusement prêté par le *Schweizerisches Hunde-Stammbuch*.)

Tête	Pas trop forte, crâne assez bombé, l'os occipital bien développé, museau allongé.
Nez	Noir, gros, un peu pointu et les narines bien ouvertes.
Yeux	De couleur brune.
Babines	Assez développées, dents s'adaptant parfaitement.
Oreilles	Longues, souples et tirebouchonnées.
Voix	Bien gorgée.
Corps	Cou fort, fanons peu développés, épaules obliques et puissantes, poitrine profonde, dos fort et assez long, reins arqués, cuisses bien descendues.
Pattes	Fortes, droites et de bonne ossature.
Pieds	Assez allongés (pattes de lièvre).
Queue	Longue et bien portée.
Poil	Ras.
Couleur	Blanche sous larges taches noires et quatrœillé de feu pâle.
Hauteur au garrot . . .	Environ 75 centimètres.
Poids	Environ 28 kilogrammes.
Origine	Croisement des races de Gascogne et de Saintonge.

Bâtard de Saintonge.

Apparence générale	Chien aux formes élégantes, chassant tout gibier.
Tête	Légère, avec un front développé.
Yeux	Grands, vifs et intelligents, surmontés de deux taches feu pâle.
Nez	Noir, narines bien ouvertes.
Oreilles	Fines, bien attachées, un peu papillotées, couvertes d'un poil noir, luisant et doux au toucher; bordées sur la face externe d'un liseré de feu pâle.
Cou	Solidement attaché à sa base, mince et long.
Épaules	Plates et obliques.
Poitrine	Profonde plus encore que large.
Dos	Fort et légèrement arqué.
Ventre	Fort peu relevé.
Reins	Bien attachés, sans aucune dépression près de leur point d'intersection, c'est-à-dire à la dernière côte. Larges avec une certaine longueur, plutôt plats qu'arqués.
Arrière-train	Puissant et très solidement établi.
Pattes	Droites, ossature assez légère, mais bien garnies de tendons solides. Les coudes en dehors et les jarrets écartés sont de grands défauts.
Pieds	Assez allongés (pattes de lièvre), munis d'ongles et de doigts solides; la sole assez large.
Poil	Très ras, fin et serré.
Couleur	Blanc et noir, soit à manteau noir, soit à marques détachées *ad libitum*; avec du feu le plus pâle possible, mais seulement sur les joues, la face interne des oreilles et deux points au dessus des yeux.
Hauteur au garrot	Environ 75 centimètres.
Poids	Environ 28 kilogrammes.
Origine	Croisement du Chien de Saintonge avec le Chien de renard Anglais (Foxhound).

« MÉNÉLAS » appartenant à M. A. Benoit-Champy, Charente.

Bâtard de Gascogne.

Apparence générale	Un chien assez lourd et très grand.
Aptitudes	Un chien de très haut nez, admirable par les matinées froides, très collé à la voie; il a bon pied et une très belle gorge.
Tête	Osseuse, plutôt longue que courte.
Yeux	Petits, clairs et vifs et un peu couverts par les paupières.
Nez	Noir ou brun foncé, les narines bien ouvertes.
Dents	S'adaptant parfaitement.
Oreilles	Placées bas, longues, fines, bien papillotées et très fines au toucher.
Cou	Léger, sans fanons et bien sorti des épaules.
Épaules	Obliques.
Poitrine	Profonde.
Dos	Quoique bien droit; il est un peu long.
Ventre	Retroussé, sans être levretté.
Arrière-train	Assez grêle.
Cuisses	Un peu plates.
Pattes	Sèches et nerveuses, droites et de bonne ossature.
Pieds	Ronds, peu sujets à l'aggravée.
Queue	Longue et portée gaiement.
Poil	Ras et aussi fin que possible.
Couleur	Blanc et bleu, tiqueté avec quelques taches noires, généralement sur la tête, la queue et le corps.
Hauteur au garrot	De 70 à 80 centimètres.
Poids	Environ 30 kilogrammes.
Origine	Croisement du chien de Gascogne avec le Chien de renard Anglais (Foxhound).
Défauts	Trop léger et d'un tempérament peu vigoureux, il est moins sur le lancer et les défauts et a besoin de s'échauffer.

« MARABOUT »
appartenant au Marquis J. DE TALHOUET,
Mirande.

Bâtard Anglo-Gascon-Saintongeois.

Apparence générale	Un chien bien bâti, fort et vigoureux.
Aptitudes	Un chien chassant toute espèce de bêtes et fort bien le renard et le loup.
Tête	Bien attachée, plutôt longue que grosse.
Crâne	Légèrement bombé.
Front	Large.
Yeux	Assez grands et gais.
Nez	Noir, les narines larges et très ouvertes.
Babines	Peu pendantes.
Dents	Bien développées et s'adaptant parfaitement.
Oreilles	Minces, larges, plus longues que le nez, attachées bas, tortillées en tire-bouchon.
Cou	Fort et gracieusement arrondi.
Epaules	Obliques, ni étroites, ni charnues.
Poitrine	Large.
Dos	Assez court.
Ventre	Légèrement relevé.
Reins	Bien arrondis, élevés et courts.
Côtes	Rondes.
Hanches	Hautes et larges.
Croupe	Large.
Corps	De grosseur proportionnée à sa longueur.
Arrière-train	Un peu plus haut que l'avant-main.
Cuisses	Bien troussées et gigotées.
Pattes	Nerveuses et placées bien d'aplomb sous le corps, les jarrets droits.
Pieds	Petits et maigres comme ceux du renard; les ongles gros et courts.
Queue	Portée droite vers le haut ou recourbée en trompe, forte et velue à son origine, longue, déliée, presque sans poil à son extrémité.
Poil	Ras.
Couleur	Blanche avec des taches noires, brunes ou jaunes.
Hauteur au garrot	Environ 70 centimètres.
Poids	Environ 26 kilogrammes.
Origine	Croisement des races de Gascogne, de Saintonge et du Chien de renard Anglais (Foxhound).

« CHÉRUBIN »
appartenant à M. A. de Béjarry, Sainte-Hermine. (Gravure extraite du Journal *L'Acclimatation*.)

Chien d'Artois.

Apparence générale	Chien symétriquement bâti, de moyenne grandeur, aux formes assez fortes.
Aptitudes	Chien employé à la chasse du lièvre et quelquefois à la chasse du loup.
Tête	De bonne longueur, mais pas trop longue.
Crâne	Assez long, l'os occipital visible.
Stop	La cassure du nez est peu prononcée.
Museau	Pas trop long et assez carré.
Yeux	Grands, de couleur brun clair ou jaune foncé, la paupière inférieure n'est pas pendante.
Nez	L'os nasal légèrement arqué, le nez brun foncé, les narines bien ouvertes.
Lèvres	Légèrement pendantes.
Mâchoires	Fortes et d'égale longueur.
Dents	Fortes et s'adaptant parfaitement.

Chien d'Artois idéal, d'après le peintre allemand R. STREBEL.
(Gravure extraite du *Schweizerisches Hunde-Stammbuch*.)

CHIEN D'ARTOIS.

« ROMANCE »
appartenant à M. G. COUTELLIER, Espalion.
(Gravure extraite du *Schweizerisches Hunde-Stammbuch*.)

Oreilles	Larges, très longues, attachées bas et assez à l'arrière de la tête, bien papillotées.
Voix	Sonore, s'entendant de loin.
Cou	Assez court, fort et musculeux. Fanons légèrement développés.
Épaules	Obliques.
Poitrine	Plutôt large que descendue.
Dos	Droit et fort.
Ventre	Légèrement retroussé.
Reins	Forts et bien musclés.
Croupe	Bien développée.
Corps	Symétriquement bâti et pas trop long.
Pattes	Pas trop longues, droites et fortes.
Pieds	Assez ronds, les doigts bien serrés, les soles dures.
Queue	Forte, portée recourbée vers le haut; les poils à la partie inférieure sont légèrement plus longs.
Poil	Court et pas trop fin.
Couleur	Blanc à taches jaunes ou fauves; les taches noires sont considérées comme un défaut.
Hauteur au garrot	De 55 à 60 centimètres.
Poids	Environ 22 kilogrammes.
Origine	Artésienne.

Chien de Normandie.

Apparence générale	Un chien grand et lourd, d'ossature assez grossière ; le Chien Normand est la variété la plus massive des Chiens courants Français.
Aptitudes	Très collé à la voie, lent, mais possédant beaucoup de fond.
Tête	Longue, sèche, nerveuse et très ridée.
Crâne	Large, épié et ridé.
Front	Deux proéminences assez prononcées existent entre les oreilles et les yeux.
Museau	Gros.
Face	Couverte de rides très prononcées.
Yeux	Gros et gais, la paupière inférieure tombante, laissant voir la conjonctive.
Nez	Assez court et large, les narines bien ouvertes.
Babines	Tombantes, pendantes et grosses.
Dents	S'adaptant parfaitement.
Oreilles	Attachées bas, longues, minces, avalées et papillotées en dedans.
Voix	Gorge admirable.

« COLONEL »
appartenant à M. A. LEVILLAIN, Lizieux.
(Gravure extraite du *Schweizerisches Hunde-Stammbuch*.)

« LANCIER »
appartenant au Comte H. DE MALEYSSIE, Chartres. (Gravure extraite du Journal *L'Acclimatation*.)

Cou	Court, fort, épais, avec des fanons de bœuf.
Epaules	Un peu chargées et obliques.
Poitrine	Large et musculeuse.
Dos	Large, fort et musclé.
Ventre	Très peu relevé.
Reins	Larges, hauts et harpés.
Hanches	Hautes et larges.
Cuisses	Troussées, gigottées et larges.
Corps	Long, plus étriqué que goussaut, mais très robuste.
Pattes	Fortes, nerveuses et de grosse ossature; jarrets un peu coudés.
Pieds	Secs et pointus.
Queue	Grosse près des reins, se terminant en pointe, tournée en demi cercle.
Poil	Court et assez gros.
Couleur	Blanche à larges taches brun foncé, noir ou gris.
Hauteur au garrot	De 65 à 75 centimètres.
Poids	Environ 35 kilogrammes.
Origine	Normande.

« VESTA »
appartenant au Jardin d'Acclimatation de Paris.
(Gravure extraite du *Schweizerisches Hunde-Stammbuch*.)

Chien de Franche-Comté[1].

Apparence générale	Un chien de petite taille et de formes symétriques.
Aptitudes	Ardent à la chasse, sans être trop nerveux ou trop emporté, bon pied, excellent pour la chasse au lièvre.
Tête	Fine et de bonne longueur.
Crâne	Assez bombé, l'os occipital visible.
Museau	De bonne longueur.
Yeux	De couleur brun clair.

« CLIO »
appartenant au Docteur J. Coillot, Montbozon. (Gravure extraite du Journal *L'Éleveur*.)

---

[1] *Note de l'auteur.* — Cette race est souvent nommée Chien de Porcelaine.

« CLÉO »
appartenant au Docteur J. Coullot, Montboson. (Gravure extraite du Journal *L'Acclimatation*.)

Nez	Bien développé et de couleur brune.
Lèvres	Pas trop pendantes.
Dents	Régulières et s'adaptant parfaitement.
Oreilles	De longueur moyenne, bien tournées et fines.
Voix	Belle gorge de hurleur.
Cou	Assez court et musclé, les fanons légèrement développés.
Epaules	Obliques et bien placées.
Poitrine	Plutôt profonde que large.
Dos	Droit, légèrement arqué au dessus des reins.
Ventre	Assez retroussé.
Côtes	Arrondies.
Croupe	Bien développée, mais pas trop charnue.
Pattes	Droites, fines, sèches et de légère ossature.
Pieds	Assez allongés (pied de lièvre), ongles forts, soles bien développées.
Queue	Droite, fine et bien portée.
Poil	Ras et assez fin.
Couleur	Blanc à taches orange.
Hauteur au garrot	De 55 à 60 centimètres.
Poids	Environ 24 kilogrammes.
Origine	Franc-Comtoise.

Société Centrale pour l'amélioration des Races de Chiens en France.

Président d'honneur : Prince DE WAGRAM . . . . . . Paris.
Président : LÉON D'HALLOY . . . . Paris.
Secrétaire : Comte A. D'ELVA . . 40, rue des Mathurins, Paris.
        Cotisation : 30 et 60 Francs.

Chien de Montembœuf.

La race de Montembœuf est une variété de la grande race de Saintonge dont la structure et le poids sont plus considérables; son poil est aussi légèrement plus long et plus gros.

« NESTOR »
appartenant au Comte H. DE MONTAL, Haut Boulay.
(Gravure extraite du Journal *L'Eleveur*.)

Clôtures de Chenils

Chenil de 1m85 de largeur, 1m85 de profondeur, composé de 3 grillages de 1m80 de hauteur, 1 porte avec serrure et penture. . . . 100 francs.

3° Avec tous les barreaux à pleine hauteur.

ÉPAISSEUR DES BARRES	ÉCARTEMENT	HAUTEUR
10 millim.	5 cent.	1m80

PRIX : **15** francs le mètre courant.
Porte de 60 cent. de largeur, avec serrures, etc. . **30 fr.**

Chenils avec habitations à adosser au mur

Hauteur à la corniche 1m80, au faîte 2m10. Chaque habitation est de 1m20×1m20 et a une cour de 1m20×1m20 pourvue d'une couchette de jour et de nuit se repliant, d'un plancher à claire-voie à l'intérieur, de la mangeoire mobile dans le grillage, de gouttières et conduites d'eau en fonte et d'une toiture en tôle onculée et galvanisée.

Une habitation et cour sans couloir, **195 fr.**, avec couloir de 0m75, **250 fr.**

2 habit. et cour sans coul., fr. **325**
avec couloir de 0m75, fr. **425**
3 hab. et c. sans coul. fr. **475**
avec coul. de 0m75, fr. **625**

Ces chenils peuvent être cloisonnés derrière, de manière à ne devoir s'adosser à un mur, moyennant un supplément par habitation de 30 fr.

Planchers à claire-voie pour cour, par cour 25 fr.

CHENILS, installation complète et accessoires
Articles et installations d'écuries et sellerie
MACHINES AGRICOLES ET HORTICOLES
APPAREILS DE LAVAGE
Poulaillers, Faisanderies et Volières

DEVIS ET RENSEIGNEMENTS SUR DEMANDE

Ces grillages sont d'une construction simple, de manière à pouvoir être montés par n'importe qui, le tout étant assemblé par quelques boulons. Les panneaux ont généralement 1m85 de long, mais peuvent se faire à toutes dimensions, et en deux types.
1° Comme le modèle représenté ci-dessus;

G. Duchamps, 47, rue du Chœur, aboutissant boulevard Léopold II, Molenbeek, Bruxelles

Plancher à claire-voie pour chenils, **10 fr.** le mètre carré

	LONGUEUR	LARGEUR	HAUTEUR	fr.
Pour terriers	2m40	1m05	1m20	**175**
» retrievers	2m85	1m20	1m50	» **225**
» mastiffs	3m50	1m50	1m65	» **300**

La mangeoire réversible dans le grillage est comprise dans les prix ci-dessus; elle peut être adaptée aux grillages de la vignette précédente au prix de 15 francs.

Mangeoires inversibles en fonte émaillée

N° 1 de 21 centimètres de diamètre et 8 centimètres de profondeur . . . fr. **6.50**
N° 2 de 24   »   »   12   »   . . . » **10.00**

Chenils couverts

La niche et l'abri sont cloisonnés au fond de manière à pouvoir se placer sans être adossés à un mur; la toiture est en tôle galvanisée et ondulée. La niche a 0m75 de hauteur et son couvercle, mobile pour en faciliter l'accès, forme une couchette pour le chien.

NICHES DÉMONTABLES

Toutes les parties en sont aisément accessibles pour le nettoyage, ce qui est d'une grande importance, le panneau de devant s'ouvrant entièrement. L'entrée, munie d'une cloison intérieure mobile, en fait un abri sec et chaud par tous les temps. Le banc qui se glisse sous la niche lorsqu'on ne veut pas en faire usage, est une ajoute importante qui augmente le confort du chien.

N° 1 pour terriers   0m75×0m40×0m75   fr. **40**
N° 2 » retrievers   1m05×0m70×1m00   » **65**
N° 3 » mastiffs   1m35×0m80×1m35   » **100**

Mangeoire à deux compartiments, en tôle galvanisée, fr. **7.50**

« BELISAIRE »
Bâtard de Poitou, appartenant à l'Equipage Dupuytren, Poitou. (Gravure extraite du Journal L'Acclimatation.)

Chiens Courants Bâtards[1].

BATARD ANGLO-VENDÉEN.
BATARD ANGLO-POITEVIN.
BATARD ANGLO-NORMAND.
BATARD ANGLO-SAINTONGEOIS.
BATARD DE VENDÉE.
BATARD DE POITOU.
BATARD NORMAND.
BATARD DE MIOS.
BATARD VENDÉEN-NORMAND.
BATARD ANGEVIN-SAINTONGEOIS.
BATARD NORMAND-SAINTONGEOIS.
BATARD ANGLO-POITEVIN-SAINTONGEOIS.
BATARD POITEVIN-ARTOIS.

---

[1] *Note de l'auteur.* — Les variétés mentionnées ci-dessus n'ont jamais fait l'objet d'une étude spéciale et sont toujours jugées en meute.

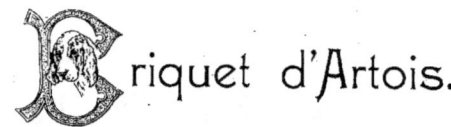riquet d'Artois.

Apparence générale	Chien de petite taille, symétriquement bâti, aux formes assez fortes.
Aptitudes	Chien employé à la chasse du chevreuil et du cerf.
Tête	De bonne longueur, mais sans exagération.
Crâne	Assez long, l'os occipital bien visible.
Stop	La cassure du nez est peu visible.
Museau	Pas trop long et assez carré.
Yeux	Grands, de couleur brun clair ou jaune foncé.
Nez	L'os nasal légèrement arqué, le nez brun foncé, les narines bien ouvertes.
Mâchoires	Fortes et d'égale longueur.
Dents	Fortes et s'adaptant parfaitement.
Oreilles	Larges, longues, attachées bas et bien papillotées.
Cou	Assez court, fort et musculeux.
Épaules	Obliques.
Poitrine	Plutôt large que descendue.
Corps	Symétriquement bâti et pas trop long.
Pattes	Courtes, droites et fortes.
Pieds	Assez ronds, les doigts bien serrés, les soles dures.
Queue	Forte, portée recourbée vers le haut.
Poil	Court et assez gros.
Couleur	Blanc à taches jaunes ou fauves.
Hauteur au garrot	De 40 à 50 centimètres.
Poids	Environ 20 kilogrammes.
Origine	Artésienne.

« FAUBLAS »
appartenant à M. A. Mallary, Doullens. (Gravure extraite du Journal *L'Acclimatation*.)

Briquet d'Ariège.

Apparence générale.	Un chien aux formes solides et de forte ossature, quoique de petite taille.
Tête.	De grandeur moyenne, la peau épaisse et large.
Crâne.	Peu bombé.
Museau.	Large et assez carré.
Yeux.	Couleur brun noisette foncé.
Nez.	Noir ou brun foncé.
Babines.	Épaisses et assez pendantes.
Oreilles.	Longues, larges et papillotées.
Cou.	Fort et musclé.
Épaules.	Obliques et assez longues.
Poitrine.	Suffisamment développée.
Reins.	Forts et musclés.
Cuisses.	Bien charnues et musclées.
Pattes.	Droites, fortes, assez courtes et de bonne ossature.
Pieds.	Petits, assez ronds, doigts courbés, soles dures.
Queue.	Pas trop longue et effilée.
Poil.	Court et assez gros.
Couleur.	Blanc à taches noires ou fauves.
Hauteur au garrot.	Environ 45 centimètres.
Poids.	Les chiens environ 20 kilogrammes; les chiennes sont un peu plus légères.
Origine.	Ariégeoise.

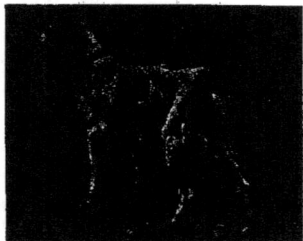

« PRINTANEAU »
appartenant au Comte G. de Vézins, Montauban.

Briquets Français[1].

BRIQUET DE L'ALLIER.
BRIQUET VENDÉEN.
BRIQUET DE FRANCHE-COMTÉ.
BRIQUET BRETON.
BRIQUET DE PORCELAINE.
BRIQUET D'ARMAGNAC.
BRIQUET GASCON-ARIÉGEOIS.
BRIQUET MERLANT.

---

[1] *Note de l'auteur.* — Briquet est un diminutif du mot Braque, quoique le Braque soit un chien d'arrêt et le Briquet un chien courant. Les variétés mentionnées ont à peu près les mêmes points que leurs frères du même nom, mais leur taille est plus petite; aux expositions, elles sont jugées en meute.

Chien Courant Suisse.

Apparence générale ... Chien de moyenne grandeur.
Aptitudes. . . . . . . Chien chassant de préférence le lièvre, mais aussi le renard et le cerf.
Tête . . . . De grandeur moyenne.
Crâne . . . . Large, presque pas bombé, bien séparé du museau, l'os occipital bien développé; une rainure existe entre les yeux et sur le crâne.

« ZIBO VON WALDENBURG »
appartenant à M. E. Thommen, Waldenburg. (Cliché gracieusement prêté par le propriétaire.)

CHIEN COURANT SUISSE.

« DIANA VON THUSIS »
appartenant à M. A. F. Veragut, Thusis. (Gravure extraite du Journal *Zentralblatt*.)

Museau	De bonne longueur, mais pas trop étroit.
Yeux	Grands en comparaison de la taille du chien, placés obliquement, non proéminents, brillants, intelligents et de couleur brun noisette; les paupières bien fermées et serrées.
Nez	Bien développé, noir, brun ou couleur chair, jamais fendu (double nez); le nez couleur chair n'est pas recherché.
Lèvres	Non pendantes.
Oreilles	Écartées de la tête, sans plis, pas attachées trop haut, ni sur toute la largeur, arrondies aux pointes, minces et couvertes d'un poil fin; de longueur moyenne, ne s'étendant pas jusqu'à la pointe du nez; l'oreille doit pendre au dessus des yeux de la largeur d'un doigt au moins. La partie médiane est la plus large.
Voix	Pleine, sonore, pouvant être entendue de loin, sans être criarde.
Cou	Court, fort, porté droit et sans fanons apparents.
Epaules	Obliques.
Poitrine	Profonde et large; côtes pas trop arrondies.
Dos	Assez long, large, paraissant légèrement ensellé à cause de la tête et de la queue qui sont portées haut.

Ventre	Légèrement retroussé.
Pattes de devant	Fortes et musclées, de bonne ossature, bien droites et placées assez écartées l'une de l'autre à cause de la largeur de la poitrine.
Pattes de derrière	Ni trop droites, ni semblables à celles du Lévrier; muscles et doigts bien développés.
Pieds	Petits en proportion du corps; la forme en patte de lièvre est préférée, avec des doigts serrés. Ongles noirs ou de couleur foncée.
Queue	De longueur moyenne, pas attachée profondément, forte, garnie en dessous d'un poil plus long et plus gros sans toutefois former frange et s'effilant vers la pointe. A la chasse et en mouvement le fouet est porté droit vers le haut; au repos, avec une très légère courbe vers le bas.
Poil	Ras, court et très dense; fin et brillant sur la tête, les oreilles, les épaules et les pattes de devant; plus gros et plus long sur le dos et le ventre.
Couleur	Blanc avec de grandes taches orange, jaunes ou rouge brun. Souvent le museau, les épaules et les pattes de devant sont tiquetés de jaune.
Hauteur au garrot	Les chiens ont, de 44 à 54 centimètres et les chiennes de 38 à 48 centimètres.
Poids	Environ 20 kilogrammes.
Origine	Suisse.
Défauts	Tête trop lourde, yeux trop petits, oreilles trop petites, pointues ou attachées trop haut, dos trop long, poitrine étroite, pattes courbées et mauvais pieds.

« ZIBO »
appartenant à M. E. Thommen, Waldenburg. (Gravure extraite du Journal *Zentralblatt*.)

Chien Courant de Thurgau.

Apparence générale	Un chien fort, musclé et compact, de grandeur moyenne, plus petit que la variété précédente.
Aptitudes	Bon chien pour la chasse au renard et au lièvre, ainsi que pour le chamois, le cerf et le sanglier.
Tête	Pas trop grande, elle ne doit être ni trop fine ni trop lourde.
Crâne	Large et peu bombé, l'os occipital légèrement développé.
Stop	La cassure du nez est bien visible.
Museau	De longueur moyenne, pas trop fin.
Yeux	Bruns et intelligents, ni trop enfoncés ni trop proéminents, paupières serrées et bordées de couleur foncée.
Nez	Grand, bien développé, toujours noir, l'os nasal pas enfoncé, mais large.

« ROLLI »
appartenant au Colonel J. von Hegner, Thurgau. (Gravure extraite du Journal *Zentralblatt*.)

CHIEN COURANT DE THURGAU

Lèvres	Pas trop pendantes et toujours noires.
Oreilles	Attachées bien en arrière et papillotées, longues, s'étendant jusqu'à la pointe du nez, arrondies aux pointes, fines, tombant avec un joli pli contre la tête; la partie médiane est la plus large.
Voix	Forte et profonde, sans être criarde.
Cou	Fort et court, la peau assez lâche, sans toutefois former de fanons.
Poitrine	Profonde et large.
Dos	Large, fort, droit et légèrement enfoncé derrière les épaules.
Ventre	Très légèrement relevé.
Pattes	Courtes, droites, fortes et très musclées, doigts bien arqués.
Pieds	Petits et serrés, ongles noirs ou blancs. Les ergots n'ont pas d'importance.
Queue	Très forte et assez longue, ne finissant pas en pointe fine, attachée plutôt profondément, portée recourbée en sabre et bien garnie de poil.
Poil	Ras, dense et un peu dur au toucher, sans lustre; un peu plus long sur le dos et sous la queue; plus court et plus fin sur la tête et les oreilles.
Couleur	Rouge jaune, brun rouge avec des marques blanches sur le front, le cou, la poitrine, les pattes et la pointe de la queue. Une tache noire se trouve souvent sur la queue lorsque la robe est rouge jaune.
Hauteur au garrot	De 40 à 50 centimètres.
Poids	Environ 20 kilogrammes.
Origine	L'Est de la Suisse.
Défauts	Pattes courbées, queue mince et enroulée, oreilles garnies de poil trop long, nez ou lèvres d'une autre couleur que le noir, structure trop fine, robe formée de plus de deux couleurs.

Kynologischer Verein Aarburg.

Chien Courant de Lucerne.

Apparence générale . .	Un chien de grandeur moyenne et de structure assez légère.
Aptitudes	Un chien employé pour la chasse à courre.
Tête	Longue, étroite et fine.
Crâne	Fortement bombé, l'os occipital visible.
Stop	La cassure du nez est peu marquée.
Museau	Long et étroit.
Yeux	Vifs et intelligents, de couleur brun foncé, les paupières noires.
Nez	Noir, bien développé.
Babines	Non pendantes.
Oreilles	Attachées profondément et bien en arrière, étroites et bien plissées à la naissance, longues, pas trop larges, pendant contre la tête sans s'en écarter; recouvertes d'un poil doux et fin, elles doivent s'étendre jusqu'à la pointe du nez; les bouts sont pointus, non arrondis et minces.

« CHASSEUR »
appartenant à M. H. Wunderli, Aussersihl. (Gravure extraite du Journal *Zentralblatt*.)

« DIANE »

appartenant à M. C. F. Boedecker, Wollishofen. (Gravure extraite du Journal *Chasse et Pêche*.)

« WALDI »

appartenant à M. H. Schötteldreyer, Zurich.
(Gravure extraite du *Schweizerisches Hunde-Stammbuch*.)

Voix	Profonde, forte et sonore.
Cou	Léger et long, sans fanons; la nuque arquée et musculeuse.
Épaules	Obliques.
Poitrine	Pas trop large et peu profonde, mais bien bâtie, dénotant l'endurance.
Dos	Droit, pas très large.
Pattes	Longues, droites et sèches, bien musclées; le chien paraît un peu plus haut sur pattes.
Pieds	Bien serrés et petits; ongles toujours noirs.
Queue	De longueur moyenne, recourbée et effilée, sans frange.
Poil	Ras, couché, fin et brillant; plus fin sur la tête et les épaules, plus long sur le ventre.
Couleur	Gris de feu ou bleu tiqueté, avec de grandes taches foncées ou noires; le sous-poil est entièrement truité de noir, avec des marques feu pâle à la tête et aux pattes (pointillé tricolore).
Hauteur au garrot	De 44 à 48 centimètres.
Poids	Environ 20 kilogrammes.
Origine	La Suisse Centrale.
Défauts	Yeux vairons, nez et ongles de couleur claire, tête large, oreilles courtes et larges ou attachées trop haut, pattes courbées et poil long.

« EICH-BELLINE »
appartenant à M. H. Schötteldreyer, Zurich. (Gravure extraite du Journal *Zentralblatt*.)

« DIANA AN DER ISMATT »
appartenant à M. J. Schmid, Ismatt. (Gravure extraite du Journal *Zentralblatt*.)

Schweizerischer Kynologischer Gesellschaft.

A. HAUPT-VEREIN :
Président : J. B. STAUB . . . . Zurich.
Secrétaire : ALB. MULLER . . . . . 20, Zeltweg, Zurich.

B. SECTION ROMANDE :
Président : HOR. BOURDILLON . . . . Genève.
Secrétaire : Baron DE BRANDIS . . . . La Tour, Vevey.

C. SECTION ZURICH :
Président : Dr A. HEIM . . . . Zurich.
Secrétaire : H. PETER . . . . Riesbach.

D. SECTION CHUR :
Président : . . . . Chur.
Secrétaire : J. REUSTLE . . . . Chur.

E. SECTION DAVOS :
Président : J. HELL . . . . Davos.
Secrétaire : Dr TAEUBER . . . . Davos.

Cotisation : 8 Francs.

« EICH-WALDINE »
appartenant à M. R. BINDER Turbenthal. (Gravure extraite du *Schweizerisches Hunde-Stammbuch*.)

Chien Courant de Berne.

Apparence générale	Un chien haut sur pattes, assez long et élégant, aux formes musculeuses.
Aptitudes	Un chien chassant lièvre, renard et sanglier; très vite et endurant.
Tête	Longue, étroite et un peu pincée sur les côtés.
Crâne	Haut, mais pas trop bombé; l'os occipital très développé.
Museau	Très long et fin.
Yeux	Vifs et de couleur foncée, les paupières serrées.
Nez	Noir et bien développé.
Oreilles	Attachées en arrière et pas sur toute la largeur, longues, pas trop larges, plutôt pointues qu'arrondies aux extrémités, papillotées, mais pendant bien contre la tête.
Voix	Profonde et imposante.
Cou	Léger, mais musclé, long, porté élégamment; un peu arqué dans la nuque.
Épaules	Obliques.
Poitrine	Haute, assez large.

« BATEAU »
appartenant à M. C. Burkhard, Genève. (Gravure extraite du Journal *Zentralblatt*.)

« SILVA II » et sa fille « SILVA III »
appartenant à M. A. Thommen, Waldenburg. (Gravure extraite du Journal *Zentralblatt*.)

« LORD »
appartenant à M. H. Schluep, Biel. (Gravure extraite du *Schweizerisches Hunde-Stammbuch*.)

« TIBO »
appartenant à M. T. Imhof, Zurich. (Gravure extraite du *Schweizerisches Hunde-Stammbuch*.)

Dos	Long, étroit, légèrement arqué au dessus des reins.
Ventre	Relevé.
Pattes	Longues, légères, sèches, de fine ossature, très musculeuses, donnant l'apparence de permettre une grande vitesse.
Pieds	Petits, bien serrés, ongles clairs ou foncés.
Queue	Bien attachée, pas trop forte, effilée et sans frange; elle n'est portée ni droite, ni en forme de sabre courbé.
Poil	Ras, court et fin.
Couleur	Toujours tricolore, blanc, noir et brun jaune ou rouge brun (feu). Le fond de la robe est blanc avec de grandes taches noires; le sous-poil est truité de noir; taches feu au dessus des yeux, sur les mâchoires, à l'intérieur des oreilles et sous la queue.
Hauteur au garrot	De 47 à 55 centimètres.
Poids	Environ 22 kilogrammes.
Origine	Du canton de Berne.
Défauts	Structure trop lourde, pattes de devant courtes ou courbées, tête mal formée, oreilles courtes ou inégales, trop de feu à la tête, absence d'une des trois couleurs.

« WALDMANN »
appartenant à M. J. HAAG, Göttigkofen.
(Gravure extraite du Journal *Zentralblatt*.)

« NETTI VON BURGDORF » avec sa nichée
appartenant à M. F. GRIM, Burgdorf. (Gravure extraite du Journal *Zentralblatt*.)

Chien Courant d'Aargau.

Apparence générale	Un chien lourd et fort. (La variété la plus lourde des Chiens courants Suisses.)
Aptitudes	Un chien lent, mais bon à la chasse au lièvre dans un terrain montagneux.
Tête	Imposante et lourde.
Crâne	Large, bien bombé et assez ridé, l'os occipital très développé.
Stop	La cassure entre le crâne et le museau est bien visible. (Importante différence avec les Chiens courants Français.)
Museau	Long et large.
Yeux	Grands et foncés, la paupière inférieure légèrement pendante et laissant voir la conjonctive; le bord des paupières noir. Regard sérieux et mélancolique.

« CARO II »
appartenant à M. X. Sax, Lucerne. (Gravure extraite du Journal *Zentralblatt*.)

Nez	Gros et noir.
Babines	Assez pendantes.
Oreilles	Attachées bien en arrière, profondément et pas trop étroitement; grandes; larges dans la partie médiane, plus étroites aux extrémités, mais toutefois bien arrondies, avec un pli à la partie supérieure, afin de les faire pendre sur toute la largeur, sans être éloignées de la tête; très longues et lourdes, s'étendant jusqu'au nez.
Voix	De hurleur. La voix n'est développée qu'à l'âge de trois ou quatre ans.
Cou	Fort et large, avec des fanons.
Poitrine	Forte et large, bâtie profondément.
Dos	Large, long et droit.
Ventre	Non pendant.
Pattes	Droites, musclées et de forte ossature, souvent garnies d'ergots.
Pieds	Bien serrés, ongles noirs.
Queue	De longueur moyenne, forte, attachée haut, portée droite vers le haut, pas enroulée; garnie en dessous de poils plus longs.
Poil	Ras et couché, plus long à la partie inférieure de la queue.
Couleur	Unicolore jaune brun ou rouge brun, quelquefois avec une selle noire et des marques blanches; rarement noir et feu.
Hauteur au garrot . . .	De 45 à 55 centimètres.
Poids	Environ 26 kilogrammes.
Origine	Du canton d'Aargau.
Défauts	Structure légère, mauvaises oreilles, autres couleurs et tête peu développée.

Kynologischer Verein Aarburg.

Chien Courant du Jura.

« SIBEAU » et « SIBELLE »
appartenant à M. J. Römer, Biel. (Gravure extraite du *Schweizerisches Hunde-Stammbuch*.)

Cette variété du Chien Courant Suisse a les mêmes points que la variété de l'Aargau, mais sa structure est plus légère et sa tête plus fine et plus longue.

« BRUNETTE DE NEUVEVILLE »
appartenant à M. E. Grindraux, Neuveville. (Gravure extraite du *Schweizerisches Hunde-Stammbuch*.)

Chien Courant Tyrolien.

Apparence générale	Un chien ayant beaucoup de ressemblance avec le Chien Courant Suisse; il est plus que probable qu'ils ont la même origine.
Tête	De grandeur moyenne, crâne légèrement bombé, l'os occipital visible.
Museau	De longueur moyenne.
Yeux	Vifs et intelligents, de couleur brune, les paupières serrées.
Nez	Brun ou couleur chair, narines développées.
Oreilles	Attachées en arrière de la tête, légèrement papillotées, longues, dépassant facilement le bout du nez.
Cou	Court et fort.
Corps	Poitrine profonde, dos large et fort, ventre légèrement relevé.
Pattes	Droites et musclées, pas trop longues.
Pieds	Assez petits, soles dures.
Queue	Epaisse à la racine, portée tombante ou légèrement relevée.
Poil	Court et assez dur.
Couleur	Blanche à taches orange.
Hauteur au garrot	Environ 35 centimètres.
Poids	De 18 à 21 kilogrammes.
Origine	Tyrolienne.

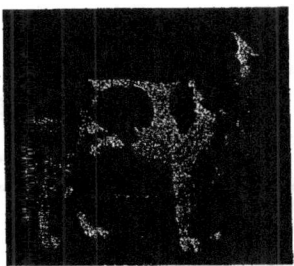

« LUX »
appartenant à M. N. Arnold, Innsbruck.

Trail Hound.

Apparence générale	Un chien de forte structure, aux formes symétriques.
Aptitudes	Un chien courant employé aussi comme Limier; il a une chasse muette.
Tête	De bonne grandeur, crâne arrondi, *stop* peu prononcé, l'os occipital assez développé, museau de bonne longueur.
Yeux	Assez petits et de couleur brune.
Nez	Pointu, narines bien développées.
Oreilles	Attachées en arrière de la tête et bien pendantes contre la tête.
Corps	Cou fort, musclé et long, épaules obliques, poitrine profonde, dos fort, ventre légèrement relevé.
Pattes	Droites, assez longues et bien musclées.
Pieds	Ronds et serrés, doigts arqués; soles dures et bien développées.
Queue	De moyenne longueur, portée plus haut que la ligne du dos.
Poil	Court et dense.
Couleur	Fond blanc avec des taches rouges, brunes ou jaunes.
Hauteur au garrot	De 55 à 60 centimètres.
Poids	Environ 25 kilogrammes.
Origine	Anglaise.

« RULER »
appartenant à M. J. RAYNER, Ambleside. (Gravure extraite du Journal *The Field*.)

Wildbodenhund.

CHIEN COURANT DU WURTEMBERG (1).

Apparence générale	Un chien aux formes assez légères.
Tête	Assez pointue, ayant beaucoup de ressemblance avec la tête du Basset Allemand (Teckel).
Yeux	Pas trop grands et de couleur foncée.
Nez	Noir.
Oreilles	Pas trop longues et assez larges.
Voix	Claire et criarde.

« BRUNO »
appartenant à M. J. U. Glarner, Stachelberg. (Gravure extraite du *Schweizerisches Hunde-Stammbuch*.)

Corps	Bien conformé quoique assez léger.
Pattes	Droites et musclées.
Pieds	Assez ronds et forts.
Poil	Ras.
Couleur	Noir à marques jaune foncé ou unicolore rouge brun.
Hauteur au garrot	Environ 50 centimètres.
Poids	Environ 23 kilogrammes.
Origine	Incertaine.

(1) *Note de l'auteur.* — Son origine n'est pas fixée ; on le trouve aussi bien à droite qu'à gauche du Rhin, mais dans tous les cas, les meilleurs représentants de cette race se trouvent dans le Wurtemberg.

Chien Courant Russe.

KASTROMSKA.

Apparence générale	Vu de loin, il a une grande ressemblance avec le loup; sa course est la même, avec la même allure lourde; l'arrière-train un peu bas comparativement à l'avant-main.
Aptitudes	Nez haut et grande résistance.
Tête	Ressemblant à celle du loup; elle est plus large entre les oreilles qu'au front.
Crâne	Étroit, ressemblant à celui du Lévrier.
Museau	Assez fin.
Yeux	De grandeur moyenne, vifs et luisants, parfois noirs, plus souvent bruns ou jaunes.
Nez	Noir, large et plat, très avancé et très mobile; narines larges.
Dents	Fortement développées et s'adaptant parfaitement.
Oreilles	Petites et pendantes, se retroussant quelquefois quand le chien est irrité.
Voix	Forte et belle.
Cou	Gros, fort et musculeux, avec fanons; celui de la chienne est beaucoup plus mince.
Épaules	Obliques.
Poitrine	Pas très large, mais toujours convexe.
Dos	Légèrement ensellé.
Ventre	Peu relevé.

« SNAPPE », « WIRA », « TUNA », « TREVOGA I », « KAMOK », « STELLA I » et « PILA III »
appartenant au Comte A. P. Hamilton, Ordförande.

Meute de Chiens Courants Russes
appartenant à S. A. I. le Grand Duc George Michaelowitch. (Gravure extraite du Journal *Le Chenil*.)

« WJATKA », « RSJEW » et « KOROTSJA »
appartenant à M. M. de Younker, Saint-Pétersbourg. (Gravure extraite du journal *Le Chenil*.)

« TREVOGA » et « KAMOK I »
appartenant au Comte A. P. Hamilton, Ordförande.

Côtes	En forme de tonneau; descendant à deux doigts des coudes.
Corps	Très développé.
Arrière-train	Large et bien formé, un peu bas comparativement à l'avant-main.
Pattes	Grosses, sèches et musculeuses en comparaison du corps; un peu courtes, faisant paraître le chien bas et long.
Pieds	Très larges, surtout ceux de devant, mais pas du tout plats.
Queue	Courte, grosse à la naissance et mince à l'extrémité; courbée, très roide pendant la chasse; dans une course rapide, elle se place horizontalement.
Poil	S'étendant sur la tête, la poitrine et les pattes, lisse sur le cou et le dos, assez long, très dur, avec une laine courte et molle au dessus des épaules et au cou; la queue ressemble à celle du loup ou du renard.
Couleur	Gris ou noir, avec une laine grise et de grands feux jaunes ou jaune avec un dos rougeâtre et pie avec des taches jaunes et noires sur une laine grise; souvent le cou et la pointe de la queue sont blancs.
Hauteur au garrot	40 centimètres au maximum.
Poids	Environ 24 kilogrammes.
Origine	Tartare.

Société Impériale pour l'encouragement du Sport en Russie.

Chien Courant Suédois.

(SMALANDSK.)

Apparence générale	Chien d'assez petite taille et de bonne ossature.
Aptitudes	Chien employé pour la chasse au renard et au lièvre.
Tête	Assez courte et large.
Crâne	Large.
Museau	Ni trop long, ni trop large.
Yeux	De bonne grandeur, ni enfoncés ni proéminents; de couleur brun noisette.
Nez	Noir, les narines bien ouvertes.
Babines	Peu pendantes.
Oreilles	Courtes et larges, attachées sur toute la largeur.
Cou	Fort et court.
Épaules	Obliques et bien musculeuses.
Poitrine	Assez large.

« STELLA »
appartenant au Frhr K. Hermelin, Näsby.

« TAMBURINI » et « RALLA »
appartenant à M. G. Björkgren, Ervalla. (Gravure extraite du Journal Le Chenil.)

« DIANA »
appartenant à M. F. O. Peterson, Göteborg.

Dos	Droit et musclé, assez large, mais fortement bâti.
Ventre	Légèrement retroussé.
Croupe	Musclée et forte.
Pattes	De moyenne longueur, fortes et droites, de bonne ossature.
Pieds	Courts et ronds, les doigts bien serrés, les soles dures, les ongles foncés.
Queue	Grosse, portée courbée vers le bas.
Poil	Ras, dense, épais et assez dur.
Hauteur au garrot	Environ 50 centimètres.
Poids	Environ 25 kilogrammes.
Origine	Suédoise.

Svenska Kennelklub.

Chien d'Élan.
ELG HUND.

Le Chien d'Élan, plus connu sous le nom de Chien de Norwège, est employé aussi pour la chasse à courre; cette race a été décrite page 276.

Chien Courant de Scandinavie.

Apparence générale	Chien de structure assez basse.
Tête	De grandeur moyenne, plutôt large que longue.
Crâne	Légèrement proéminent.
Museau	Carré.
Yeux	De grandeur moyenne et de couleur brune.
Nez	Noir.
Babines	Légèrement pendantes.
Mâchoires	D'égale longueur.
Oreilles	De moyenne longueur, légèrement plissées.
Cou	Court et fort.
Epaules	Obliques.
Poitrine	Assez large.
Dos	Fort et musculeux.
Cuisses	Assez musclées.
Pattes	Droites, pas trop longues et de bonne ossature.
Pieds	Petits, doigts bien serrés.
Queue	De moyenne longueur, portée gaiement.
Poil	Court et assez gros.
Couleur	Blanc à taches noires et à marques feu.
Hauteur au garrot	Environ 55 centimètres.
Poids	Environ 25 kilogrammes.
Origine	Scandinavienne.

Chiens courants de Scandinavie, d'après un tableau.
(Gravure extraite du *Schweizerisches Hunde-Stammbuch*.)

Norsk Stôfvare.

CHIEN COURANT NORWÉGIEN.

Apparence générale	Un chien assez lourd, mais bien bâti.
Tête	Large et assez massive.
Crâne	Légèrement bombé et large.
Museau	Pas trop court et assez large.
Yeux	De grandeur moyenne et de couleur brune.
Nez	Large, noir, les narines bien ouvertes.
Babines	Assez pendantes et grosses.
Oreilles	Non papillotées, larges et pas trop longues.
Cou	Trapu.
Épaules	Obliques.
Poitrine	Profonde.
Dos	Musclé et droit.
Pattes	Droites et fortes, ossature très forte.
Pieds	Gros, ronds et forts, doigts bien arqués.
Queue	Assez fine en comparaison du corps.
Poil	Ras, dense, pas trop fin.
Couleur	Noir et feu, des taches blanches à la poitrine et aux pieds sont des défauts. Une robe à fond blanc est très peu recherchée.
Hauteur au garrot	Environ 55 centimètres.
Poids	Environ 26 kilogrammes.
Origine	Norwégienne.

« LORD »
appartenant à M. S. Sörensen, Björstad.

« ALARM »

appartenant au Docteur A. TÖRGERSEN, Ris. (Gravure extraite du Journal *Le Chenil*.)

Chien Courant Danois.

(KORSAD.)

Apparence générale	Un chien assez lourd, aux formes assez massives.
Tête	Pas trop longue et assez large.
Crâne	Large et légèrement bombé.
Stop	Peu visible.
Museau	Assez court et carré.
Yeux	De grandeur moyenne et de couleur brune.
Nez	Noir et bien développé.
Joues	Pas trop remplies.
Lèvres	Pendantes, mais sans exagération.
Mâchoires	Fortes et d'égale longueur.
Dents	S'adaptant parfaitement.
Oreilles	Assez courtes, de largeur moyenne et très légèrement plissées; attachées assez en arrière de la tête.
Cou	Court, fort et large.
Epaules	Musculeuses et obliques.

« PANG », « STELLA » et « KLINGA »
appartenant au Comte A. P. Hamilton, Ordförande.

CHIEN COURANT DANOIS.

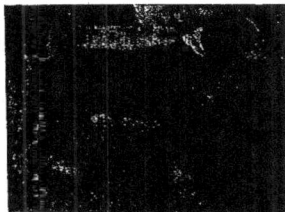

« PEIK »
appartenant à M. R. Ausen, Lewanger.

Poitrine	Assez profonde, mais pas trop descendue entre les pattes.
Dos	Droit, fort et musclé.
Ventre	Légèrement retroussé.
Croupe	Forte.
Pattes	Pas trop longues, fortes et droites, de bonne ossature.
Pieds	Ronds, doigts serrés et arqués.
Queue	De moyenne longueur, pas trop mince.
Poil	Court et pas trop fin.
Couleur	Le tricolore est préféré; quelquefois le noir et le brun sont d'une nuance grisâtre.
Hauteur au garrot	Environ 55 centimètres.
Poids	Environ 26 kilogrammes.
Origine	Danoise.

Dansk Jagtforenings.

Président : J. REEDS THOTT. . . . . Gauno.
Secrétaire : L. JUSTESEN. . . . . Nykjobing.
Cotisation : 10 Krone.

Chien Gris.

(dit de SAINT-LOUIS.)

Apparence générale	Un chien de haute taille et assez haut sur pattes, d'une structure forte et bien symétrique.
Aptitudes	Un chien chassant le cerf et le sanglier.
Tête	Assez longue et bien développée.
Crâne	Large et légèrement bombé.
Stop	La cassure du nez est visible.

Chien gris idéal, d'après le peintre allemand R. STREBEL.
(Gravure extraite du *Schweizerisches Hunde-Stammbuch*.)

Museau	De moyenne longueur, carré et fort.
Yeux	Vifs et intelligents, de couleur foncée; les paupières pas trop serrées.
Nez	Grand et noir, les narines bien développées.
Mâchoires	Fortes et d'égale longueur.
Babines	Arrondies, sans être trop pendantes.
Oreilles	Attachées bien arrière de la tête, longues, minces et bien papillotées.
Voix	Forte et sonore.
Cou	Pas trop long et très musclé.
Épaules	Obliques et musculeuses.
Poitrine	Profonde et spacieuse.
Dos	Fort et large.
Ventre	Légèrement relevé.
Croupe	Puissante et bien musclée.
Pattes	Droites, longues et de bonne ossature; bien placées sous le corps.
Pieds	Ronds et grands, doigts bien arqués, ongles noirs, soles dures et bien développées.
Queue	Grosse et bien couverte de poil.
Poil	Dur et cassé.
Couleur	Gris sur l'échine, marbré de rouge, avec les jambes de la couleur du lièvre ou l'échine tirant sur le noir et les jambes ondées de rouge.
Hauteur au garrot	Environ 60 centimètres.
Poids	Environ 27 kilogrammes.
Origine	Vraisemblablement importé en France de Terre Sainte.

Chien de Bresse.

La race du Chien de Bresse, décrite à la page 73, est aussi employée comme chien courant; elle doit donc être renseignée ici.

Chien Courant Suisse.

(A poil dur.)

Les points du Chien Courant Suisse à poil dur sont conformes à ceux de la variété à poil ras, sauf le

Poil . . . . Demi long, dur et cassé.

« SIBEAU II »
appartenant à M. N. THOMET, Strassacker. (Gravure extraite du Journal *Zentralblatt*.)

Chien de Niam-Niam.

Employé comme chien courant par les indigènes pour la chasse aux gazelles; ce chien est surtout engraissé pour la consommation.

Il est de grandeur moyenne, plutôt petit et de couleur rouge brun; la queue est un des points les plus caractéristiques de cette race encore trop peu connue pour en donner une description complète; cette queue est courte et enroulée aussi serrée que possible sur la hanche, une vraie queue de Carlin.

Le Niam-Niam est originaire de Sandeh.

Chiens de Niam-Niam
(Gravure extraite du Journal *Zentralblatt*.)

Chien de Battak.

Apparence générale	Un chien ayant beaucoup de ressemblance avec le Chow-Chow et le Chien de Poméranie.
Aptitudes	Un chien employé en meute comme chien courant et élevé et engraissé pour la consommation; sa viande tient le milieu entre le veau et le poulet.
Tête	Plus grosse et plus lourde que celle du Chien de Poméranie; à peu près semblable à celle du Chow-Chow.
Crâne	Épais et large; la peau forme des plis au dessus des yeux; au milieu du crâne se trouve une rainure.
Stop	La cassure du nez est presque invisible.
Museau	Bien développé et large; la peau forme, du front au museau, un pli marqué.
Yeux	Placés assez loin l'un de l'autre, de grandeur moyenne et de couleur brun foncé; les paupières bien serrées, le regard est grave, quelquefois sauvage.
Nez	Toujours noir.
Lèvres	Toujours noires, langue rouge, palais noir, gencives et bordure des yeux noires.
Oreilles	Placées loin l'une de l'autre, ouvertes sur le devant et bien garnies de poils; droites, courtes, larges à leur attache; les pointes arrondies.
Cou	Court et fort, fanons légèrement développés.
Epaules	Serrées contre le corps, ce qui gêne le chien pour aller longtemps à une vive allure.
Poitrine	Large.
Dos	Droit, pas trop arqué au dessus des reins.
Ventre	Presque pas relevé.
Cuisses	Musculeuses, sans être trop développées.
Corps	Compact et serré.
Pattes	Courtes, fortes, sèches et musculeuses; celles de devant quelquefois arquées.
Pieds	Petits, ronds, doigts arqués, ongles noirs.

CHIEN DE BATTAK.

« SIAK » et « BLIA »
appartenant à M. J. A. Petersen, Zurich. (Gravure extraite du Journal *Zentralblatt*.)

Queue	Longue et fortement enroulée sur la cuisse droite; si la queue est portée sur la cuisse gauche c'est une preuve de bâtardise.
Poil	Court, plat, dense et légèrement brillant; sur le ventre le poil est moins dense; sur la queue il est plus long.
Couleur	Toutes les couleurs; les couleurs préférées sont l'unicolore rouge jaune et brun gris ou ces nuances bringées; l'unicolore blanc est très rare et les tachetés sont peu recherchés.
Hauteur au garrot	De 35 à 45 centimètres.
Poids	Environ 18 kilogrammes.
Origine	De l'intérieur de Sumatra.

Gladakker.

PARIAH.

Apparence générale	Un chien aux formes légèrement levrettées.
Aptitudes	Un chien employé à la chasse au sanglier.
Tête	De longueur moyenne.
Crâne	Large et bombé.
Museau	Allongé et assez pointu.
Yeux	Assez petits, bruns et placés un peu obliquement dans la tête.
Nez	Noir, pas trop grand et assez pointu.
Babines	Serrées et peu tombantes.

« KUNNING », « SI MEHRA », « BRUANG », « SI PUTTI »
appartenant à M. J. A. Petersen, Zurich. (Gravure extraite du journal *Zentralblatt*.)

Le Pariah idéal, d'après le peintre allemand R. STREBEL.
(Gravure extraite du Journal *Zentralblatt*.)

Oreilles	Droites, placées assez aux côtés de la tête, inclinées vers le devant et de forme pointue.
Cou	Assez long et arqué.
Corps	Épaules obliques, poitrine large et assez descendue, dos droit et fort, ventre assez relevé, côtes arrondies, reins musclés, cuisses assez gigottées.
Pattes	Droites et sèches, de bonne ossature.
Pieds	Ronds, doigts bien courbés, ongles forts.
Queue	Assez courte, portée droite en arrière.
Poil	Court et pas trop fin.
Couleur	Rouge, rouge jaune, jaune grisâtre et blanc avec des taches de ces couleurs.
Hauteur au garrot	Environ 50 centimètres.
Poids	Environ 24 kilogrammes.
Origine	Indes orientales.

Chien des Bédouins.

CHIEN CHACAL.

Apparence générale	Un chien de grandeur moyenne, à l'ossature fine, sans toutefois ressembler au Lévrier, mais ayant beaucoup d'analogie avec le chacal.
Tête	Plutôt petite, crâne bombé sans être large.
Museau	Pas trop long et allant sans cassure vers le crâne.
Yeux	Bruns foncés, placés obliquement dans la tête.
Nez	Noir.
Lèvres	Peu pendantes et assez serrées.
Dents	Bien développées.
Oreilles	Grandes et droites, assez pointues et très mobiles.
Cou	De bonne longueur et arqué.
Épaules	Obliques.
Poitrine	Assez profonde et de bonne largeur.
Dos	Fort, large et droit.
Ventre	Peu relevé.
Pattes	Droites et d'ossature fine.
Pieds	Petits et ronds.
Queue	Longue et droite, légèrement relevée vers le milieu, mais jamais enroulée.
Poil	Plat, plutôt long que court; plus long sur les épaules et le dos.
Couleur	Jaunâtre.
Hauteur au garrot	Environ 55 centimètres.
Poids	Environ 24 kilogrammes.
Origine	Africaine.

Chiens Chacal ou Chiens des Bédouins
appartenant à M. U. Eggenschwiler, Zurich. (Gravure extraite du Journal *Zentralblatt*.)

Limier Français.

Un nom qui n'indique pas une race définie; comme limiers sont employés toutes sortes de chiens courants n'ayant plus assez de fond pour suivre la bête; l'on choisit le meilleur et le plus vieux de la meute.

Comme l'indiquent les gravures, le sang du Chien de Saint-Hubert, du Bloodhound, du Griffon, des Chiens de Gascogne et de Saintonge s'y rencontrent.

Limiers pour loups
D'après un tableau de M. Jules Gélibert, Paris.

« CARLISTE »
appartenant à M. L. Dieudonné, Boussac. (Gravure extraite du Journal *Chasse et Pêche*.)

Bayrischer Gebirgs-Schweisshund.

LIMIER BAVAROIS.

Apparence générale	Un chien de taille moyenne ou un peu en dessous, sans être petit; agile et d'ossature légère; pas trop long de corps; l'arrière-train un peu plus haut que l'avant-main; tête portée horizontalement ou légèrement relevée; queue portée horizontalement ou légèrement inclinée vers le bas; regard aimable et sérieux.
Tête	Bien formée.
Crâne	Large, légèrement bombé et pas trop lourd; les arcades sourcilières bien visibles.
Stop	La cassure du nez est visible.
Museau	De longueur moyenne et pas trop étroit.
Yeux	Clairs et bruns foncés, la conjonctive ne doit pas être visible.
Nez	Bien développé, de couleur noire ou chair foncé.
Lèvres	Pas trop débordantes, mais formant un pli à la commissure des lèvres; pas de babines pendantes.
Oreilles	De longueur moyenne, larges et attachées haut, sans plis et arrondies aux pointes.
Cou	Court, fort et sans fanons.
Épaules	Obliques et bien musclées.
Poitrine	Pas trop large, côtes profondes et longues.

« ROSERL »
appartenant à S. A. R. le Prince Léopold de Bavière.

« BURSCH »
appartenant au Baron J. von Karg-Bebenburg, Reichenhall.

Dos	Pas trop long, légèrement renfoncé derrière les épaules, fortement arqué et plus large au dessus des reins.
Ventre	Retroussé vers le derrière.
Croupe	Inclinée obliquement.
Pattes de devant	Plus fortes que celles de derrière, droites et fortes, mais pas grossières.
Pattes de derrière	Bien placées sous le corps, ossature assez forte; jarrets longs, arqués et bien garnis de poil.
Pieds	Pas trop forts, plutôt légers et gracieux; doigts bien fermés; ongles bien développés, arqués et noirs; soles assez fortes, mais grosses et résistantes.
Queue	De bonne longueur, grosse à la naissance et s'effilant vers la pointe, garnie de poil plus long en dessous sans former frange, portée inclinée vers le bas, jamais écourtée.
Poil	Fourni, dense, un peu rude sans brillant; plus fin sur la tête et les oreilles et plus gros sur le ventre.
Couleur	Rouge brun, rouge jaune, jaune d'ocre et souvent jaune froment; sur le dos, la teinte est souvent plus foncée; le museau et les oreilles sont quelquefois teintés de noir.
Hauteur au garrot	Ne dépassant pas 48 à 52 centimètres.
Poids	Environ 24 kilogrammes.
Origine	Bavaroise.
Défauts	Structure trop grande ou trop petite, museau trop pointu, pattes torses, oreilles pointues et avec des plis, pieds de Basset Allemand, queue trop courte, trop longue ou trop poilue, couleur blanche à l'exception d'une petite étoile à la poitrine, marques jaune clair sur la tête et les pattes. Les ergots recherchés par les uns sont plutôt condamnables.

Hannoverscher Schweisshund.

LIMIER HANOVRIEN.

(A) *Forme de Limier* (1).

Apparence générale	Un chien de taille moyenne, d'une structure forte et allongée, un peu plus haut à l'arrière; la tête et la queue sont portées horizontalement ou inclinées vers le bas; expression sérieuse.
Tête	De grosseur moyenne, plutôt lourde que légère.
Crâne	Large, légèrement voûté, occiput assez proéminent.
Front	Légèrement ridé, les arcades sourcilières fortement prononcées et nettement saillantes.
Stop	La cassure du nez remonte vers le front.
Museau	Bien proportionné avec le dessus de la tête; devenant plus étroit ou rentré devant les yeux, coupé droit par devant; vu de profil, l'os nasal paraît légèrement convexe ou presque droit, mais non concave.
Yeux	Clairs, placés en avant, ne montrant pas la conjonctive, d'une expression énergique à cause des sourcils relevés en angle.

« HIRSCHMANN I » et « HAYDÉE »
appartenant au Comte O. DE HARDENBERG, Hanovre.

---

(1) *Note de l'auteur*. — Nommé en allemand Leithundsform.

Limier Hanovrien idéal, d'après le peintre allemand H. Sperling.
Gravure extraite du Journal *Zentralblatt*.)

Nez	Large, noir; le brun rouge est toléré.
Lèvres	Largement tombantes avec un pli marqué aux commissures.
Oreilles	Longues, mais ne s'étendant pas jusqu'à la pointe du nez; très larges, arrondies en dessous, attachées à mi hauteur sur toute leur largeur; pendant sans plis contre la tête; lorsque le chien relève la tête, elles ne doivent pas non plus former de plis.
Voix	Pleine et sonore.
Cou	Long et fort, s'élargissant graduellement vers les épaules; peau de la gorge abondante et lâche sans cependant former de fanons fortement pendants et à grands plis.

« WODAN-KUPFERHUTTE » (Forme de transition)
appartenant au Docteur J. König, Kupferhutte. (Gravure extraite du Journal illustré *Wild und Hund*.)
(Cliché gracieusement prêté par M. Paul Parey, libraire, Berlin.)

« HIRSCHMANN »
appartenant au Comte O. de Hardenberg, Hanovre.

LIMIER HANOVRIEN.

Épaules	Obliques, très détachées et mobiles; muscles bien développés.
Poitrine	Large et profonde.
Dos	Long, légèrement enfoncé derrière les épaules, largement arqué au dessus des reins.
Ventre	Légèrement retroussé.
Croupe	Descendant assez obliquement.
Pattes de devant	Plus fortes que celles de derrière; avant-bras droits ou tout au plus un peu courbés avec de forts muscles; tarses larges et placés bien droits.
Pattes de derrière	Cuisses modérément développées; jarrets longs et pas trop droits; tarses presque droits, tournés ni en dehors, ni en dedans.
Pieds	Durs, ronds, avec des doigts arqués et serrés; ongles forts, courbés, noirs ou couleur corne; soles grandes et dures.
Queue	Longue, descendant au moins jusqu'à la moitié du tarse, grosse à la racine et s'amincissant graduellement; le dessous est garni d'un poil plus long et plus grossier sans former de frange; portée obliquement vers la terre.
Poil	Serré, fourni, ras et élastique, avec un reflet mat.
Couleur	Gris brun, comme le poil d'hiver du cerf, rouge brun, rouge jaune, jaune fauve foncé, avec une nuance plus foncée sur le museau, les oreilles et autour des yeux, et une raie foncée sur le dos.
Hauteur au garrot	Environ 52 centimètres; les chiennes sont un peu plus petites.
Poids	Environ 24 kilogrammes.
Origine	Hanovrienne.
Défauts	Crâne étroit et haut; museau trop large ou trop effilé; os nasal gardant la même largeur au lieu de devenir plus étroit; oreilles papillotées, trop étroites ou pointues aux extrémités; pattes de devant minces; avant-bras trop courbés; pieds placés comme ceux du Basset Allemand; queue trop courte, trop mince, trop haute ou recourbée; structure trop courte, trop haute ou trop élevée par devant; taches blanches et marques feu ou jaune.

Hannoverscher Schweisshund.

LIMIER HANOVRIEN.

(B) *Forme de Chien de rouge* (1).

Les points de cette variété sont, à quelques exceptions près, les mêmes que pour la variété *A*.

Apparence générale . .	Un chien élancé et d'une structure plus légère.
Tête	Portée plus élevée.
Lèvres	Moins pendantes, aux plis moins accentués.
Oreilles	De longueur moyenne et attachées plus haut.
Dos	Pas ensellé derrière les épaules.
Couleur	Les couleurs bringé foncé et tacheté sont également admises.
Hauteur au garrot . . .	Quelques centimètres de moins.
Poids	Environ 23 kilogrammes.

« SAUL-FUHRBERG »
appartenant à M. J. Voigt, Tührberg.

---

(1) *Note de l'auteur.* — Nommé en allemand Schweisshundsform.

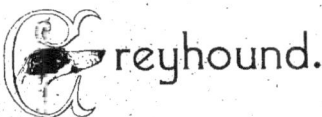reyhound.

LÉVRIER ANGLAIS.

Apparence générale	Un chien aux formes élégantes, sveltes et élancées, aux lignes parfaites, révélant par la vigueur de ses muscles, par la beauté de sa structure et par le feu de son regard, l'élan, l'énergie et l'audace.
Aptitudes	La rapidité et la vitesse.
Tête	Longue et maigre, mais assez large entre les oreilles; le tour de la tête mesure juste au dessus ou juste derrière les oreilles environ 38 centimètres pour un chien de 65 centimètres de hauteur au garrot. La longueur de l'os occipital jusqu'à la pointe du nez doit être d'environ 25 à 27 centimètres.
Yeux	De différentes couleurs, brillants, limpides et ardents.
Nez	Pointu et noir.
Mâchoires	Ne peuvent pas être assez maigres, quoique très musclées.

« SARACINECA »
appartenant à M. J. H. SALTER, Essex. (Gravure extraite du livre *The Dog Owner's Annual*.)

« BARTON ANTICIPATION »
appartenant à Sir Humphrey F. de Trafford, Manchester. (Gravure extraite du Journal *Our Dogs*.)

« HENMORE KING » et « CHIPS »
appartenant à M. C. Hathaway, Enfield.
(Cliché gracieusement prêté par la Société cynégétique *Nimrod*.)

Dents . . . . Solides, blanches et longues, les canines supérieures légèrement arquées, exactement appliquées contre celles de la mâchoire inférieure afin de bien pouvoir tenir le lièvre.

Oreilles . . . . Placées bien en arrière, petites et minces, tombant gracieusement en arrière en formant un pli, laissant voir l'intérieur en dehors. Les oreilles complètement droites ou dressées se rencontrent rarement maintenant et ne sont pas appréciées.

Cou . . . . Souvent comparé à celui du serpent; sa longueur et sa souplesse sont d'une grande importance pour permettre au chien de saisir le lièvre, tout en conservant une allure très rapide. Le dessus est élégamment arqué ou recourbé, le dessous légèrement saillant. Le cou s'élargit graduellement jusqu'aux épaules.

Groupe de Lévriers
appartenant à Sir HUMPHREY F. DE TRAFFORD, Manchester. (Gravure extraite du Journal *Our Dogs*.)

Course de Lévriers

d'après une vieille gravure anglaise. (Gravure extraite du Journal *Le Chenil*.)

« REAL JAM »
appartenant à M. S. Woodwiss, Londres.
(Cliché gracieusement prêté par le *Kennel Club Hollandais Cynophilia*.)

Épaules	Obliques, afin de permettre aux pattes de devant de s'étendre aisément en avant.
Poitrine	Spacieuse et gagnant plutôt en profondeur qu'en largeur, afin de permettre le jeu naturel du cœur et des poumons.
Dos	Large et carré, légèrement arqué, mais nullement pareil au dos arrondi de la Levrette.
Reins	Larges, profonds et forts, muscles bien développés de façon que les flancs, quoique creux, aient un tour assez fort et soient bien relevés (levrettés).
Pattes de devant	De bonne longueur, depuis l'épaule jusqu'au coude et du cou au genou, mais courtes à partir de celui-ci. Les coudes tournés ni en dedans ni en dehors, mais droits, de façon à permettre une action franche. Les muscles servant à l'allongement et à la rétraction des différentes parties des pattes et des épaules doivent être forts et bien développés.
Pattes de derrière	Assez écartées l'une de l'autre; plus longues que celles de devant et courtes du jarret au pied; solides, jarrets bien pliés; la cuisse et la sous-cuisse bien remplies de muscles.

« CHESTNUT WONDER » et « BORDER GIRL »
appartenant à M. S. Woodiwiss, Londres. (D'après un tableau du peintre anglais Mlle Maud Earl.)

« EOS », « TIMOR » et « MISHKA »
appartenant à S. M. la Reine d'Angleterre. (D'après un tableau du peintre anglais G. Morley.)
(Gravure extraite du *Ladies' Kennel Journal*.)

Lévrier Anglais
d'après une vieille gravure anglaise. (Gravure extraite du journal *Le Chenil*.)

Pieds	Ronds, quoique moins que ceux du Foxhound, doigts bien arqués, ongles solides et soles denses et dures.
Queue	Longue, effilée et portée agréablement recourbée.
Poil	Fin, fourni et serré.
Couleur	De peu d'importance; la couleur préférée est l'unicolore noir ou rouge brun et le fauve à masque noir, puis le bringé, le blanc avec taches noires ou bringées; le noir et feu se voit peu; l'unicolore blanc est peu recherché.
Hauteur au garrot	De 63 à 68 centimètres.
Poids	De 25 à 30 kilogrammes.
Origine	Anglaise.

ÉCHELLE DES POINTS.

Tête	10
Cou	10
Avant-main	20
Dos et reins	15
Arrière-train	20
Pieds	15
Queue	5
Poil et couleur	5
TOTAL	100

« FULLERTON »
appartenant au Col. F. NORTH, Eltham.

DE LA MAISON SPRATT'S PATENT LIMITED DE LONDRES.

eerhound.

LÉVRIER ÉCOSSAIS.

Apparence générale	Un chien d'une structure élégante, mais d'ossature plus forte que le Lévrier Anglais.
Aptitudes.	Un chien employé pour la chasse au cerf.
Tête	Longue, large entre les oreilles et se rétrécissant jusqu'au nez; moustaches soyeuses et bien indiquées; beaucoup de barbe.
Crâne	Plutôt aplati que rond, saillant au dessus des yeux sans former de *stop*, bien recouvert de poil assez long et plus soyeux que sur le restant du corps.
Yeux	De grandeur moyenne, foncés, généralement bruns foncés ou noisette. Les yeux clairs ne sont pas appréciés. Au repos, l'expression est douce, mais l'attention du chien vient-elle à être surexcitée, le regard devient attentif et perçant, avec une expression très particulière à cette race. Les paupières sont bordées de noir.

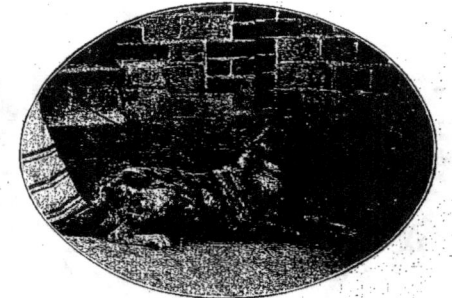

« RUGBY LORNA II »
appartenant à Mme H. Carthew, Chiddingfold.
(Gravure extraite du *Ladies' Kennel Journal*.)

LÉVRIER ÉCOSSAIS. 941

« BEN BRACE »
appartenant à M™e A. Auckland, Dawlish. (Gravure extraite du Journal *Our Dogs*.)

Nez	Pointu et légèrement arqué, noir, quelquefois bleu, suivant la couleur de la robe; il est de préférence noir chez un chien de couleur claire.
Mâchoires	D'égale longueur.
Dents	Fortes, blanches et s'adaptant parfaitement.
Oreilles	Doivent être plantées haut et, au repos, repliées en arrière comme celles du Lévrier Anglais; mais lorsque le chien est excité, elles doivent dépasser le niveau de la tête tout en conservant leur pli. Des oreilles droites, grandes, épaisses, tombant à plat sur la joue, ou trop abondamment frangées sont des défauts. Elles doivent être douces, lustrées, et rappeler au toucher la peau de la souris; plus elles sont petites, mieux cela vaut. Elles ne doivent pas avoir de poil long; quelquefois cependant, elles sont ornées à leurs extrémités d'une légère frange de poil soyeux, mais il en faut le moins possible. Quelle que soit la couleur de la robe, les oreilles doivent être noires ou du moins de teinte foncée.

« BARTON TICK », « SHEILA » et « LORD RANDOLPH »
appartenant à Sir Humphrey F. de Trafford, Manchester. (D'après un tableau du peintre anglais J. Charlton.)
(Gravure extraite du Journal *Our Dogs*.)

LÉVRIER ÉCOSSAIS.

Cou . . . . Fort et long, pas tout à fait aussi long que celui du Lévrier Anglais, car le chien n'a pas besoin de se baisser dans sa course pour saisir le gibier. La nuque est bombée à l'attache de la tête; une gorge proéminente, nettement détachée de la tête, avec abondance de poil long, dur et touffu, est fort à désirer ; cette crinière paraît accourcir la nuque.

« CHAMPION ATHOLE II »
appartenant
à M. W. H. SINGER, Frome.

Épaules . . . . Obliques, omoplates bien placées en arrière avec peu d'espace. Des épaules lourdes et droites sont de grands défauts.

Poitrine . . . . . . Plus profonde que large, et cependant pas trop étroite.

Dos . . . . Légèrement arqué ; un dos complètement droit est plutôt nuisible dans les montées.

Ventre . . . . Retroussé.

« TIGER KING »
appartenant à Mme J. REEVES, Wimbledon. (Gravure extraite du *Ladies' Kennel Journal*.)

Lévrier Écossais
d'après une vieille gravure anglaise. (Gravure extraite du Journal *Le Chenil*.)

« STRATHMORE »
appartenant à Mme H. Edwards, Wellingborough. (Gravure extraite du Journal *Der Hunde-Sport*.)

Reins	Forts et puissants, plutôt en profondeur qu'en largeur à cause de leur conformation arquée.
Hanches	Très écartées et musculeuses.
Croupe	Large, forte et descendue.
Corps	Semblable à celui du Lévrier Anglais, mais de structure plus grande et d'ossature plus forte.
Arrière-train	Aussi large et puissant que possible, car il a besoin d'un effort considérable pour monter au sommet des collines, où il est toujours avantageux de se rendre lorsqu'on veut surprendre le cerf.
Pattes de devant	Aussi droites que possible, larges et plates, plutôt que rondes ; l'avant-bras et le coude forts et larges.
Pattes de derrière	Bien coudées à hauteur des grassets qui sont généralement inclinés en dehors, et par conséquent les jarrets ont une tendance à se rapprocher, conformation assez appréciée car elle permet au chien de jeter facilement les pattes de derrière en avant. Jarrets larges, plats et bien coudés.

« CHAMPION ROBIN GRAY »
appartenant à M. J. Maxwell, Croft-by-Darlington.

« RONA III »
appartenant à M. F. M. Daffern, Coventry.
(Cliché gracieusement prêté par le *Kennel Club Hollandais Cynophilia*.)

LÉVRIER ÉCOSSAIS.

« DRUAMAH »
appartenant à M. J. von Westernhagen, Colmar.
(Réduction d'un spécimen de *Sperling's Rassehundtypen*.)

Pieds	Serrés et compacts, doigts bien arqués.
Queue	Longue, effilée, élastique, plantée très bas et recourbée comme celle du Lévrier Anglais, descendant jusqu'à 4 centimètres de la terre quand elle est tirée verticalement vers le bas; jamais portée plus haut que la ligne du dos ou enroulée. Le dessous de la queue est souvent garni d'une frange presque imperceptible.
Poil	Dur, rude, rugueux, épais et serré sur le corps, le cou et les côtes où il mesure environ 8 à 10 centimètres de longueur; sur la tête, la poitrine et le ventre, le poil est plus doux. Sur la partie postérieure des pattes se trouve une courte frange. Le Lévrier Écossais est un chien poilu, mais sans excès. Un poil laineux ne vaut rien; mieux vaut un poil soyeux mélangé avec le poil dur, celui-ci devant toutefois dominer.
Couleur	L'unicolore gris bleuté foncé (comme le Skye-Terrier) est la couleur préférée; puis viennent le gris clair, foncé et le bringé et en dernier lieu le fauve, le rouge foncé et le jaune à masque et oreilles noires ou foncées. La couleur blanche est à rejeter; on admet à la rigueur une petite tache blanche sur la poitrine, sur l'extrémité des pieds ou à la pointe de la queue.
Hauteur au garrot	Les chiens mesurent de 71 à 76 centimètres et plus, si toutefois la symétrie n'est pas dérangée; les chiennes 66 centimètres et plus sans devenir grossières.
Poids	Chiens, de 38 1/2 à 47 1/2 kilogrammes; chiennes, de 29 à 36 kilogrammes.
Origine	Écossaise.

ÉCHELLE DES POINTS.

Apparence générale	10
Tête	10
Yeux et oreilles	5
Nez et mâchoires	5
Cou	10
Epaules et poitrine	10
Dos	10
Coudes	10
Pattes	7.5
Pieds	7.5
Queue	5
Poil et couleur	10
TOTAL	100

« RUGBY QUEEN »
appartenant à Mme H. Carthew, Chiddingfold. (Gravure extraite du *Ladies' Kennel Journal*.)

Deerhound Club.

Président : H. Singer . . . . Birmingham.
Secrétaire : Maj: Ch. E. Davis, 55, Great Pulteney Street, Bath.
Entrée : 10 Sh.;
Cotisation : £ 1. 1 Sh.

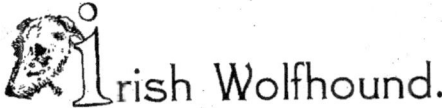rish Wolfhound.

LÉVRIER IRLANDAIS.

Apparence générale	Un chien plus lourd et plus massif que le Lévrier Écossais, auquel il ressemble comme type général; le Lévrier Irlandais est cependant plus léger que le Dogue Allemand. De grande taille et d'aspect imposant, bien musclé, fortement, mais élégamment bâti, aux mouvements aisés et actifs. La tête et le cou portés haut.
Aptitudes	Un chien employé à la chasse au loup.
Tête	Longue, l'os frontal très légèrement relevé.
Crâne	Pas trop large.
Stop	La cassure du nez très légère.
Museau	Long et modérément pointu.
Yeux	De couleur foncée.
Nez	Noir ou bleuâtre.
Oreilles	Petites et portées comme celles du Lévrier Anglais.
Cou	Assez long, très fort et musculeux, bien arqué, sans fanons.
Épaules	Obliques et musculeuses, donnant de la largeur au poitrail.
Poitrine	Profonde et large.
Dos	Plutôt long que court.
Ventre	Bien relevé.
Reins	Arqués.
Cuisses	Musculeuses.
Pattes de devant	Droites et solides, coudes bas, ni rentrés ni écartés, avant-bras musclé.
Pattes de derrière	Longues et fortes, jarrets bien descendus et parfaitement droits.
Pieds	Modérément larges et ronds, ne doivent être tournés ni en dedans ni en dehors, doigts arqués et serrés, ongles solides et courbés.
Queue	Longue et légèrement recourbée, d'épaisseur moyenne et bien couverte de poil.

« HECLA »
appartenant à M. J. Cerfon, Paris. (Gravure extraite du Journal *L'Acclimatation*.)

Poil	Dur et rude sur le corps, les pattes et la tête; particulièrement rugueux au dessus des yeux et sous la mâchoire inférieure.
Couleur	Gris, bringé, rouge, noir, blanc pur, fauve et toutes les nuances du Lévrier Écossais.
Hauteur au garrot	80 centimètres au moins pour les chiens et 70 centimètres au moins pour les chiennes.
Poids	54 kilogrammes pour les chiens et 40 kilogrammes pour les chiennes.
Origine	Irlandaise. (Croisement du Deerhound et du Great Dane?)
Défauts	Tête trop lourde ou trop fine, os frontal trop bombé, oreilles larges ou tombant contre les joues, cou court, fanons, poitrine trop large, dos ensellé ou droit, pattes de devant courbées, pieds tournés, doigts écartés, queue enroulée, arrière-train faible, manque de muscles, corps trop raccourci.

« SCOTT »
appartenant au Capitaine G. Graham, Dursley. (Gravure extraite du Journal *Chasse et Pêche*.)

ÉCHELLE DES POINTS.

Apparence générale	25
Tête, crâne et mâchoires	15
Cou, épaules et poitrine	15
Dos et reins	15
Arrière-train	10
Pattes et pieds	10
Poil et couleur	10
TOTAL	100

Irish Wolfhound Club.

Président : Lord ARTHUR CECIL. . . . . Tunbridge.
Secrétaire : WALTER ALLEN. . . . . . . Rednock, Cardiff.
Cotisation : £ 2. 2 Sh.

Northern Irish Wolfhound Club.

Président : F. N. BIRTILL . . . . Liverpool.
Secrétaire : J. TRAINOR . . . . . . The Albany, Liverpool.
Cotisation : £ 1. 1 Sh.

« MERLIN »
appartenant au Col. J. GARNIER, Taunton. (Gravure extraite du journal *Der Hunde-Sport.*)

arzoi.

LÉVRIER RUSSE (1).

Apparence générale . Un chien d'une élégance de formes et d'une beauté remarquables, démontrées par la structure de la tête, le brillant et le soyeux de son poil et par tout son maintien dénotant la grâce et l'énergie. Le chien est plus haut sur pattes et plus court de dos que la chienne.

« NAJAN »

appartenant à Mme M. Lang, Munich. (Gravure extraite du Journal *Der Hunde-Sport*.)

---

(1) *Note de l'auteur.* — Barzoi ne veut pas dire Lévrier Russe, mais simplement Lévrier ; le nom russe est Psovoï Borzoï.

« KRASOTKA », « ATAMAN » et « PAROSCHAJA »
(D'après un tableau du peintre hollandais O. Eerelman.)

« NAGRAJDAI », « OUDAR », « GOLUB » et « OOSLAD »
appartenant à Mme la Duchesse de Newcastle. (D'après un tableau du peintre anglais J. Emms.)

« KOROTAI », « ZENEITRA » et « PIOLLA »
appartenant à M. J. Kenneth Muir, Wandsworth.
(Reproduit avec l'autorisation spéciale du peintre anglais Mlle MAUD EARL.)

Aptitudes	Un chien employé pour la chasse au loup.
Tête	Cunéiforme, serrée des deux côtés, extraordinairement étroite, avec une légère rainure au milieu, allant du front jusqu'au nez dont les os et les muscles sont visibles.
Crâne	Long, ovale des deux côtés, avec un léger renfoncement à la partie postérieure, finissant par une forte proéminence.
Front	Étroit, proéminent sans exagération.
Stop	La cassure du nez est insignifiante.
Museau	Légèrement arqué, mais sans exagération, long, mince et maigre. L'os nasal forme la continuation de la ligne droite du front avec une dépression presque invisible près du nez.
Yeux	Pleins et de forme oblongue, de couleur foncée avec un regard austère et expressif; paupières bordées de noir.
Nez	Pointu, de couleur noire ou foncée; narines développées.

« DOURACK »
appartenant à M. C. CUVELIER, Tourcoing.

« ZULA »
appartenant à Mme A. MUSGRAVE, Putney. (Gravure extraite du *Ladies' Kennel Journal*.)

« SOKOL »
appartenant à M. H. van Haaren, Nimègue. (Gravure extraite du Journal *The Stock-Keeper*.)
(Cliché gracieusement prêté par le *Kennel Club Hollandais Cynophilia*.)

Groupe de Barzoïs
appartenant au Grand Duc Nicolai Nicolaïevitch de Russie. (Gravure extraite du journal *Le Chiad*.)

« OPROMIOT I »

appartenant à Mme A. Musgrave, Putney. (Gravure extraite du *Ladies' Kennel Journal*.)

Mâchoires	Longues et musclées.
Dents	Fortes et blanches.
Oreilles	Petites, minces et finissant en pointes, pas arrondies, attachées haut et très mobiles; portées en arrière, les pointes se touchant derrière l'os occipital; quand l'attention du chien est éveillée, elles sont quelquefois portées droites comme celles du cheval. Le poil des oreilles est très court, doux comme du satin et ne doit pas former de franges.
Cou	De moyenne longueur, pas aussi long ni aussi droit que celui du Lévrier Anglais, plat sur les côtés. La chienne a le cou plus long et plus mince que le chien.
Epaules	Maigres, plates, l'attache de l'omoplate avec le coude doit être visible.
Poitrine	Ni enfoncée, ni trop proéminente; sa largeur dépend de la position des pattes de derrière. L'avant-main du Lévrier Russe est plus étroite que l'arrière-train. Une poitrine trop large ou trop arquée est un défaut.
Dos	Assez court chez le chien et arqué au milieu sans donner l'apparence d'une bosse, mais pas trop court, pour ne pas gêner les mouvements pendant la course; la chienne a le dos plus long et plus droit, la courbe du dos paraît plus haute qu'elle n'est en réalité, le chien étant plus haut de derrière que de devant. Un renfoncement du dos derrière les épaules ainsi qu'un dos trop étroit ou trop large sont des défauts.

« VELSK » et « WHITE STAR »
appartenant à Mme la Duchesse DE NEWCASTLE, Newcastle.

Ventre	Bien retroussé et disparaissant derrière l'aine.
Aine	Chez le chien aussi petite que possible ; plus longue chez la chienne.
Côtes	Longues, descendant jusqu'aux coudes des pattes de devant, de forme ovale, pas trop rondes et devenant plus petites vers le ventre.
Reins	Longs et larges, un rein court et oblique est un défaut.
Flancs	Forts et tendus au toucher ; plus spacieux chez la chienne que chez le chien.
Hanches	Longues, larges et descendant graduellement.
Cuisses	Bien musclées et descendues.
Croupe	Longue et large, plus descendue chez le chien que chez la chienne.
Corps	Le chien est plus court de corps que la chienne.
Pattes de devant	Droites, ossature plate et pas ronde ; vues de face, assez près l'une de l'autre ; vues de côté, larges à l'épaule et s'amincissant vers les pieds.
Pattes de derrière	Larges, parallèles l'une à l'autre, légèrement inclinées vers les genoux, mais ceux-ci ne doivent pas être proéminents ; jarrets peu arqués. Les pattes sont placées un peu en arrière quand le chien est immobile. Les ergots sont à rejeter.
Muscles	Plats, longs, fermes et élastiques, donnant beaucoup de force propulsive.
Talons	Courts.

« GALUPCHIK », « TCHERKESS II » et « SCHIVOCKA »
appartenant au Jardin d'Acclimatation de Paris. (Gravure extraite du Journal *Le Chenil*.)

Pieds	Longs, doigts serrés, mais non arqués, couverts d'une frange de poil mince et assez long, ongles courts et arqués. La partie inférieure du pied a une forme oblongue. Le chien est plus d'aplomb sur ses ongles que sur ses talons.
Queue . . . . 	Un des points les plus caractéristiques de la race; elle doit être longue, touchant presque la terre, mince; forte à la naissance, elle s'amincit graduellement jusqu'à la pointe; elle est élastique et en forme de faulx. Une queue enroulée ou portée haut sont des défauts. La partie supérieure est garnie d'un poil légèrement bouclé, la partie inférieure d'une frange ondulée.
Poil	Long et soyeux; court, doux et soyeux sur la tête; sur le cou, plus long et un peu bouclé, formant comme un manchon; ondulé sur le dos; plus bouclé sur les cuisses; plus court et droit sur le ventre et la poitrine; les pattes de devant ont sur la partie postérieure une frange de 6 1/2 centimètres jusqu'aux coudes; la frange ondulée de la queue a une longueur de 11 à 14 centimètres. Le poil sur et entre les doigts est droit et assez long (1).

« OPROMIOTE »
appartenant au Grand Duc NICOLAI NICOLAIEVITCH DE RUSSIE.
(Cliché gracieusement prêté par le *Kennel Club Hollandais Cynophilia*.)

---

(1) *Note de l'auteur*. — En Russie, les chiens à poil bouclé sont toujours plus forts et plus grands et sont employés à la chasse du loup, tandis que les chiens à poil plus ondulé sont plus légers et sont employés à la chasse du lièvre.

LÉVRIER RUSSE.

Couleur	Unicolore blanc, ou blanc avec des petites taches jaunes, orange, gris clair ou bleu pâle. Une robe noire ou des taches noires, ou noir et feu sont des défauts.
Hauteur au garrot	Pour le chiens 70 à 90 centimètres; pour les chiennes 65 à 75 centimètres.
Poids	Les chiens, de 35 à 45 kilogrammes et les chiennes, de 30 à 40 kilogrammes.
Origine	Russe.
Défauts	Tête trop courte ou trop grosse, yeux clairs ou placés trop loin l'un de l'autre, cassure du nez trop prononcée, nez couleur chair, oreilles trop grandes ou trop lourdes, épaules surchargées, poitrine trop large, dos enfoncé derrière les épaules, coudes des pattes de derrière tournés en dehors, queue enroulée, poil dur et gros et couleurs foncées (1).

« ATAMAN » et « MALAKOFF »
d'après un tableau du peintre hollandais O. Eerelman. (Gravure extraite de *Elsevier's Geïllustreerd Maandschrift*.)

(1) *Note de l'auteur.* — Ces points sont ceux fixés en Russie. Le Club Anglais tolère aussi la couleur noire, quoiqu'elle soit une preuve de bâtardise.

« CHAMPION OOSLAD »
appartenant à Mme la Duchesse de Newcastle, Newcastle.
(Cliché gracieusement prêté par M. J. de Virieux van Heyst, Apeldoorn.)

ÉCHELLE DES POINTS (1).

Apparence générale	15
Tête et museau	15
Yeux et oreilles	10
Cou et poitrine	10
Dos et reins	15
Côtes	5
Cuisses et talons	10
Pattes et pieds	10
Queue	5
Poil	5
TOTAL	100

« TSARITSA », « CH. VIKHRA » et « CH. MILKA »
appartenant à Mme la Duchesse DE NEWCASTLE, Newcastle.

---

(1) *Note de l'auteur.* — Cette échelle des points est adoptée en Angleterre; en Russie, on ne juge pas d'après des points numériques.

Barzoï-Club (HOLLANDAIS).

Présidente d'honneur : Mme la Duchesse DE NEWCASTLE, Newcastle.
Président : L. R. J. DOBBELMANN . . . . Rotterdam.
Secrétaire : Dr A. J. J. KLOPPERT . . Amstel Villa, Hilversum.
    Cotisation : 3 et 7.50 Florins.

Barzoï-Club (ANGLAIS).

Président d'honneur : Duc DE NEWCASTLE . . . . Newcastle.
Président : Dr A. BRADLEY . . . . Londres.
Secrétaire : W. TAYLOR . . . . . 104, Bold Street, Liverpool.
    Cotisation : £ 1. 1 Sh.

Barzoï-Klub (ALLEMAND).

Président : Dr J. PIEPER . . . . Berlin.
Secrétaire : CARL SCHIRMER . . . . . . Friedenau, Berlin.
    Cotisation : 15 Mark.

Klub für Langhaarige Russische Windhunde.

Président : E. VON OTTO KRECKWITZ . . . . . . Munich.
Secrétaire : J. KRAUS . . . . Marziried, Bavière.
    Cotisation : 10 Mark.

Lévrier Hongrois.

Comparé au Lévrier Anglais, il n'est pas aussi bien bâti, souvent plus haut sur pattes; il a le dos plus court et la poitrine trop pincée; les mâchoires sont plus courtes, tandis que la cassure du nez est assez visible; les oreilles et la queue sont mal portées; la queue est même souvent frangée.

« TALPRA MAGYAR » et « NEM SZABAD »
appartenant à M. H. P. Sieber, Schloss Berg. (Gravure extraite du livre *Windhunde*.)

Lévrier de Crimée.

Apparence générale	Un chien aux formes élancées.
Tête	Longue, quoique moins sèche que celle du Lévrier Russe.
Crâne	Légèrement bombé.
Stop	La cassure du nez est très visible.
Yeux	Ronds et de couleur foncée.
Nez	Noir et pointu.
Oreilles	Longues et pendantes, plus ou moins pointues, couvertes de long poil.
Cou	Droit et long.
Poitrine	Plutôt large qu'étroite.
Dos	Toujours droit, jamais arqué, souvent cassé au milieu.
Côtes	Très arquées, mais un peu courtes.
Pattes	Sèches; celles de derrière, très éloignées l'une de l'autre à cause de la largeur de la croupe, muscles ronds et très prononcés.
Pieds	Assez longs.
Queue	Un peu courte et très arquée au bout.
Poil	Demi long et soyeux, formant une frange plus ou moins longue aux hanches et à la queue.
Couleur	Noir, noir et feu, noir et gris et jaune rouge à masque noir avec ou sans blanc.
Hauteur au garrot	Environ 70 centimètres.
Poids	Environ 40 kilogrammes.
Origine	De Crimée.

« IGROUCHKA »
appartenant à M. S. Ochotnikoff, Moscou. (Gravure extraite du journal *Le Chenil*.)

Lévrier Circassien.

Apparence générale	Un chien dont la structure est une transition entre le Lévrier Russe et le Lévrier de Crimée.
Tête	Sèche, allongée et régulière de forme.
Crâne	Etroit, la protubérance occipitale assez accentuée.
Stop	Assez visible, mais sans exagération, tenant le milieu entre celui du Lévrier de Crimée et celui du Lévrier Russe.
Yeux	Assez grands, ronds et de couleur brune.
Nez	Pointu et de couleur noire.
Oreilles	Attachées plus bas que celles du Lévrier Russe, pointues aux pointes, fines et couvertes de long poil ondulé.
Cou	Long et droit.
Epaules	Obliques.
Poitrine	Assez large.
Ventre	Retroussé vers l'arrière.
Pattes	Extrêmement solides, quoique sèches, droites et les jarrets arqués.
Pieds	Allongés.
Queue	De longueur moyenne et portée comme celle du Lévrier Russe.
Poil	Demi long et soyeux, plus long sur les oreilles, les hanches et la queue.
Couleur	Noir, noir et feu, noir et gris, et jaune à masque noir; taches ou marques blanches peu recherchées.
Hauteur au garrot	Environ 75 centimètres.
Poids	Environ 42 kilogrammes.
Origine	Circassienne.

« NASMECHNIK »
appartenant à M. J. Jixareff, Moscou. (Gravure extraite du Journal *Le Chenil*.)

Lévrier des Baléares.

CHARNIGUE.

Apparence générale	Un chien aux formes assez élancées, mais pas élégantes.
Aptitudes	Mauvais chien de chasse et d'un dressage des plus difficiles; il est hargneux, méchant et peu intelligent; il chasse pour son propre compte.
Tête	Plus massive et moins distinguée s'il est possible que celle du Lévrier Anglais, jamais busquée.
Crâne	Légèrement bombé.
Front	Etroit et long.
Museau	Long, rond, jamais busqué.
Yeux	Oblongs, placés obliquement dans la tête, de couleur brun doré et au regard faux.
Nez	Plus gros et moins pointu que celui du Lévrier Anglais; couleur du poil.
Mâchoires	Longues et fortes.
Oreilles	Droites, pointues, plantées haut, les pointes tournées vers l'extérieur; très mobiles et recouvertes de poil très fin.
Voix	Criarde.
Cou	Droit, jamais arqué.
Épaules	Très longues, très obliques et peu sorties.
Poitrine	Etroite et peu descendue.
Dos	Droit et assez court.
Ventre	Assez relevé.
Côtes	Très saillantes, surtout les fausses côtes.
Ossature	Tous les os du Lévrier des Baléares sont saillants; c'est un chien qui est toujours maigre.
Reins	Robustes, courts et un peu arqués.
Cuisses	Longues, plates et bien musclées, sans poil à l'intérieur.
Pattes	Longues et fines, jarrets très bas et droits.
Pieds	Allongés.
Queue	Longue, pendante au repos; en action, portée en trompette et retombant un peu sur le côté.
Poil	Court, dur, plus long sur le dos, le cou et la queue.
Couleur	Fauve rouge, s'éclaircissant sous le ventre et au poitrail, ou fauve avec des taches blanches.
Hauteur au garrot	Environ 65 centimètres.
Poids	Environ 35 kilogrammes.
Origine	Probablement un croisement du Lévrier d'Afrique avec un chien quelconque de Provence.

« PISTON »
appartenant à M. B. Samat, Marseille. (Gravure extraite du Journal *L'Acclimatation*.)

Lévriers des Baléares idéaux, d'après le peintre français P. Mahler.
(Gravure extraite du journal *Le Chenil*.)

Lévrier Arabe.

SLOUGHI.

Apparence générale	Un chien ayant l'apparence du Lévrier Anglais sans être aussi effilé de formes.
Aptitudes	Un chien employé à la chasse de la gazelle.
Tête	Longue.
Crâne	Assez plat.
Front	Large.
Stop	La cassure du nez est à peine visible.
Museau	Effilé et long.
Yeux	Assez petits, de couleur brun d'ambre, regard doux, paupières bordées de noir.
Nez	Noir et pointu.
Lèvres	Serrées et noires.

Lévriers Arabe et Persan idéaux, d'après le peintre suisse J. PETERSEN.
(Gravure extraite du livre *Windhunde*.)

« PIPO »
appartenant à M. A. DEMESOIN, Coulommiers. (Gravure extraite du journal *L'Acclimatation*.)

LÉVRIER ARABE.

Mâchoires	Longues et fortes, palais noir.
Dents	Fortes et blanches.
Oreilles	Courtes et rejetées en arrière dans la nuque.
Cou	Musculeux.
Épaules	Obliques et musclées.
Poitrine	Très descendue.
Dos	Droit, légèrement arqué au dessus des reins.
Ventre	Très retroussé.
Reins	Forts, profonds et larges, muscles bien développés.
Flancs	Bien relevés.
Croupe	Développée et musclée.
Pattes	Droites, de bonne longueur, solides, jarrets bien pliés et près de terre.
Pieds	Allongés, doigts bien arqués, ongles solides; les soles sèches et peu développées.
Queue	Assez longue, effilée et portée tombante avec une légère courbe, sans frange ou poil long.
Poil	Ras et fourni.
Couleur	Unicolore fauve chevreuil ou café au lait; la tête est d'une nuance plus foncée.
Hauteur au garrot	De 65 à 75 centimètres.
Poids	Environ 32 kilogrammes.
Origine	Arabe.

Lévrier du Soudan.

Apparence générale	Un chien d'une structure légère, quoique forte.
Tête	Longue, sans être trop sèche.
Crâne	Légèrement bombé; l'os occipital n'est pas proéminent.
Front	Fuyant.
Stop	La cassure du nez n'est pas visible.
Museau	Long, sans être trop effilé.
Yeux	Petits et de couleur brune.
Nez	Pas trop développé, de couleur claire.
Mâchoires	Fortes et bien musclées.
Oreilles	Placées haut sur la tête, droites et assez larges.
Cou	Assez long et arqué.
Épaules	Obliques et fortes.
Poitrine	Assez basse et spacieuse.
Dos	Arqué.
Ventre	Bien retroussé.
Avant-main	Légèrement plus basse que l'arrière-train.
Pattes	Droites et fortes, jarrets bien descendus.
Pieds	Assez allongés.
Queue	De longueur moyenne, effilée et garnie en dessous de poil un peu plus long que sur le corps, mais sans former de frange.
Poil	Rude et plutôt demi long que ras, surtout sur la ligne médiane du cou, du dos et sous la queue.
Couleur	Pie roux et blanc.
Hauteur au garrot	Environ 70 centimètres.
Poids	Environ 30 kilogrammes.
Origine	Soudanaise.

« MŒRIS »

appartenant au Marquis J. d'Assereto, Bourdelau. (Gravure extraite du Journal *L'Éleveur*.)

# évrier Persan.

TAZI.

Apparence générale	Un chien aux formes délicates et gracieuses.
Aptitudes	Un chien employé à la chasse de la gazelle et de l'antilope.
Tête	Fine, légère, sèche et osseuse.
Crâne	Long et très légèrement arrondi, os occipital peu marqué.
Stop	La cassure du nez est visible.
Yeux	Doux, vrais yeux de gazelle.
Nez	Pointu et noir.
Oreilles	Tombantes, longues, bien frangées de long poil soyeux et légèrement ondulé.
Cou	Gracieux et élancé.
Épaules	Obliques et maigres.
Poitrine	Plutôt profonde que large.
Dos	Assez droit.
Ventre	Bien retroussé.
Musculature	Moins développée que celle du Lévrier Anglais.
Croupe	Très tombante.
Pattes	Fines, droites, sèches et nerveuses, coudes bas, jarrets obliques et longs.
Pieds	Allongés, doigs arqués.
Queue	De longueur moyenne, portée pendante et en forme de sabre.
Poil	Ras, court et très doux, à l'exception des oreilles et de la queue qui sont frangées de longs poils soyeux.
Couleur	Unicolore noir et les différentes nuances du fauve; quelquefois blanc sale.
Hauteur au garrot	De 55 à 60 centimètres.
Poids	Environ 26 kilogrammes.
Origine	Persane.

« MESJED »
appartenant à M. J. Ispaham, Téhéran. (Gravure extraite du Journal *L'Acclimatation*.)

« KUVA » et « GRUMISCH »

appartenant au Jardin d'Acclimatation de Paris. (Gravure extraite du livre *Der Rassen des Hundes*.)

ÉCHELLE DES POINTS.

Apparence générale	20
Tête	10
Yeux	5
Oreilles	5
Cou	5
Épaules et poitrine	10
Dos et reins	10
Arrière-train	10
Pattes et pieds	10
Queue	5
Poil et couleur	10
TOTAL	100

Lévrier Brésilien.

Apparence générale	Un chien de taille moyenne, plutôt petit que grand, d'une structure assez grossière pour un Lévrier.
Aptitudes	Un chien employé à la chasse au cerf.
Tête	Pointue et effilée, le crâne plus bombé que chez les autres sortes de Lévriers, *stop* visible.
Yeux	Couleur noisette, ressemblant aux yeux de gazelles.
Nez	Pointu et de couleur brune.
Oreilles	Grandes et droites, assez pointues.
Cou	Fort.
Corps	Epaules obliques, poitrine très profonde, dos long, ventre bien retroussé, cuisses fortes et musculeuses.
Pattes	Droites et assez longues.
Pieds	Longs.
Queue	Longue et mince.
Poil	Court et fin.
Couleur	Couleur de daim ou gris souris, mais sans taches.
Hauteur au garrot	Environ 50 centimètres.
Poids	Environ 15 kilogrammes.
Origine	Brésilienne.

« PLANDA », « LISTO » et FLORA »
appartenant à M. H. Mayer, Vienne. (Gravure extraite du Journal *Wild und Hund*)

No. 120. RANGE OF ORNAMENTAL DOG KENNELS AND COVERED RUNS

REGISTERED DESIGN, No. 209,430.

Cash Price.

Four Kennels and Runs (as illustrated), each house 6 ft. by 5 ft., and each run 8 ft. by 5 ft. ... Liv. st. 5£ 10 0

No. 100. LEAN TO COMPOSITE KENNEL

REGISTERED COPYRIGHT.

Cash Prices.

Fox terriers	...	Liv. st. 3 0 0
For Retrievers and Spaniels	...	5 10 0
For St. Bernards and Mastiffs	...	6 10 0

Wood Batten Floor, 10/-, 15/-, & 21/-.

No. 90. ENCLOSURE FOR DOGS

REGISTERED COPYRIGHT.

Cash Prices.

6 ft. long, 6 ft. wide, 5 ft. high.		Liv. st. 2 12 6
6 ft. " 6 ft. " 6 ft. "		3 2 6
8 ft. " 8 ft. " 5 ft. "		3 7 6
8 ft. " 8 ft. " 6 ft. "		3 17 0

Including Gate.
Revolving Trough, fitted to Railing, 5/- extra.
The Bars can be carried through the top railing.

No. 93. REGISTERED DOG KENNEL

BED ALWAYS DRY.

TERRIER SIZE.
Registered No. 80,356

Cash Prices, including Registered Sliding Bench:

For Terriers	...	Liv. st. 1 10 0
For Collies, Spaniels, or Retrievers		1 12 0
For St. Bernards or Mastiffs		2 15 0

Trough, 3s. extra.

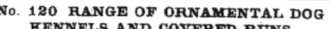

BOULTON & PAUL
MANUFACTURERS
NORWICH

The original makers of kennel and poultry appliances.

Portable artistic wood and iron buildings for leasehold property.

Gentlemen's residences, cottages, shooting and fishing boxes, stables, coach houses, etc. Game larders, shepherds' huts, and portable iron buildings of every description.

School Houses, Churches, Mission Rooms, etc. Artistic Wooden Summer Houses, Porches, Verandahs, Bungalows, etc.

Estimates and Specifications Free.
Send for Illustrated catalogue free on application.

No. 121. RANGE OF DOG KENNELS AND COVERED RUNS

REGISTERED DESIGN, No. 209,451.

Cash Prices.

Four Kennels and Runs (as illustrated), each house 6 ft. by 5 ft., and each run 8 ft. by 5 ft. ... Liv. st. 39 15 0
Two Kennels and Runs, each house 6 ft. by 5 ft., and each run 8 ft. by 5 ft. ... 22 0 0
One Kennel and Run, house 6 ft. by 5 ft. and run 8 ft. by 5 ft. ... 12 0 0

Prices of larger sizes on application.

WROUGHT-IRON KENNEL RAILING

No. 2 Pattern, to fix on Stone or Brick Wall.

Reduced Cash Prices.

	High—4 ft.	5 ft.	6 ft.
	s. d.	s. d.	s. d.
With 3/8-in. vertical bars, spaced 2 in. apart ... per yd.	5 4	6 8	7 6
With 1/2-in. vertical bars, spaced 2 1/2 in. apart. ... per yd.	6 0	7 6	9 0
With 5/8-in. vertical bars, spaced 3 in. apart. ... per yd.	9 0	11 0	13 6
Single Gate (as shown above) with padlock ... each	18 6	20 6	22 6
Cast-iron Coping for 4 1/2-in. wall, 9 6 per yard.			
" " 9 in. " 5 6 "			

COMPOSITE KENNELS THE CHAIN DISPENSED WITH

REGISTERED COPYRIGHT.

Reduced Cash Prices.

No. 81. Double House and Yards for Mastiffs and St. Bernards (as illustrated above), 12 ft. long, 10 ft. wide, 5 ft. 6 in. high. ... Liv. st. 15 0 0
Single House and Yard, 12 ft. long, 5 ft. wide ... 7 15 0
Corrugated Crimped Sheet Iron around runs of No. 80 Kennel, 16/- per Kennel extra.
Galvanized Crimped Sheet Iron around runs of No. 80 Kennel, 18 in. high, as a protection from draught, 10/- each Kennel extra.

REGISTERED COPYRIGHT.

Reduced Cash Prices.

No. 80. Single House and Yard for Terriers, 8 ft. long, 3 ft. 6 in. wide, 4 ft. high. ... Liv. st. 4 10 0

No 122. RANGE OF IMPROVED KENNELS, WITH RUNS, FOR TERRIERS

REGISTERED DESIGN, No. 237,002.

Front View.

Cash Prices.

Six Kennels and Runs, each kennel 4 ft. by 2 ft. 9 in., and each run 6 ft. by 4 ft. ... 21 0 0
Four Kennels and Runs (as illustrated), each kennel 4 ft. by 2 ft. 9 in., and each run 6 ft. by 4 ft. ... Liv. st. 14 10 0
Two Kennels and Runs, each kennel 4 ft. by 2 ft. 9 in. and each run 6 ft. by 4 ft. ... 7 10 0

Carriage paid to Rotterdam or Antwerp on orders of 40/- and upwards.

Lévrier Kurde.

L'apparence générale et la structure de ce chien ont beaucoup de ressemblance avec celles du Lévrier Russe. Les points sont les mêmes que ceux de cette dernière race, sauf :

Tête	Moins longue et décharnée, bien couverte de poil long comme sur le corps, tombant au dessus des yeux et formant des moustaches.
Oreilles	Pendantes et bien couvertes de poil demi dur.
Poil	Plutôt laineux que soyeux, long, assez dur, fourré et souvent enchevêtré.
Couleur	Blanc ou jaune sale.
Hauteur au garrot . . .	Environ 75 centimètres.
Poids	Environ 38 kilogrammes.
Origine	Kurde (Kurdistan).

« TAURUS »

appartenant au Jardin d'Acclimatation de Paris.

Lévrier de Tartarie.

Apparence générale	Un chien de grande taille, aux formes élégantes et gracieuses.
Tête	Longue et sèche, comme celle du Lévrier Russe, mais le crâne est moins étroit.
Museau	Long, mince et pointu.
Yeux	Vifs, de forme oblongue et de couleur foncée.
Nez	Noir et très pointu.
Oreilles	Attachées aussi haut que possible, portées presque droites, jamais couchées ou cachées en arrière de la tête.
Cou	Long et gracieux.
Corps	Épaules maigres et obliques, poitrine bien descendue, dos long et légèrement arqué au dessus des reins, ventre bien relevé, côtes longues, croupe large, longue et bien descendue.
Pattes	Droites, fines et nerveuses.
Pieds	Très allongés.
Queue	Garnie de poil très long et formant un immense panache.
Poil	Long, assez dur et rude.
Couleur	Blanc avec des taches brunes ou fauve clair.
Hauteur au garrot	Environ 80 centimètres.
Poids	Environ 40 kilogrammes.
Origine	Tartare.

« ADAR »

appartenant à M⸰ᵉ Bouhus, née d'Hoffschmidt, Bruxelles. (Gravure extraite du Journal *Chasse et Pêche*.)

Lévrier d'Anatolie.

Les points sont conformes à ceux fixés pour le Lévrier Circassien, sauf :

Queue . . . . Extrêmement courte; sa longueur est de 5 à 15 centimètres environ.

Lévrier Courlandais.

Race à peu près éteinte, ayant beaucoup de ressemblance avec le Lévrier Écossais, mais portant les couleurs du Lévrier Circassien.

Lévrier Polonais.

Ayant beaucoup de ressemblance avec le Lévrier Anglais, mais aux formes moins élégantes; il est plus grand et plus grossier, moins distingué, le poil est plus long et plus rude.

Lévrier d'Albanie.

Ce chien a l'apparence du Lévrier de Grèce, mais moins élancé; la queue est garnie du même poil que le reste du corps.

Lévrier du Caucase.

Les points de cette race ne sont pas fixés, c'est vraisemblablement un croisement du Lévrier de Perse avec le Lévrier Russe. Il est quelquefois à poil ras; la couleur de la robe est très variable.

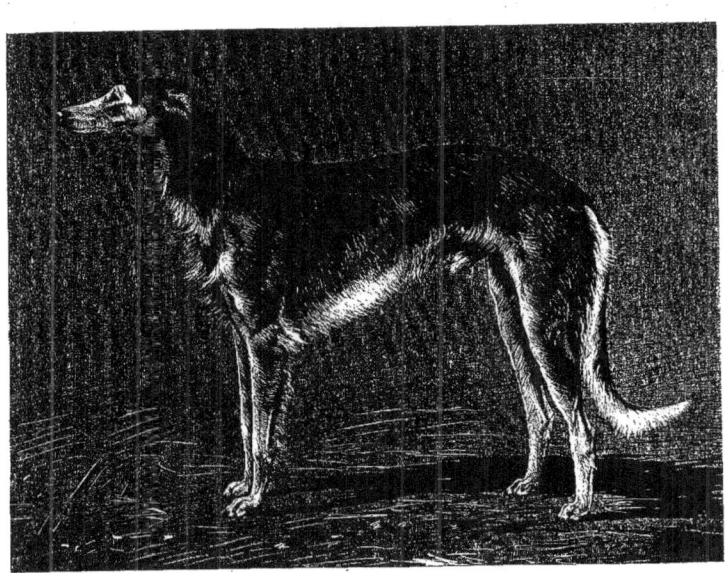

« DOMOVOY »
Lévrier du Caucase, appartenant à M. D. F. Zambaco, Paris. (Gravure extraite du Journal *Le Chenil*.)

Lévrier d'Asie.

Apparence générale	Un chien de grande taille, à la charpente solide.
Tête	Longue et pas trop décharnée.
Crâne	Assez large et légèrement bombé.
Museau	Long et fort.
Yeux	De couleur brun foncé, avec un regard intelligent.
Nez	Noir et pointu.
Oreilles	Larges et longues, pendant contre la tête.
Cou	Fort et arqué.
Epaules	Obliques.
Dos	Droit, long et fort.
Ventre	Relevé, mais pas autant que celui du Lévrier Anglais.
Arrière-train	Bien développé et musculeux.
Pattes	Droites, fortes et pas trop fines.
Pieds	Allongés, doigts arqués, soles développées.
Queue	Assez courte et très fine, portée tombante avec la pointe relevée.
Poil	a) Long et ondulé sur tout le corps, court et fin sur la tête; le poil est plus long sur les oreilles.
	b) Excessivement court et fin, ventre souvent nu.
Couleur	Noir, bringé et fauve foncé; jamais blanc.
Hauteur au garrot	Environ 75 centimètres.
Poids	Environ 35 kilogrammes.
Origine	Asiatique.

LÉVRIER ASIATIQUE.

Lévriers d'Asie idéaux, d'après le peintre anglais A. WARDLE.
(Gravure extraite du Journal *The Field*.)

Lévrier d'Afghanistan idéal, d'après le peintre français P. MAHLER.
(Gravure extraite du Journal *Le Chenil*.)

Lévrier d'Afghanistan.

Apparence générale	Un chien ayant beaucoup de ressemblance avec le Lévrier Persan, mais de structure plus forte.
Tête	Fine et longue, avec une expression intelligente.
Yeux	Intelligents et doux.
Nez	Noir, large et pointu.
Oreilles	Larges, longues et tombantes, bien garnies de long poil.
Corps	Cou arqué, épaules obliques, poitrine descendue, ventre retroussé, arrière-train développé.
Pattes	Droites et assez fines.
Pieds	Allongés.
Queue	Portée assez haut et légèrement frangée.
Poil	Fin, dense et soyeux.
Couleur	Noir et feu ou fauve clair.
Hauteur au garrot	Environ 70 centimètres.
Poids	Environ 30 kilogrammes.
Origine	De l'Afghanistan.

« KANDAHAR »
appartenant à M. G. Radischaro, Kaboul. (Gravure extraite du livre *Der Rassen des Hundes*.)

Lévrier de Grèce.

L'ensemble du Lévrier de Grèce est à quelques exceptions semblable à la variété anglaise; les différences sont les suivantes :

Tête	Plus large, surtout entre les oreilles.
Oreilles	Larges et pendant sans plis contre la tête, couvertes de poil court.
Poil	Demi long et soyeux, court sur la tête et les oreilles, très long sur la queue et formant une belle frange.
Couleur	Toutes les couleurs sont admises, mais les zains sont peu recherchés.
Hauteur au garrot	De 70 à 80 centimètres.
Poids	Environ 36 kilogrammes.
Origine	Grecque.

« PYRGOS »
appartenant à M. X. Opolous, Athènes.

Lévrier Kangourou.

Apparence générale	Celle d'un Lévrier Anglais, mais d'une structure plus forte.
Aptitudes	Un chien employé à la chasse du kangourou.
Tête	Longue et effilée.
Crâne	Plus large entre les oreilles que celui du Lévrier Anglais.
Front	Bombé.
Stop	La cassure du nez est visible.
Museau	Long et effilé.
Yeux	De couleur brun noisette, ronds, clairs et intelligents.
Nez	Pointu et long, de couleur noire; narines bien ouvertes.
Mâchoires	Grêles, mais fortes.
Dents	Blanches, développées et bien saines.

« FLICK » et « FLOCK »
appartenant à M. J. A. Petersen, Zurich. (Gravure extraite du Journal *Zentralblatt*.)

Oreilles	Fines, en forme de V, couvertes d'un poil léger et pendant aux côtés de la tête.
Cou	Grêle, musclé et légèrement arqué, pas trop long, mais de longueur telle qu'il puisse, dans sa course, abaisser la tête jusqu'à terre.
Épaules	Longues et obliques.
Poitrine	Large, mais sans exagération; côtes arrondies et profondes.
Dos	Fort et puissant.
Reins	Courts et musclés.
Croupe	Très musclée, fortement bâtie, mais pas trop large.
Pattes de devant	Droites et fortes; la distance du coude au genou doit être au moins le double de celle du genou au pied.
Pattes de derrière	Fortes, de bonne ossature; jarrets tournés ni en dehors ni en dedans.
Pieds	Allongés, doigts arqués, soles dures et élastiques.
Queue	Longue et mince, garnie de poil court et fin, portée pendante avec une légère courbe à l'extrémité.
Poil	Court et fin.
Couleur	Toutes les couleurs, mais le noir est peu recherché.
Hauteur au garrot	De 70 à 75 centimètres.
Poids	Environ 35 kilogrammes.
Origine	Australienne.
Défauts	Mâchoires courtes, nez de couleur claire ou chair, mauvaise denture, oreilles droites, cou court, queue enroulée, poil rude ou long.

ÉCHELLE DES POINTS.

POINTS POSITIFS.		POINTS NÉGATIFS.	
Apparence générale	10	Denture	10
Tête	5	Yeux	5
Yeux	5	Oreilles	5
Oreilles	5	Arrière-train	10
Mâchoires et denture	7.5	Pattes et pieds	10
Cou	5	Queue	5
Poitrine	7.5	Poil et couleur	5
Arrière-train	20		
Pattes et pieds	10		
Queue	5		
Poil et couleur	10		
Grandeur	10		
TOTAL	100	TOTAL	50

Lévrier Australien.

Les points du Lévrier Australien sont les mêmes que ceux du Lévrier Anglais, à l'exception de quelques légères modifications, savoir :

Oreilles	Attachées moins haut et tombant plutôt sur le côté de la tête que rejetées en arrière ; elles doivent avoir la forme d'un V.
Dos	Plus long que celui de son congénère anglais.
Reins	Courts, droits, arqués et musclés.
Poil	Ras et fin ou rude et revêche ; cette dernière variété a la tête, les oreilles, les pattes et la queue à poil ras.
Hauteur au garrot	De 70 à 75 centimètres.
Poids	De 30 à 35 kilogrammes.
Origine	Australienne.

« SCRUB »
appartenant à M. J. A. PETERSEN, Zurich. (Gravure extraite du Journal *Zentralblatt*.)

 hippet.

SNAP-DOG.

Apparence générale	Un chien aux formes élégantes, sveltes et élancées; c'est un Lévrier Anglais en miniature.
Tête	Longue et maigre, sans être trop étroite entre les oreilles.
Yeux	De différentes nuances, mais brillants.
Nez	Pointu et de couleur noire.
Mâchoires	Longues et maigres.
Dents	Blanches, solides et longues.
Oreilles	Placées bien en arrière, petites et fines, tombant gracieusement avec un demi pli en arrière, laissant voir l'intérieur du lobe.
Cou	Long et souple, la partie supérieure arquée.
Épaules	Obliques, afin de permettre aux pattes de devant de s'étendre aisément en avant.
Poitrine	Spacieuse, plutôt profonde que large, avec beaucoup de place pour le cœur et les poumons.

Whippets idéaux, d'après le peintre anglais A. WARDLE. (Gravure extraite du livre *Modern Dogs*.)
(Cliché gracieusement prêté par le *Kennel Club Hollandais Cynophilia*.)

« ASHTON WELCOME »
appartenant à M. A. Wills, Birmingham. (Gravure extraite du journal *The British Fancier*.)

WHIPPET. 997

« ZUBER »
appartenant à M. H. VICKERS, Beeston.
(Cliché gracieusement prêté par le *Kennel Club Hollandais Cynophilio*.)

Dos	Arqué, mais pas autant que celui du Levron.
Reins	Larges, profonds et forts, muscles bien développés.
Pattes de devant	De bonne longueur depuis l'épaule jusqu'au coude et du coude au genou ; courtes à partir du genou. Les coudes tournés ni en dehors ni en dedans, mais droits, de façon à donner une action franche. Muscles forts et développés.
Pattes de derrière	Solides, jarrets bien pliés, les cuisses bien gigottées ; les pattes assez écartées l'une de l'autre, plus longues que celles de devant ; courtes du jarret au pied.
Pieds	Assez ronds, doigts bien arqués, ongles solides, soles denses et dures.
Queue	Longue et effilée, portée légèrement recourbée.
Poil	Fin, fourni et serré ; quelquefois demi tour par suite d'un croisement.
Couleur	Toutes les couleurs ; la robe a très peu d'importance et est une affaire de goût.
Hauteur au garrot	De 40 à 50 centimètres.
Poids	De 8 à 9 kilogrammes.
Origine	Anglaise. (Croisement.)

Dressage ?

« MICHAELMAS DAY »
appartenant à M. G. H. Nutt, Pulborough (Gravure extraite du journal *Chasse et Pêche*.)

WHIPPET.

« FLOREAT ETONA »
appartenant à M. A. W. Brown, Eton.

ÉCHELLE DES POINTS.

Tête et yeux	10
Cou	15
Poitrine et avant-main	20
Dos et reins	15
Arrière-train	20
Pieds	15
Queue	5
Poil	0
Couleur	0
TOTAL.	100

Whippet-Club (ANGLAIS).

Président : R. DICKSON . . . . Londres.
Secrétaire : J. EVANS . . . . Londres.
Cotisation : 10 Sh. 6 d.

Whippet-Club (HOLLANDAIS).

Président d'honneur : Baron A. VAN BRIENEN . . . Wassenaar.
Président : Baron F. V. TUYLL V. SEROOSKERKEN . . Velsen.
Secrétaire : W. DE KNOKKE V. D. MEULEN . . . . Voorburg.
Cotisation : 10 Florins.

Course de Whippets.
Les trois premiers étaient nourris avec des Biscuits de la Maison SPRATT'S PATENT Ld.

Lévrier Schilluk.

Les points du Lévrier Schilluk sont exactement les mêmes que ceux du Whippet ; ces chiens ont même structure, même poil et mêmes couleurs.

Originaire des contrées du Nil.

Lévriers Schilluk idéaux, d'après le peintre allemand R. STREBEL.
(Gravure extraite du Journal *Zentralblatt*.)

Lévrier Phu-Quoc.

Apparence générale . . Celle d'un Lévrier, mais ayant la tête et les formes plus lourdes.
Aptitudes. . . . . Un chien d'une grande vitesse à la chasse et d'un souffle extraordinaire.
Tête . . . . De bonne longueur.
Crâne . . . . Légèrement bombé, la peau plissée.
Museau . . . . Assez large, mesurant la moitié de la longueur totale de la tête.
Yeux . . . . Roux.
Nez . . . . Noir.
Lèvres . . . . Noires, ainsi que la langue.
Mâchoires . . . . . . Fortes et longues.
Dents . . . . Très développées et s'adaptant parfaitement.
Oreilles . . . . Droites, en forme de conque, hardiment dressées, mais médiocrement pointues; l'intérieur est peu poilu.
Voix . . . . Criarde.

« ANNAMITE » et « KRATIE »
appartenant au Jardin d'Acclimatation de Paris. (Gravure extraite du Journal *Le Chenil*.)

« MANGO »
appartenant à M. G. Hélouin, Helfaut. (Gravure extraite du Journal *L'Acclimatation*.)

Cou	Très long et souple, s'élargissant graduellement vers les épaules.
Epaules	Obliques.
Poitrine	Très profonde et largement ouverte.
Ventre	Bien levretté.
Reins	Larges et vigoureux.
Cuisses	Fortement musclées.
Pattes	Longues, droites et sèches.
Pieds	Assez allongés.
Queue	Très mobile et courte, portée retroussée sur le dos, formant un arc de cercle assez accentué pour que sa pointe vienne toucher presque le dos.
Poil	Est un des points les plus caractéristiques de cette race (1); très court et dense sur tout le corps; sur le milieu du dos, des reins jusqu'aux épaules, le poil forme un long épi dont les longues et grosses pointes sont tournées vers la tête du chien.
Couleur	Roux fauve à masque noir; le poil de l'épi est d'une nuance plus foncée.
Hauteur au garrot	Environ 55 centimètres.
Poids	Environ 18 kilogrammes.
Origine	De l'île Phu-Quoc.

(1) *Note de l'auteur.* — Ayant eu à juger cette race à Anvers, la direction absolument anormale du poil du dos m'a frappé; je ne connais aucune autre race de chiens dont les poils poussent de cette façon.

Lurcher.

CHIEN DE BRACONNIER.

Apparence générale	Un chien rustique et vulgaire, aux formes fortes et élancées, dénotant la vitesse et la force.
Aptitudes	Son triste nom l'indique.
Tête	Longue et forte, crâne assez large.
Museau	Très développé et long.
Yeux	Petits, à moitié fermés, clignotent lorsqu'il est couché et fait semblant de dormir; indiquent la ruse et l'intelligence.
Nez	Noir, narines bien ouvertes.
Oreilles	Grossières et petites.
Corps	Cou fort et musclé, épaules obliques, poitrine large, dos fort et long, ventre assez retroussé, arrière-train très développé et musclé.
Pattes	Droites et fortes.
Pieds	Gros et ronds, doigts arqués, soles dures.
Queue	Grosse et assez courte.
Poil	Dur, broussailleux, rugueux et inégal.
Couleur	Rouge, bringée ou grise.
Hauteur au garrot	De 60 à 70 centimètres.
Poids	Environ 35 kilogrammes.
Origine	Vraisemblablement un croisement du Lévrier Écossais et du Chien de berger Écossais.

« LURCHER »
d'après une vieille gravure anglaise. (Gravure extraite du Journal *Le Chenil*.)

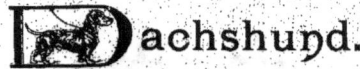achshund.

BASSET ALLEMAND (1).

A poil ras.

Apparence générale. — Un chien d'une structure de gnome, près de terre et très allongé, bas sur pattes, long de corps, mais fort et musclé ; avant-main proportionnellement plus développée que l'arrière-train.

Nonobstant la disproportion existant entre les pattes courtes et le corps long, le chien ne paraît ni estropié, grossier ou incapable de se mouvoir, ni décharné comme la belette.

La tête portée fièrement et le regard intelligent.

Basset Allemand à poil ras idéal, d'après le peintre allemand A. KULL.
(Gravure extraite du *Teckel-Stammbuch*.)

---

(1) *Note de l'auteur.* — Plus souvent nommé Teckel en Allemagne.

« JUNKER SCHNAPPHAHN »
appartenant à M. E. Ilgner, Essen a. R. (Gravure extraite de son livre *Der Dachshund*.)

Basset Allemand idéal (vu de devant et de derrière), d'après le *Teckel-Stammbuch*.

« ISOLANI FRANCONIA »
appartenant à M. Fr. Klein, Dusseldorf. (Gravure extraite du Journal *Der Hunde-Sport*.)

Aptitudes.	Un chien plein de tempérament, mordant et courageux à l'attaque et à la défense. Dans ses ébats joyeux, infatigable; de nature capricieuse et entêtée, une éducation attentive le rend cependant fidèle, attaché et docile comme toutes les autres races de chiens. Il est employé à la chasse de la vermine sous terre.
Tête	Allongée, vue de dessus et de profil; sa partie la plus large est à l'arrière, puis se rétrécit vers le nez, bien marqué et finement modelé dans le profil; non déprimée brusquement sous les yeux, comme chez le Chien-d'arrêt Allemand.
Crâne	Ni trop large, ni trop étroit, légèrement bombé et se dirigeant sans cassure vers l'os nasal qui est légèrement arqué.

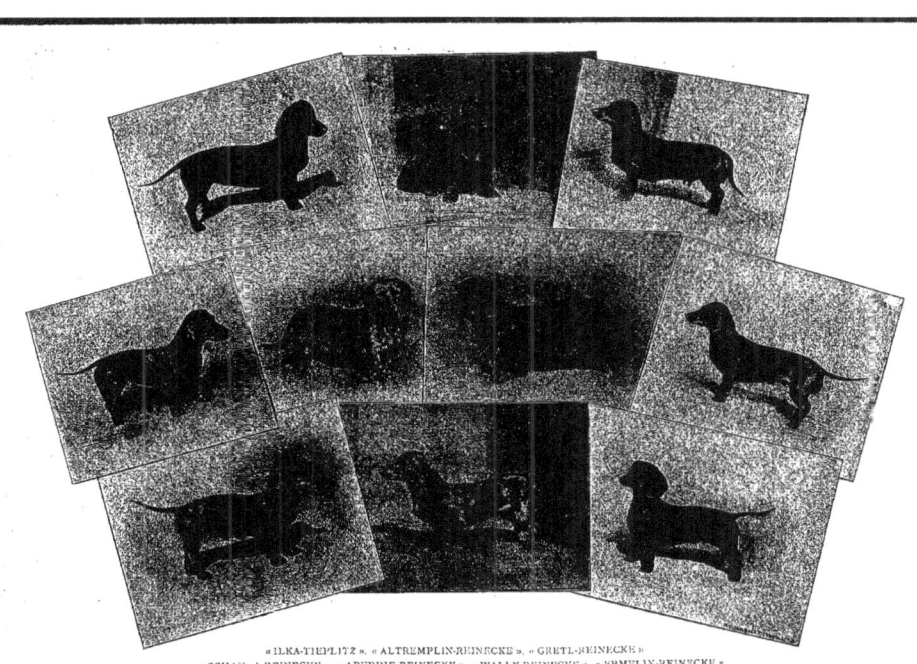

« ILKA-TIEPLITZ », « ALTREMPLIN-REINECKE », « GRETL-REINECKE »
« SCHAULA-REINECKE », « ABERDIE-REINECKE », « WALLY-REINECKE », « ERMELIN-REINECKE »
« AUGUSTIN-REINECKE », « TIGER-REINECKE » et « BEROLINA-BARBY »
appartenant à M. R. Benda, Biesenthal. (Gravure extraite du Journal *St-Hubertus*.)

« GISELA-ERDMANNSHEIM »
appartenant á M. E. ILGNER, Essen; a. R. (Gravure extraite de son livre *Der Dachshund*.)

Stop	Moins la cassure du nez est visible, plus la tête est typique; vue de profil, la ligne du nez paraît légèrement arquée ou à peu près droite.
Museau	Assez pointu et effilé.
Yeux	De grandeur moyenne, de forme ovale, placés de côté, avec une expression intelligente, attentive, vive et perçante. A l'exception des yeux vairons chez les chiens gris ou tachetés et des yeux de couleur jaune chez les chiens bruns, la couleur des yeux doit être d'un beau brun transparent; le blanc peu apparent.
Nez	Long et étroit, l'os nasal très fin.
Lèvres	Serrées, couvrant bien la mâchoire inférieure.
Babines	Peu pendantes, formant cependant un pli marqué à la commissure des lèvres.
Mâchoires	Très élastiques, se fendant jusque derrière les yeux et s'adaptant parfaitement.
Dents	Très développées, surtout les canines qui s'adaptent exactement; les incisives s'adaptent parfaitement ou bien les incisives supérieures touchent l'extérieur des incisives inférieures.
Oreilles	Placées en arrière de la tête, attachées haut et sur toute la largeur, de façon à faire paraître la distance entre l'œil et l'oreille plus grande que chez tous les autres chiens de chasse; la bordure antérieure touchant les joues; bien larges, longues et joliment arrondies (pas étroites, pointues ou papillotées), très mobiles, comme chez tous les chiens intelligents; quand l'attention du chien est éveillée, la conque est dirigée en avant et vers le haut. Les oreilles doivent pendre à plat contre les joues, sans aucune torsion.
Voix	Pleine.

Cou	Suffisamment long, mobile, mais musculeux et sec; vu de dessus, large et puissant, non déprimé subitement devant les épaules; la peau, assez lâche, ne doit pas former de fanons; le cou rejoint la nuque par une légère courbe et suivant une belle ligne avec les épaules; porté le plus souvent relevé.
Epaules	Longues, larges et obliques, musculature dure et plastique.
Poitrine	Pleine, large et ovale, avec beaucoup de place pour le cœur et les poumons; l'os sternal (la pointe du sternum), fort et tellement proéminent qu'il forme des fossettes des deux côtés.
Dos	Très long, large et fort, très légèrement enfoncé derrière les épaules et très légèrement arqué au dessus des reins.
Ventre	Légèrement relevé et attaché à l'arrière-train par une peau légèrement tendue.

« SCHLUPFER-EUSKIRCHEN »

appartenant à M. A. Latz, Euskirchen. (Gravure extraite du Journal *Der Hunde-Sport*.)

« WILHELMINE », « LIESEL-WALDMEISTER » et « STAATS-HEXE »
appartenant à M. E. Schildenecht, Furth.

« GRETEL », « FLOCK » et « FANNY »
appartenant à M. C. Glaser, Karlsruhe.
(Cliché gracieusement prêté par le *Kennel Club Hollandais Cynophilia*.)

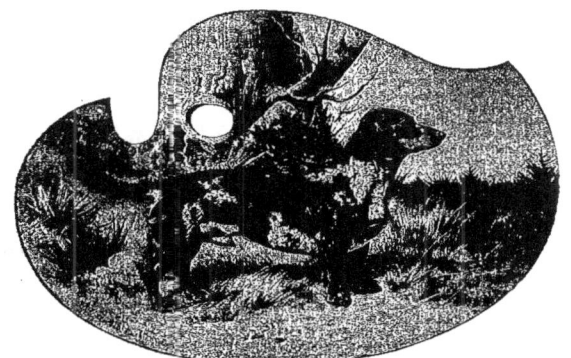

« HANNEMANN-ERDMANNSHEIM »
appartenant à M. E. Houben, Anvers. (Gravure extraite du Journal illustré *Wild und Hund*.)
(Cliché gracieusement prêté par M. Paul Parey, libraire, Berlin.)

Côtes	Profondes, longues, larges et bien descendues.
Croupe	Ronde, pleine, large et d'une musculature dure et plastique.
Corps	Long et bien musclé.
Avant-main	Très musculeuse et serrée.
Arrière-train	Les os du bassin pas trop courts, larges, bien développés et placés un peu obliquement.
Pattes de devant	Plus fortement développées que celles de derrière; avant-bras de même longueur que les épaules, formant un angle droit, de forte ossature et bien musclé, rapproché des côtes, mais se mouvant librement; sous-bras court comparé à celui des autres chiens, légèrement incliné vers l'extérieur; le devant et l'extérieur bien musclé, les parties postérieure et intérieure tendues par des nerfs durs. Les genoux ne doivent pas ployer.
Pattes de derrière	L'os de la jambe fort et de bonne longueur, attaché à angle droit dans le bassin; cuisses fortes et bien musclées; fesses arrondies; l'articulation du genou allongée et développée; jambes courtes comparées à celles des autres chiens, fortement musclées, talons proéminents, tendons d'Achille larges, canons postérieurs longs, légèrement courbés en avant et placés verticalement.

Pieds	Ceux de devant, larges, puissants et tournés en dehors; ceux de derrière moins forts, plus petits, serrés et ronds; doigts serrés et arqués, garnis d'ongles forts, réguliers et tournés en dehors, de préférence de couleur noire. Soles dures et bien développées.
Queue	De longueur moyenne, attachée fortement et à hauteur moyenne, garnie de poil dense et court, pas trop longue, assez grosse à la racine, s'effilant sans courbe trop accentuée vers la pointe, portée relevée obliquement, mais pas trop haut, ou bien pendant lors de la marche.
Poil	Court, lisse, dense, brillant, gras (pas dur et sec), couvrant partout le corps, sans laisser de places nues, très court et fin aux oreilles, plus grossier et un peu plus long sur le dessous de la queue, mais sans jamais former de brosse.

« LONGINE » et « MUCKI-ERDMANNSHEIM »
appartenant à M. E. ILGNER, Essen a. R. (Gravure extraite de son livre *Der Dachshund*.)

« FLINKERL »
appartenant à M. T. LEONFELDEN, Nice. (Gravure extraite du Journal *Der Hunde-Sport*.)

« BEROLINA-SCHNEECHEN »
appartenant à M. G. Barnewitz, Berlin.

Couleur . . . . A. Unicolore (1) : Rouge, rouge jaune, jaune, ou rouge ou jaune avec des pointes noires; toutefois, la couleur rouge a plus de valeur que le rouge jaune et le jaune.
 Nez et ongles noirs; la couleur rouge est admise, mais pas recherchée.

« HEXE-ERDMANNSHEIM »
appartenant à M. A. Klonne, Dortmund.

---

(1) *Note de l'auteur.* — L'unicolore blanc ou le blanc comme fond de la robe sera toléré dans peu de temps; plusieurs des principaux éleveurs tâchent déjà d'élever des chiens blancs. Une des gravures en représente un exemplaire.

« TIGER-REINICKE »
appartenant à M. R. Benda, Biesenthal. (Gravure extraite du Journal *Der Hunde-Sport*.)

« PIONIER »
appartenant
au Comte O. de Hardenberg,
Hanovre.

B. Bicolore : Noir, brun ou gris avec des marques feu ou jaunes au dessus des yeux, aux côtés des mâchoires, sur les lèvres inférieures, l'intérieur du bord de l'oreille, la poitrine, le côté extérieur et postérieur des pattes, les pieds, autour de l'anus et le tiers à la moitié de la partie inférieure de la queue.

Nez et ongles noirs chez les chiens noirs et bruns; bruns chez les chiens bruns et gris ou couleur chair chez les chiens gris.

C. Tigré : Le fond est d'un gris argenté brillant avec des taches foncées et irrégulières (les grandes taches ne sont pas recherchées) de couleur gris foncé, brun, rouge jaune ou noir.

Ni la couleur foncée ni la couleur claire ne doit prédominer. Les marques feu sont plus foncées chez les chiens foncés et plus jaunes chez les chiens de nuances plus claires.

Des yeux vairons sont très recherchés, quand le fond de la robe est blanchâtre; un nez couleur chair ou tacheté n'est pas une faute.

Basset Allemand idéal, d'après le peintre allemand H. Sperling.
(Réduction d'un spécimen de *Sperling's Rasschundtypen*.)

Les taches blanches ne sont pas recherchées chez les chiens de couleur foncée, sans être pour cela des fautes entraînant la disqualification.

Le fond de la robe ne peut pas être suffisamment foncé pour que les taches ne soient presque plus visibles.

Hauteur au garrot . . . De 18 à 22 centimètres.
Poids . . . . De 7 à 10 kilogrammes.
Origine. . . . . Allemande.

« BEROLINA EDDA II » et ses jeunes appartenant à M. G. Barnewitz, Berlin. (Gravure extraite du Journal *Der Hunde-Sport*.)

« WIDAR » et « FRIGGA »
appartenant à M. G. Barnewitz, Berlin.
(Réduction d'un spécimen de *Sperling's Rasschundtypen*.)

« KNOPF »
appartenant à M. W. von Daacke,
Osterode.

Défauts . . . . Apparence faible, boiteuse ou trop haut sur pattes ; crâne trop étroit, trop large ou trop bombé ; oreilles courtes ou attachées trop haut, ou longues et attachées trop bas, ou étroites et papillotées ; *stop* trop prononcé ; yeux proéminents ; os nasal trop court ou enfoncé ; nez étroit ; lèvres trop pendantes ou pointues ; mâchoire inférieure trop courte ; cou court ou mince ; fanons ; avant-main mal développée, tordue ou sans muscles ; poitrine étroite, dos ensellé ; reins trop arqués ; côtes trop plates ; croupe plus haute que les épaules ; ventre trop levretté ; arrière-train pincé ou sans muscles ; jarrets de bœuf ; pattes de devant irrégulièrement torses ou tellement torses aux coudes que les genoux se touchent ou que, du moins, le poids du corps ne soit pas suffisamment soutenu ; pattes de derrière avec le dessous des jarrets trop long, c'est-à-dire que les pattes, vues de profil, se trouvent placées obliquement sous le corps ou paraissent tournées en dedans ; pieds de lièvre ou doigts écartés ; queue attachée trop haut ou portée trop haut et trop courbée, ou en trompette, trop longue ou trop mince et sans poil ; poil trop abondant ou trop fin ; couleur trop mate ou effacée ; oreilles entièrement feu chez les chiens de couleur noir et feu.

Basset Allemand idéal à poil long, d'après le peintre allemand H. Sperling.
(Réduction d'un spécimen de *Sperling's Rassehundtypen*.)

A poil long.

Les points sont les mêmes, sauf :

Poil . . . . Assez long et soyeux, légèrement ondulé ; plus court sur la tête et la partie antérieure des pattes ; sur le cou, la poitrine, les oreilles, le ventre et la queue, le poil forme frange ; celle de la queue se termine en pointe ; les franges des oreilles et de la queue sont les plus longues.

Couleur . . . . Noir et feu ou unicolore rouge.

Origine. . . . . Vraisemblablement un croisement avec un petit Épagneul de chasse.

Basset Allemand à poil long idéal, d'après le peintre allemand A. Kull.
(Gravure extraite du *Tichel-Stammbuch*.)

« SCHNIPP »
appartenant à M. A. Franke, Wanne. (Gravure extraite du Journal *Le Chenil*.)

« HANSEL »
appartenant à M. J. Kann, Erlangen. (Gravure extraite du Journal *Der Hunde-Sport*.)

« WALDINE VON BURGDORF »
appartenant à M. J. Kann, Erlangen. (Gravure extraite du Journal *Der Hunde-Sport*.)
(Cliché gracieusement prêté par le *Kennel Club Hollandais Cynophilia*.)

A poil dur.

Les points sont les mêmes, sauf :

Poil . . . . Dense, épais et rude, divisé visiblement des deux côtés sur la poitrine, les épaules et le cou, moins sur le dos et les flancs; sur la tête il forme, en outre, des sourcils et une barbe broussailleuse; la queue doit être effilée et ne pas avoir de frange. A la partie postérieure des pattes et sur les pieds le poil ne doit pas s'allonger, mais être dur et croit.

Couleur . . . . Plus effacée et sans brillant.

Basset Allemand à poil dur idéal, d'après le peintre allemand A. KULL.
(Gravure extraite du *Teckel-Stammbuch*.)

« MORDAX »
appartenant à M. L. BERGER, Harkortshof.
(Cliché gracieusement prêté par le *Kennel Club Hollandais Cynophilia*.)

« MICHEL- », « ROSELE- », « JOCKELE- » et « MILAN-MAGSTADT »
appartenant à M. A. F. MULLER, Slesensky. (Gravure extraite du Journal *Der Hunde-Sport*.)

« WALBRUNA »

appartenant à M. F. Hoff, Stuttgart. (Gravure extraite du Journal illustré *Wild und Hund*.)
(Cliché gracieusement prêté par M. Paul Parey, libraire, Berlin.)

« HUBERTUS-OTTER »

appartenant au Comte J. Wurmbrand, Steyersberg. (Gravure extraite du Journal *St-Hubertus*.)

« ZOTTEL »
appartenant à M. R. Eschenhaus, Wesel. (Gravure extraite du Journal *L'Acclimatation*.)

ÉCHELLE DES POINTS.

Apparence générale	20
Tête et crâne	10
Oreilles	5
Mâchoires et denture	5
Épaules et poitrine	10
Dos et reins	10
Pattes de devant	15
Pattes de derrière	10
Queue	5
Poil	5
Couleur	5
TOTAL	100

Teckel Klub (ALLEMAND).

Président : Kurt Killisch von Horn. . . . . Berlin.
Secrétaire : H. Abel. . . . . Berlin.
 Cotisation : 3 et 15 Mark.

Teckel Club (BELGE).

Président d'honneur : Baron H. van Havre . . . Merxem.
Président : A. Stettner . . . . Bruxelles.
Secrétaire : A. Philippen, 8, avenue Michel-Ange, Bruxelles.
 Cotisation: 5 et 12 Francs.

Teckel Club (HOLLANDAIS).

Président : O. Z. van Sandick . . . . Amsterdam.
Secrétaire : C. J. J. Fokker . . . . Leiden.
 Cotisation : 5 et 7.50 Florins.

« BELLE BLONDE » et « PRIMULA »
Champions Anglais, appartenant à Mlle A. M. Pigott, Preston. (Gravure extraite du Journal *The Stock-Keeper*.)

Teckel Club (ANGLAIS).

Président : A. O. MUDIE . . . . Arkley.
Secrétaire : Capt. J. BARRY . . . . . . South Kensington.
  Entrée : £ 2. 2 Sh ;
  Cotisation : £ 2. 2 Sh.

Teckel Club (AUTRICHIEN).

Président : Frhr C. von LAZARINI . . . . . . Graz.
Secrétaire : P. KUHNE . . . . Vienne.
  Cotisation : 3 et 8 Florins.

Teckel Verband (En formation).

Junior Dachshund Club.

Président : E. S. WOODIWISS . . . . Upminster, Essex.
Secrétaire : S. M. BLACKSTON, 12, Winckley Street, Preston.
  Cotisation : 10 Sh. 6 d.

Braunschweiger Erdhund Klub.

Président : A. GROSSE . . . . Brunswick.
Secrétaire : A. RETTIG . . . . . 11, Hagenmarkt, Brunswick.
  Cotisation : 10 Mark.

Niederrheinischer Teckel Zucht Verein.

Président : O. DUESBERG . . . . Cranenburg.
Secrétaire : FR. NIELEN . . . . Clèves.
  Cotisation : 2 et 6 Mark.

Tous ces Clubs ont adopté les points fixés par le Club Allemand, à l'exception du Club Anglais qui prescrit, entre autres, un crâne avec os occipital bien développé, oreilles longues et attachées bas, toutes les couleurs, etc. (Voir la gravure des Champions Anglais.)

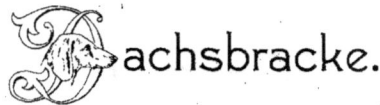achsbracke.

BASSET BRAQUE.

Apparence générale	Un chien de longue structure, avec l'avant-main un peu plus développée que l'arrière-train. Les pattes plus longues, plus droites et plus fortes que celles du Basset Allemand (Dachshund); queue plantée assez haut, forte à la racine et s'amincissant légèrement, peu courbée et portée légèrement relevée ou pendante. Poil court et dense. Expression intelligente, éveillée et affable.
Tête	Longue.
Crâne	Large et peu bombé.
Stop	Léger et très peu prononcé.
Museau	Moins pointu que celui du Basset Allemand (Dachshund), mais comparativement assez large.
Yeux	De grandeur moyenne, ronds et clairs; le blanc de l'œil est peu visible; expression fine et intelligente.
Nez	Large et bien développé, de couleur noire ou chair foncé, quelquefois brun.
Lèvres	Peu pendantes quoique formant un pli accentué à la commissure des lèvres; pas de babines.
Dents	Régulières et très développées; dents incisives s'adaptant parfaitement; parfois les incisives supérieures dépassent l'extérieur des incisives inférieures; dents canines fortement développées.
Oreilles	De longueur moyenne, assez larges, arrondies aux pointes et attachées, sur toute leur largeur, haut et bien en arrière de la tête; elles doivent tomber bien plat et sans plis contre la tête.
Cou	Long, souple; vu de dessus, large et fort; ne sortant pas trop brusquement des épaules, mais s'amincissant graduellement depuis les épaules jusque la tête. Peau lâche, sans toutefois former de fanons.

« SPION » et « WALDINE »
appartenant à M. J. Leber, Szepesváralja.

Épaules	D'une musculature forte et plastique.
Poitrine	Pas trop large.
Dos	Pas trop long; légèrement enfoncé derrière les épaules et au dessus des hanches; large, fort et légèrement arrondi.
Ventre	Légèrement relevé.
Côtes	Profondes et longues.
Croupe	Tombant obliquement.
Pattes de devant	Plus développées que celles de derrière, peu courbées, presque droites; la hauteur de la terre au coude est de 16 à 20 centimètres.
Pattes de derrière	Plus droites que chez d'autres chiens; cuisses bien couvertes de muscles; bien droites, vues de profil et de derrière.
Pieds	Les pieds de devant plus forts que ceux de derrière, larges, doigts bien serrés; ongles noirs et courbés; soles dures. Les pieds de derrière sont plus petits et plus ronds, les doigts plus courts et plus droits que ceux de devant.
Queue	De longueur moyenne, assez forte à la racine, s'amincissant graduellement, garnie à la partie inférieure d'un poil plus grossier, sans toutefois former brosse; portée pendante ou droite avec une légère courbe.
Poil	Court, très dense et gros, élastique, à pointes piquantes, très court et fin sur les oreilles; sur le dos et la partie inférieure de la queue, plus gros, plus long et bien serré, sans toutefois former brosse. Sur la partie inférieure du corps le poil est aussi plus gros et doit couvrir, si possible, le ventre.

Basset Braque idéal, d'après le peintre allemand A. KULL.
(Gravure extraite du Journal *St-Hubertus*.)

Couleur	A. Unicolore : rouge brun, rouge jaune et jaune d'ocre ; la première couleur est la plus recherchée. Nez et ongles noirs ; le rouge est aussi permis. B. Bicolore : Noir corbeau à marques rouge brun à la tête, à la poitrine, aux pattes, autour de l'anus et de là jusqu'au tiers ou la moitié de la partie inférieure de la queue ; nez et ongles noirs ; yeux bruns foncés surmontés de taches de la même couleur. Quand le nez est brun, les ongles sont souvent bruns foncés. C. Tacheté (tigré).
Hauteur au garrot . . .	De 30 à 38 centimètres.
Poids	12 kilogrammes minimum.
Origine.	Allemande.
Défauts	Crâne étroit, serré ou cônique ; museau trop court, trop obtus ou trop pointu ; lèvres trop pendantes ; oreilles longues, plissées ou écartées de la tête ; cou mince ; poitrine étroite ; pattes de devant courtes ou trop courbées ; des pattes qui plient et des épaules lâches sont de grands défauts ; pieds irrégulièrement tournés ; doigts écartés ; soles faibles ; pattes de derrière avec des cuisses trop longues ; jarrets de bœuf ; queue trop longue, trop lourde, trop courbée ou garnie de long poil formant brosse ; poil trop fin et trop court ; couleur blanche comme fond de robe et comme taches ou marques (à l'exception d'une petite étoile à la poitrine).

Internationaler Dachsbracken Klub.

Président : G. ENGELSTADT . . . . . . Meissen.
Secrétaire : G. GRUNBAUER . . . . . . Farmach, Chiemsee.
Cotisation : 2.50 Mark.

Dachsbracken Klub.

Président : Comte J. WURMBRAND. . . . Munich.
Secrétaire : G. GRUNBAUER . . . . . . Farmach, Chiemsee.
Cotisation : 5 Mark.

Basset Français.

A poil ras.

A. VARIÉTÉ LANE.

Apparence générale	Un Basset très grand et lourd, mais ayant beaucoup de cachet dans son ensemble.
Aptitudes	Un chien peu chasseur, froid, sage, acceptant mieux le rôle de chien de meute que celui de chien de tête, facile à créancer.
Tête	Très caractéristique et très grosse, en forme de dôme, un peu large et très coiffée.
Crâne	Haut et étroit, révélant beaucoup de race.
Museau	Long, parfois un peu busqué.
Yeux	Assez clairs et pleins d'intelligence.
Nez	Gros, très développé, arrondi, proéminent comme si le chien était bégu (*bec de lièvre*), arrêtes arrondies, narines très développées.

« SOLOMON » et « GRAVITY »
appartenant à Mme M. TOTTIE, Bell Busk. (D'après un tableau de Mlle MAUD EARL.)

« COLONEL », « MASCOTTE » et « GIBELOTTE »
appartenant à M. A. Lane, Franqueville. (Gravure extraite du Journal *Chasse et Pêche*.)

« XITTA », « SOLOMON », « GRAVITY », « LORD GEORGE »
et « GÉRALDINE »

appartenant à Mme M. Tottie, Bell Busk. (Gravure extraite du Journal *Our Dogs*.)

Joues	Sèches et bien dessinées.
Babines	Assez prononcées.
Oreilles	Attachées bas, un peu en dessous de la ligne des yeux, minces, souples, très longues et tire-bouchonnées, jamais plates.
Voix	*Cognant* très gros et bas; un peu sourd, a plus de force que d'étendue, est parfait comme orchestre; jamais hurleur et bien rarement voix de soliste.
Cou	Long et léger, sans fanons.
Épaules	Un peu droites.
Poitrine	Très développée, large et ouverte.
Reins	Forts et larges.
Cuisses	Puissamment musclées.

Corps	Long, massif et près de terre, plus volumineux que la variété Le Couteulx.
Pattes	Fortes, mi torses, aussi grosses que chez les grands chiens courants; coudes parfois en dehors.
Pieds	Légèrement tournés en dehors, forts; les doigts se posent souvent à faux; ongles très gros, semblant couchés sur le sol et dirigés extérieurement (panard).
Queue	Fine, portée en cierge, non épiée, jamais frangée.
Ossature	Très forte.
Poil	Court, uni et fin.
Couleur	Tricolore clair, mais souvent avec tendance au blanc et orange, la tête toujours jaune clair.
Hauteur au garrot	De 30 à 35 centimètres.
Poids	De 20 à 24 kilogrammes.
Origine	Française. (Reconstituée par M. A. Lane.)

« ROWENA »

appartenant à Mme M. Tottie, Bell Busk. (Gravure extraite du *Ladies' Kennel Journal*.)

Meute de Bassets
appartenant au Duc de Plaisance, Paris. (Gravure extraite du Journal *Le Chenil*.)

Parquet de Bassets
appartenant au Jardin d'Acclimatation de Paris. (Gravure extraite du Journal *Le Chenil*.)

B. VARIÉTÉ LE COUTEULX.

Apparence générale	Celle d'un chien courant beau et fort, bien assemblé et bien planté, d'un physique puissant.
Aptitudes	Très chasseur, ardent, difficile à ameuter, souvent chaud de gueule et ambitieux, chasse souvent comme chien isolé.
Tête	Plus ramassée et moins grosse que celle de la variété Lane; en forme de dôme.
Crâne	Haut et étroit, se terminant à la partie postérieure par une protubérance très accusée *(la bosse de la chasse)*.
Museau	Plus fin que celui de la variété Lane, droit et large; se détache du front suivant un angle assez prononcé.
Yeux	Gros, d'une belle nuance brun foncé, non proéminents.
Nez	Noir, truffe plus petite que celle de la variété Lane et aussi moins saillante; narines à arêtes vives.
Babines	Bien développées.
Oreilles	Épaisses, rondes, de longueur moyenne, attachées dans la ligne des yeux, rarement enroulées.
Voix	Gorge claire, s'entendant au loin; quelquefois hurleur et alors très bien doué sous ce rapport; quelques chiens *cognent* en répétant beaucoup et très vite leur coup de gorge.

« CHAMPION BOURBON »
appartenant à M. F. W. Blain, Bromborough.
(Cliché gracieusement prêté par le *Kennel Club Hollandais Cynophilia*.)

« FINO »
appartenant au Jardin d'Acclimatation de Paris. (Gravure extraite du Journal *L'Acclimatation*.)

« CHAMPION FINO V »
appartenant à M. B. Kennedy, Londres. (Gravure extraite du Journal *Chasse et Pêche*.)

« ROWENA I »

appartenant à Mme M. TOTTIE, Bell Busk. (Gravure extraite du Journal *Our Dogs*.)

Cou	Long, bien sorti des épaules et formant des fanons.
Epaules	Obliques.
Reins	Harpés et puissants.
Cuisses	Très musclées.
Corps	Bien établi et léger tout à la fois.
Pattes	Droites et fines, ayant néanmoins de la tendance à la torsion; bien d'aplomb; jarrets solides.
Pieds	Fins, posés normalement, serrés et résistants, moins gros que ceux de la variété Lane; ongles fins.
Queue	Plus droite et moins longue que celle de la variété Lane, légèrement épiée.
Ossature	Bonne et massive.
Poil	Court, épais et fort.
Couleur	Tricolore (blanc, noir et feu vif), mais plus chargée de noir et souvent à manteau; la tête toujours rouge; couleurs nettes et tranchées; éviter autant que possible des mouchetures de noir ou de feu sur les pattes et le corps; les taches doivent ressortir distinctement sur le fond blanc de la robe.
Hauteur au garrot	De 20 à 32 centimètres.
Poids	De 18 à 22 kilogrammes.
Origine	Française (reconstitué par le Comte Le Couteulx de Canteleu).

« CHAMPION FORESTER » et « CHAMPION PARIS »
appartenant à Mme K. Ellis, Billesden. (Gravure extraite du Journal *Le Chenil*.)

ÉCHELLE DES POINTS.

Apparence générale	10
Tête	20
Oreilles	15
Cou	10
Dos et croupe	10
Pattes et pieds	15
Queue	5
Poil	5
Couleur	10
TOTAL . .	100

Club de Bassets.

A. SECTION GÉNÉRALE.

Président général : Comte LE COUTEULX DE CANTELEU, Paris.
Secrétaire :

B. SECTION : *Bassets à poil dur*.

Président : Comte C. D'ELVA . . . . Mayenne.
Secrétaire : M. LESÉBE . . . . Paris.

C. SECTION : *Bassets à poil ras*.

Président : A. DE CONINCK . . . . Le Havre.
Secrétaire :

Cotisation : 20 Francs

« CHAMPION CHOPETTE »
appartenant à Mme F. Stokes, Blackheath. (Gravure extraite du Journal *Chasse et Pêche*.)

Basset Club (HOLLANDAIS).

Président : O. Z. VAN SANDICK. . . . . Amsterdam.
Secrétaire : C. J. FOKKER . . . . Leiden.
Cotisation : 5 et 7.50 Florins.

Basset Hound Club (ANGLAIS).

Président : Capt. J. WALSH. . . . . Londres.
Secrétaire : EVERITT MILLAIS. . . Littleton House, Shepperton.
Cotisation : 5 Sh.

Les points du Club Anglais diffèrent assez des points français, spécialement en ce qui concerne la tête ; le Club Anglais prescrit une tête ressemblant autant que possible à celle du Bloodhound, avec de fortes babines tombantes, des yeux avec paupières inférieures tombantes, la peau sur le crâne lâche et formant des plis, l'os occipital extrêmement proéminent et les oreilles suffisamment longues pour dépasser facilement le bout du nez.

L'échelle des points diffère également.

Certains éleveurs s'occupent même de croiser cette race avec le Bloodhound.

« PARIS »
appartenant à M. G. WALSH, Upper Hatherley.
(Cliché gracieusement prêté par la Maison SPRATT'S PATENT L^d.)

« TAMBOURIN » et « CHICANEAU II »
appartenant au Jardin d'Acclimatation de Paris. (Gravure extraite du Journal *Le Chenil*.)

Basset-Griffon.

Apparence générale	Un chien fortement membré, avec une forte ossature, quoique moins lourd que le Basset Français à poil ras.
Aptitudes	Un chien employé plus souvent en meute que comme chien isolé.
Tête	Assez large, l'os occipital bien développé.
Crâne	Haut et assez étroit.
Museau	Long, *stop* assez visible.
Yeux	De moyenne grandeur, regard intelligent.
Nez	Noir, narines bien développées.
Babines	Assez pendantes.
Oreilles	Longues et attachées bas.
Cou	Assez long, peau lâche sans former de fanons.
Epaules	Obliques.
Poitrine	Large et bien développée.
Reins	Forts et larges.

« RÉVEILLEAU » et « RAVAUDE »
appartenant à M. C. Bocquet, Paris. (Gravure extraite du Journal *La Chasse illustrée*.)

« TAMBOUR » et « PERVENCHE »
appartenant à M. E. Puissant, Merbes. (Gravure extraite du Journal *Chasse et Pêche*.)

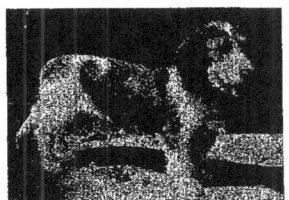

« BAMBOCHE »
appartenant à M. E. Puissant, Merbes.

Cuisses	Bien musclées.
Corps	Près de terre, long et massif.
Pattes	Fortes, légèrement torses, bien d'aplomb; jarrets solides.
Pieds	Légèrement tournés en dehors, assez gros; ongles forts; soles dures.
Queue	De moyenne longueur, portée relevée.
Poil	Épais, demi long et dur comme celui du Griffon d'arrêt.
Couleur	Tricolore, gris bleuté, moucheté, couleur de lièvre, fauve, blanc et jaune.
Hauteur au garrot	De 20 à 34 centimètres.
Poids	De 19 à 23 kilogrammes.
Origine	Française.

« PERVENCHE » et « TAMBOUR »
appartenant à Mme M. Tottie, Bell Busk. (Gravure extraite du Journal *The Stock-Keeper*.)

« MELBES AVENTURIÈRE »
appartenant à Sir Humphrey F. de Trafford, Manchester. (Gravure extraite du Journal *Our Dogs*.)

Club de Bassets.

A. Section générale.

Président général : Comte Le Couteulx de Canteleu, Paris.
Secrétaire :

B. Section : *Bassets à poil dur*.

Président : Comte C. d'Elva . . . . Mayenne.
Secrétaire : M. Lesèble . . . . Paris.

C. Section : *Bassets à poil ras*.

Président : A. de Coninck . . . . Le Havre.
Secrétaire :

Cotisation : 20 Francs.

Basset d'Artois.

Cette race combine toutes les bonnes qualités des Bassets variétés Lane et Le Couteulx; elle est issue d'un croisement de ces deux variétés.

« PRESTO »
appartenant à M. F. Pinel, Dieppe. (Gravure extraite du Journal *L'Éleveur*.)

« MERVEILLE » et « CARESSANT »
appartenant à M. L. Verrier, Préaux. (Gravure extraite du Journal *L'Acclimatation*.)

« MÉTÉORE » et « GALATHÉE »
Bassets d'Artois appartenant à M. F. Pinel, Dieppe. (Gravure extraite du Journal *L'Acclimatation*.)

Nouveau Diplôme
du
Kennel Club Hollandais Cynophilia

Deux grandes Expositions canines chaque année

Secrétaire : D' A. J. J. Kloppert, Hilversum (Hollande)

Cotisation : 3 et 10 Florins

Basset Ardennais.

Apparence générale	Un chien ayant beaucoup de type, rappelant le Chien de Saint-Hubert en miniature.
Aptitudes	Un chien droit dans la voie, assez vite et très requérant; il préfère le chevreuil et le lièvre au lapin.
Tête	Bien formée, grande mais pas large.
Crâne	Haut et étroit; os occipital bien développé.
Museau	Bien formé, chanfrein droit.
Yeux	Bruns, les paupières assez lâches.
Nez	Noir, narines bien développées.
Babines	Bien accusées et tombantes.
Oreilles	Longues, fines, bien placées, pendant en avant contre les mâchoires.
Cou	Fort et musclé, fanons assez développés.
Épaules	Obliques et sèches.
Corps	Poitrine large et profonde; dos large, long et profond; ventre légèrement relevé; cuisses bien musclées.
Pattes	Demi torses.
Pieds	Forts, légèrement allongés, serrés et résistants.
Queue	Bien attachée, élégamment portée.
Poil	Court, assez dur sur le corps, mais doux et soyeux sur les oreilles et le crâne.
Couleur	Noir et feu, couleur de lièvre, roux ou fauve.
Hauteur au garrot	De 35 à 40 centimètres.
Poids	De 23 à 27 kilogrammes.
Origine	Ardennaise.

Bassets Ardennais idéaux, d'après le peintre français P. Mahler.
(Gravure extraite du journal *Chasse et Pêche*.)

Basset-Griffon Vendéen.

Apparence générale	Un chien d'une construction solide et nerveuse.
Aptitudes	Un chien chassant le lapin, le lièvre et le chevreuil; d'une vitesse moyenne, beaucoup de fond, gardant bien le change, parfaitement créancé, d'une docilité parfaite et facile à ameuter.
Tête	Nerveuse, sèche et longue; crâne légèrement bombé.
Museau	De longueur moyenne.
Yeux	Bruns foncés, expressifs, abrités sous d'épais sourcils.
Nez	Noir ou brun foncé, légèrement busqué.
Babines	Suffisamment marquées, recouvertes de moustaches.
Oreilles	Souples, plates, bien tombantes, recouvertes d'un poil court.
Voix	*Cogneur* à timbre sourd.
Cou	Fort et musclé.
Corps	Long et près de terre; épaules plates, sèches et obliques, mais bien attachées; poitrine profonde; reins puissants, droits et forts; cuisses bien gigottées et musclées.
Pattes	Droites ou à peu près.
Pieds	Légèrement allongés.
Queue	Courte, haut placée, portée en cierge.
Poil	Dur et assez fin.
Couleur	Blanc à taches jaune rouge et tricolore.
Hauteur au garrot	De 35 à 40 centimètres.
Poids	Environ 25 kilogrammes.
Origine	Vendéenne.

« BLANDINEAU », « RONFLEAU », « SONORE » et « SONNANTE »
appartenant au Comte C. D'Elva, Mayenne. (Gravure extraite du Journal *La Chasse illustrée*.)

« ROYAL COMBATTANT »
appartenant au Comte C. D'ELVA, Mayenne. (Gravure extraite du Journal *L'Acclimatation*.)

Basset-Griffon de Bretagne.

Apparence générale	Un chien lourd et long.
Aptitudes	Un chien chassant de préférence le lapin et le lièvre.
Tête	Longue, crâne haut formant arête dans sa partie supérieure; *stop* peu accusé; museau long.
Yeux	Foncés.
Nez	Noir et long; narines bien ouvertes.
Babines	Pas trop pendantes.
Oreilles	Finement attachées, se terminant en pointe et légèrement papillotées.
Cou	Court et trapu; cette conformation a peu de cachet.
Epaules	Sèches et obliques.
Poitrine	Profonde et large.
Dos	Long et assez droit.
Ventre	Peu relevé.
Reins	Longs, larges et harpés.
Cuisses	Très gigottées et rondes.
Pattes	A peu près droites.
Pieds	Allongés et forts, ongles développés; soles dures.
Queue	De longueur moyenne, portée vers le haut.
Poil	Dur et cassé, pas trop long; plus doux sur le crâne et les oreilles.
Couleur	Fauve avec marques blanches.
Hauteur au garrot	Environ 30 centimètres.
Poids	Environ 22 kilogrammes.
Origine	Bretonne.

Basset-Griffon de Bretagne idéal, d'après le peintre français P. Mahler.
(Gravure extraite du journal *L'Acclimatation*.)

Basset Bleu de Gascogne.

Apparence générale	Un chien aux formes fortes et massives.
Aptitudes	Un chien bien droit dans la voie du lièvre; au débuché il est parfois musard.
Tête	Assez longue et bien développée.
Crâne	Haut, étroit, se détachant du museau suivant un angle très accentué.
Museau	Très développé, chanfrein légèrement busqué.
Yeux	D'un brun foncé, légèrement sanguinolents.
Nez	Noir, puissant et ressorti; narines bien ouvertes.
Babines	Pas trop développées.
Oreilles	Papillotées, très longues, finement attachées, placées en dessous de la ligne des yeux.
Voix	Gorgée puissamment, mais un peu sourde.
Cou	Long et léger, fanons assez développés.
Épaules	Sèches et obliques.
Poitrine	Large et profonde.
Dos	Assez long et légèrement renfoncé.
Ventre	Assez relevé.
Cuisses	Un peu grêles, mais bien couvertes de muscles.

« MONITOR » et « MISÈRE »
appartenant à M. J. G. Giet, Dordogne. (Gravure extraite du Journal *La Chasse illustrée*.)

« GASCON »
appartenant à M. J. Delaval, Compiègne. (Gravure extraite du Journal L'*Acclimatation*.)

« RENFORT » et « RIGOLETTE »
appartenant au Jardin d'Acclimatation de Paris. (Gravure extraite du Journal *Le Cheval*.)

BASSET BLEU DE GASCOGNE.

« CANTINE » et « FANFARE »
appartenant à M. D. d'Heudières, Brionne. (Gravure extraite du Journal *L'Éleveur*.)

Corps	Long, près de terre, manquant un peu de substance.
Pattes	Demi torses.
Pieds	Allongés.
Queue	Fine, portée en cierge, plantée un peu bas.
Poil	Court et dense.
Couleur	Quatrœillée de feu et mouchetée de la même couleur sur les pattes; truitée bleu et marquée de taches noires.
Hauteur au garrot	De 33 à 38 centimètres.
Poids	De 22 à 26 kilogrammes.
Origine	Gasconne.

Clubs et Sociétés Canines.

Belgique

Société Royale St-Hubert
Président d'honneur : S. A. R. Mgr le Prince Albert de Belgique.
Président : Baron W. del Marmol . . . . . . Ensival
Secrétaire général : V. du Pré, 42, rue d'Isabelle, Bruxelles
Cotisation : 20 francs.

Antwerp Fox-Terrier Club
Président d'honneur : S. A. R. Mgr le Comte de Flandre.
Président : Comte J. della Faille de Levergham . . Anvers
Secrétaire : John Lysen . . . 22, rue de l'Hôpital, Anvers
Cotisation : 15 francs.

Bull-Dog Club Belge
Président : E. van der Meulen . . . . Bruxelles
Secrétaire : G. Smaelen, 23, Marché aux Grains, Bruxelles
Cotisation : 12 francs.

Club de l'English Setter
(En formation)

Club du Chien de Berger Belge
Président : M. Charles . . . . Forest
Secrétaire : . . . . Bruxelles
Cotisation : 5 et 12 francs.

Fox-Ratier Club Liégeois
Président : J. Lajot . . . . Liège
Secrétaire : Eug. Beauwin . . . 3, rue des Carmes, Liège
Cotisation : 10 francs.

Fox-Terrier Club Brugeois
Président : J. van de Berghe . . . . Bruges
Secrétaire : F. van Bogaert . . 44, rue d'Ostende, Bruges
Cotisation : 12 francs.

Fox-Terrier Club de Bruxelles
Président : Josse Goffin . . . . Bruxelles
Secrétaire : H. Tilmans, 32, rue Fossé-aux-Loups, Bruxelles
Cotisation : 5 et 12 francs.

Fox-Terrier Club de Genappe
Président d'honneur : J. Berger . . . . . . Genappe
Président : A. Depercenaire . . . . Genappe
Secrétaire : Léon Gilbert . . . . Genappe
Cotisation : 10 francs.

Fox-Terrier Club Montois
Président : A. Bricman . . . . Mons
Secrétaire : Aug. Wanin . . . . 8, rue de la Biche, Mons
Cotisation : 12 francs.

Gordon Setter Club
Président : W. Castelein . . . . Anvers
Secrétaire : Eug. Guiol . . . 8, rue du Congrès, Bruxelles
Cotisation : 20 francs.

Griffon Club Belge
Président d'honneur : Baron E. Coppens . . Aye
Président : Théo Lacourt . . . . Jodoigne
Secrétaire : H. Otto de Mentock, St-Remi-Geest (par Jodoigne)
Cotisation : 12 francs.

Ostend Fox-Terrier Club
Président : L. Frankignoul . . . . Ostende
Secrétaire : F. Janssens . . 1, Marché-aux-Herbes, Ostende
Cotisation : 10 francs.

Rabbit Coursing Club de Gand
Président : R. Legrand . . . . Gand
Secrétaire : A. Feyerick . . . . Gand
Cotisation : 10 francs.

Schipperkes Club et Club du Griffon Bruxellois
Président d'honneur : Comte de Beauffort . . . Bruxelles
Président : F. E. de Middeleer . . . . Bruxelles
Secrétaire : A. Vanbuggenhoudt, 42, rue d'Isabelle, Bruxelles
Cotisation : 10 francs.

Société La Diane
Président d'honneur : Baron J. du Sart de Bouland . Mons
Président : Abrassart de Bulloy . . . . Mons
Secrétaire : Aug. Wanin . . . 8, rue de la Biche, Mons
Cotisation : 12 francs.

Teckel Club Belge
Président d'honneur : Baron H. van Havre . . . Merxem
Président : A. Stettner . . . . Bruxelles
Secrétaire : A. Philippen, 8, avenue Michel-Ange, Bruxelles
Cotisation : 5 et 12 francs.

Terrier Club Binchois
Président : E. Boursin . . . . Binche
Secrétaire : A. Rochez . . . . Binche
Cotisation : 10 francs.

Hollande

Nederlandsche Kennel Club Cynophilia
Président : Jhr D. Roëll . . . . La Haye
Secrétaire : Dr A.-J.-J. Kloppert, Amstel Villa, Hilversum
Cotisation : 3 et 10 fl.

Nederlandsche Jachtvereeniging Nimrod
Président : Baron F. van Tuyll van Serooskerken, Velsen
Secrétaire : R. de Favauge . . . . Heemstede
Cotisation : 15 et 40 fl.

Nederlandsche Barzoi Club
Présidente d'honneur : Duchesse de New-Castle, New-Castle
Président : L.-R.-J. Dobbelmann . . . . . Rotterdam
Secrétaire : L. Labouchère . . . . Zeist
Cotisation : 3 et 7.50 fl.

Nederlandsche Duitsche Doggen Klub
Président : Nic. Huygen . . . . Rotterdam
Secrétaire : J.-A. Velds . 52, Goudsche Singel, Rotterdam
Cotisation : 5 et 7.50 fl.

Nederlandsche Duitsche Staande Honden Club
Président : S.-J. van den Bergh . . . . . . La Haye
Secrétaire : J.-A. Duynstee . . . Zwarteweg, La Haye
Cotisation : 5 fl.

Nederlandsche Teckel en Basset Club
Président : O.-Z. van Sandick . . . . . . Amsterdam
Secrétaire : C.-J.-J. Fokker . . . . Leiden
Cotisation : 5 et 7.50 fl.

Kynologen Vereeniging Nederland
Président : L.-R.-J. Dobbelmann . . . . . Rotterdam
Secrétaire : A. Gouka . . . . Schiedam
Cotisation : 3 et 10 fl.

Pointer Club
Président : H.-P. Berlage . . . . Amsterdam
Secrétaire : A. Coppens . . . . Willy House, Bussum
Cotisation : 3 et 7.50 fl.

Setter Club
Président : G.-J. van der Vliet . . . . . . Overveen
Secrétaire : H. Gerlach . . . . Domburg
Cotisation : 3 et 7.50 fl.

Vereeniging van Liefhebbers van Rashonden Kynos
Président : F. Noorduyn . . . . Nymegen
Secrétaire : P. Duynstee . . . . Nymegen
Cotisation : 5 fl.

Whippet Club
Président d'honneur : Baron A. van Brienen . . La Haye
Président : Baron F. van Tuyll van Serooskerken . Velsen
Secrétaire : W. de Knokke van der Meulen . . Voorburg
Cotisation : 10 fl.

France

Société centrale pour l'amélioration des races de chiens en France
Président d'honneur : Prince de Wagram . . . . . Paris
Président : Léon d'Halloy . . . . Paris
Secrétaire : Comte A. d'Elva, 40, rue des Mathurins, Paris
Cotisation : 30 et 60 francs.

Canis Club
Président : . . . . Paris
Secrétaire : . . . 2, rue de la Madeleine, Paris
Cotisation : 50 francs.

Club de Bassets
A. *Section générale :*
Président général : Comte le Couteulx de Canteleu . Paris
Secrétaire : J. Boutroue . . 40, rue des Mathurins, Paris

B. *Section bassets à poil long :*
Président : Comte A. d'Elva . . . . Paris
Secrétaire : M. Lesèble . . . . Paris

C. *Section bassets à poil ras :*
Président : A. de Coninck . . . . Le Hâvre
Secrétaire :
Cotisation : 20 francs.

Club de Chiens de Dames
Président : . . . . Paris
Secrétaire : . . . . Paris
Cotisation : 15 francs.

Club des Chiens d'utilité et de garde
Président d'honneur : P. Caillard . . . . Lailly
Président : Menans de Corre . . . . Traves
Secrétaire : . . . . Paris
Cotisation : 20 francs.

Club Français du Chien de Berger
A. *Comité général :*
Président d'honneur : M. Meline . . . . Paris
Président : E. Boulet . . . . Elbœuf
Secrétaire : J. Boutroue . . 40, rue des Mathurins, Paris

B. *Sous-comité :*
Président : M. Thieullent . . . . Paris
Secrétaire : B. Roux . . . . Paris
Cotisation : 5 francs.

Club Français du Setter anglais
(*En formation.*)

Coursing Club
Président : . . . . Paris
Secrétaire : . . . . Paris
Cotisation : 15 francs.

Fox-Terrier Coursing Club

Président : Clém. Béthune . . . . . Wasquehal, Lille
Secrétaire : A. Boutroue . . . . Lille
        Cotisation : 20 francs.

Gordon Setter Club

Président : P. Caillard. . . . . Lailly
Secrétaire : E. Deyrolle . . . . . 40, rue du Bac, Paris
        Cotisation : 20 francs.

Pointer Club

Président : . . . . Paris
Secrétaire : J. Boutroue . . . 40, rue des Mathurins, Paris
        Cotisation : 20 francs.

Réunion des Amateurs de Chiens d'arrêt Français

Président d'honneur : Mgr le Duc de Chartres . . . Paris
Président : R. de Villebois Mareuil . . . . Paris
Secrétaire : P. Mégnin . 12, boulevard Poissonnière, Paris
        Entrée : 2 francs.
        Cotisation : 3 francs.

Setter Club

Président : Comte d'Archiac . . . . Paris
Secrétaire : J. Boutroue . . . 40, rue des Mathurins, Paris
        Cotisation : 20 francs.

Société canine du Sud-Est

Président : Comte J. de Montat . . . . . . Villefranche
Secrétaire : V. Avet . . . . . 35, rue Turpin, Lyon
        Cotisation : 20 francs

Société cynégétique du Nord

Président : Ed. Longhaye . . . . Lille
Secrétaire : A. Boutroue . . . . Lille
        Cotisation : 20 francs.

Société des Field-Trials de Normandie

Président : Comte A. de Bagneux . . . . Rouen
Secrétaire : Comte G. de Germinez. . . . . . . Rouen
        Cotisation : 25 francs.

Société de Vénérie

Président d'honneur : Vicomte Em. de la Besge . . Paris
Président : Vicomte A. de Montsaulnin . . . . . Paris
Secrétaire : Comte G. de Beaumont . . . . . . Paris
        Cotisation : 30 francs.

Société Havraise pour l'amélioration de la race canine

Président : J. de Coninck . . . . Le Hâvre
Secrétaire : . . . . Le Hâvre
        Cotisation : ad libitum.

Spaniel Club

Président : Ch. Hazard . . . . Lyon
Secrétaire : J. Prudhommeaux. . . . . Lyon
        Cotisation : 20 francs.

Angleterre

Kennel Club

Président : S.-E. Shirley . . . . . . Stradford-on-Avon
Secrétaire : W.-W. Aspinall, 27, Old Burlington street . . . . Londres W.
        Entrée : £ 5, 5 sh.
        Cotisation : £ 5, 5 sh.

Ladies' Kennel Association

Présidente d'honneur : S. A. R. la Princesse de Galles . . . . Londres
Présidente : S. A. R. la Duchesse de Teck, Londres
Secrétaire : Mme A. Stennard Robinson, 5, Great James street . . . . Londres W. C.
        Entrée : 5 sh.
        Cotisation : £ 1.

British Kennel Association

Président : . . . . Londres
Secrétaire : W.-K. Taunton, 191, Fleet street, Londres, E. C.
        Cotisation : £ 1, 1 sh.

Irish Kennel Association

Président : Capt. E. Millner . . . . Dublin
Secrétaire : E. Gallagher . . 23, Bachelor's Walk, Dublin
        Entrée : £ 1. 1 sh.
        Cotisation : £ 1, 1 sh.

Scottish Kennel Club

Président : H. Panmure Gordon . . . . . . Edimbourg
Secrétaire : T. Tennant . . 58, Renfield street, Glasgow
        Cotisation : £ 1, 1 sh.

Welsh Kennel Club

Président d'honneur : S. A. R. le Prince de Galles, Londres
Président : C.-M. Berkeley . . . . Penarth
Secrétaire : E.-H. Walbrook, 38, Plastertun Avenue, Cardiff
        Cotisation : 10 sh. 6 d.

Aberdeen and Kincardine Coursing Club

Président : . . . . Aberdeen
Secrétaire : . . . . Kincardine
        Cotisation : 5 sh.

Aberdeen and North of Scotland Collie Club

Présidente d'honneur : Mme A. Murray . . . . Aberdeen
Président : W.-J. Belton . . . . Aberdeen
Secrétaire : S. Lawrence . . 26, Urquhart-Road, Aberdeen
        Cotisation : 5 sh.

Accrington and Borough Canine Society

Président : F.-W. Bateson . . . . Accrington
Secrétaire : Ben. Coupe. . . 22, Major Street, Accrington
        Cotisation : 10 sh.

Accrington Canine Association

Président : Geo Ballough . . . . Accrington
Secrétaire : Thos. Bentley . . Blockade Hôtel, Accrington
        Cotisation : 5 sh.

CLUBS ET SOCIÉTÉS CANINES.

Airedale and Old English Terrier Club
Président : . . . . Londres
Secrétaire : W.-A. Underhill, 17, Bowling, Old Lane, Bradford
Cotisation : 10 sh. 6 d. pour chaque race

Airedale Terrier Club
Président : E. Newton Deakin. . . . . Cheadle
Secrétaire : H.-M. Bryans, Cholmondeley, Malpas, Cheshire
Entrée : 10 sh.
Cotisation : 10 sh.

Airedale Terrier Club for Scotland
Président : . . . . Glasgow
Secrétaire : H.-H. Clegg . . . 54, Miller street, Glasgow
Cotisation : 10 sh. 6 d.

Altcar Coursing Club
Président : . . . . Altcar
Secrétaire : . . . . Altcar
Cotisation : 5 sh.

Angus and Means Canine Club
Président : . . . . Angus
Secrétaire : D.-B. Gray . . . 40, St-Andrew street, Dundee
Cotisation : 5 sh.

Arbroath Canine Club
Président : Jas McWattie . . . . Arbroath
Secrétaire : C. McLeod . . . . Arbroath
Cotisation : 10 sh.

Ardrossan D:g Society
Président : . . . . Ardrossan
Secrétaire : P. Cunningham . . . . Ardrossan
Cotisation : 5 sh.

Ashton-Under-Lyne and District Canine Society
Président : W.-M. Radcliffe . . . . Ashton
Secrétaire : A. Moss. . . . . 98, Stanhope street, Ashton
Cotisation : 10 sh. 6 d.

Association of Bloodhound Breeders
Président : E. Brough . . . . Scarborough
Secrétaire : Edgar Farman . . . . Londres
Cotisation : £ 1. 1 sh.

Banchory Canine Society
Président : . . . . Banchory
Secrétaire : And. Turner . . . . Banchary
Cotisation : 5 sh.

Bangor Coursing Club
Président : . . . . Bangor
Secrétaire : W. Ellis . . . . Bangor
Cotisation : 5 sh.

Barnes Dog Racing Syndicate
Président : . . . . Barnes
Secrétaire : J. Slater. . . . . White Hart Lane, Barnes
Cotisation : 10 sh.

Barnsbury and Islington Canine Society
Président : D. Bevins . . . . Islington
Secrétaire : H.-B. Quin . . . 21, Offord street, Barnsbury
Cotisation : 10 sh. 6 d.

Barnsley and District Canine Society
Président d'honneur : Comte Fitzwilliam . . . . Barnsley
Président : J.-S.-H. Fullerton . . . . Barnsley
Secrétaire : Jno Almgill . . 28, Cemetry Road, Barnsley
Cotisation : 2 sh. 6 d.

Barzoi Club
Président d'honneur : Duc de Newcastle. . . . Newcastle
Président : Dr A. Bradley . . . . Londres
Secrétaire : W. Taylor. . . . 104, Bold street, Liverpool
Cotisation : £ 1, 1 sh.

Basset Hound Club
Président : Capt J. Walsh . . . . Londres
Secrétaire : Everitt Millais . . Littleton House, Shepperton
Cotisation : £ 2, 2 sh.

Bath and Western Counties Canine Association
Président : D. Young . . . . Bath
Secrétaire : L.-G. Morrell . . . . Bath
Cotisation : 10 sh. 6 d.

Bath and West of England Straight-Racing Whippet Club
Président : A. Hood-Wright . . . . Londres
Secrétaire : C. Darby . . . . Bath
Entrée : 4 sh.
Cotisation : 10 sh. 6 d.

Batley and District Canine Association
Président : M. Biltcliffe . . . . Batley
Secrétaire : J. Taylor . . . . . 3, Park Road, Batley
Cotisation : 10 sh. d.

Beagle Club
Président : W. Temple . . . . Londres
Secrétaire : N.-G. Gwynne, 77, Fleet street, Londres, S. W.
Cotisation : £ 1, 1 sh.

Bedlington Terrier Club
Président : A. Hastie. . . . . . New-Castle-on-Tyne
Secrétaire : W.-E. Alcock. Humbledon
Hill House . . . . Sunderland
Entrée : 10 sh. 6 d.
Cotisation : 10 sh. 6 d.

Belfast Dog Society
Président : S. Hugh Bell . . . . Belfast
Secrétaire : W. Curran. . . 105, Duncairn street, Belfast
Cotisation : 10 sh. 6 d.

Belsize Canine Club
Président : C. Watts . . . . Belsize
Secrétaire : C.-H. Duncan . . . . Belsize
Cotisation : 10 sh.

CLUBS ET SOCIÉTÉS CANINES.

Birkenhead Dog Society
Président : E.-W. Murphy . . . . Birkenhead
Secrétaire : W.-M. Barlow . . . . Birkenhead
Cotisation : 10 sh. 6 d.

Birmingham and Midland Counties Bull-Dog Club
Président : A.-S. Coxson . . . . Birmingham
Secrétaire : G.-A. Barton, 3, Corporation street, Birmingham
Cotisation : £ 1, 1 sh.

Birmingham Sporting Dog Society
Président : Duc de Marlborough . . . . . Birmingham
Secrétaire : . . . . Birmingham
Cotisation : 10 sh. 5 d.

Black and Tan Terrier Club (Anglais)
Président : Col. C.-S. Dean . . . . Bromborough
Secrétaire : L. Gallaher . . . The Lymes, Leyton, Essex
Entrée : 10 sh. 6 d.
Cotisation : £ 1, 1 sh.

Black and Tan Terrier Club (Ecossais)
Président d'honneur : Duc de Portland . . . . Worksop
Président ; S. Cameron . . . . , Glasgow
Secrétaire : Geo Chugg . . 357, New City Road, Glasgow
Entrée : 10 sh. 6 d.
Cotisation : 10 sh. 6 d.

Black and Tan Terrier Club (Irlandais)
Président : . . . . Dublin
Secrétaire : H.-J. Fulljames . . . . 8, Marple Road, Dublin
Cotisation : 10 sh. 5 d.

Blackburn Canine Association
Président : J.-A. Porter . . . . Blackburn
Secrétaire : T. Butterworth, 16, New Market street, Blackburn
Cotisation : 10 sh.

Blackpool and District Canine Society
Président d'honneur : M. White Ridley . . . . Blackpool
Président : J. Bradbury . . . . Blackpool
Secrétaire : J.-E. Thompson, 35, Manchester Road, Blackpool
Cotisation : 10 sh. 6 d.

Bolton Dog Society
Président : F.-C. Hignett . . . . Bolton
Secrétaire : J.-L. Thornburn . . . . 16, Acresfield, Bolton
Cotisation : 10 sh.

Borris-in-Ossory Coursing Club
Président : . . . . Borris
Secrétaire : . . . . Borris
Cotisation : 5 sh.

Bradford and District Canine Society
Président : J. Foster . . . . Bradford
Secrétaire : A.-McKerrow . . . Prospect Villa, Blackley
Cotisation : 10 sh.

Brigg Coursing Club
Président : . . . . Brigg
Secrétaire : . . . . Brigg
Cotisation : 5 sh.

Bristol and West of England Kennel Club
Président : F. Richardson Cross. . . . . Bristol
Secrétaire : R. Everill . . . . 7, Baldwin street, Bristol
Cotisation : 10 sh. 6 d.

Bristol Whippet Club
Président : W. Butler . . . . Bristol
Secrétaire : C. Cronfield . . . . Bristol
Cotisation : 5 sh.

British Bull-Dog Club
Président : R.-J. Hartley . . . . Londres
Secrétaire : Cyril F.-W. Jackson . . Charterhouse, Bath
Cotisation : £ 1, 1 sh.

Broughton Dog Society
Président : J. Wigwall. . . . . Preston
Secrétaire : A. Kerfoot . . . Whitefield House, Ingol
Cotisation : 10 sh. 6 d.

Brussels Griffon Club
Présidente d'honneur : Comtesse Henri de Bylandt, Bruxelles
Présidente : Mme Harcourt Clare. . . . . . . Londres
Secrétaire : Mlle A. Gordon, Springfield Road, St-Léonards
Cotisation : £ 1, 1 sh.

Buckhaven Canine Club
Président : . . . . Buckhaven
Secrétaire : Thom Bell . . . . Buckhaven
Cotisation : 10 sh.

Bull-Dog Club (Ecossais)
Président d'honneur : G.-G. Tod . . . . . . Midlothian
Président : J. Thomson Gray . . . . Crieff
Secrétaire : J.-S. McWalter . . 26, Castle street, Dundee
Entrée : 5 sh.
Cotisation : 5 sh.

Bull-Dog Club (Incorporated)
Président : J.-W. Berrie . . . . . Kilmarnock, Tooting
Secrétaire : F.-W. Crowther, 9, Darenth Road, Stamford Hill.N.
Entrée : £ 1, 1 sh.

Bull-Terrier Club (Anglais)
Président : H. Johnstone . . . . Birmingham
Secrétaire : W.-G. Green . 19, George street, Gloucester
Cotisation : £ 1, 1 sh.

Bull-Terrier Club (Ecossais)
Président : F. McFadyen . . . . Glasgow
Secrétaire : P. Buchanan. . 150, Sandyfaults street, Glasgow
Cotisation : 10 sh. 6 d.

Burnley and District Canine Society
Président : Dr Lawson . . . . Burnley
Secrétaire : J. Manley Tee. . 26, Raglan Road, Burnley
Cotisation : 10 sh.

Burton-on-Trent Canine Society
Président : F.-J.-R. Morris . . . . . Burton-On-Trent
Secrétaire : J. Burman . 81, High street, Burton-On-Trent
Cotisation : 10 sh. 6 d.

Buxton Dog Society
Président : . . . . Buxton
Secrétaire : Sam Deacon . . . . Buxton
Cotisation : 10 sh.

Caithness Canine Society
Président : . . . . Caithness
Secrétaire : D.-G. Miller . . . . Wick
Cotisation : 10 sh,

Cambridge Canine Society
Président : . . . . Cambridge
Secrétaire : T.-H. Brown . . . . Cambridge
Cotisation : 10 sh.

Canine Association for Harrogate
Président : H.-W. Stevens . . . . . . Harrogate
Secrétaire : B. Oxley . . . . . . Starbeck, Harrogate
Cotisation : 10 sh.

Canine Association for Lancaster
Président : . . . . Lancaster
Secrétaire : . . . . Lancaster
Cotisation : 10 sh.

Canine Society for Dunoon
Président : . . . . Dunoon
Secrétaire : J. Baillie . . . . Dunoon
Cotisation : 10 sh. 6 d.

Canine Society for Holloway and Highgate
Président : . . . . Londres
Secrétaire : Harry S. Cook, 2, Fairmead Road, Holloway . . . . Londres
Cotisation : 10 sh.

Canine Society for Macclesfield
Président : . . . . Macclesfield
Secrétaire : W. Shrigley . 40, Chester Road, Macclesfield
Cotisation : 10 sh.

Canine Society for Plymouth
Président : The Mayor of Plymouth . . . . . Plymouth
Secrétaire : B.-C. Downing . . 11, Egeston Road, Plymouth
Cotisation : 10 sh. 6 d.

Canine Society for Portsmouth
Président : . . . . Portmouth
Secrétaire : . . . . Portmouth
Cotisation : 10 sh.

Cardiff and South Wales Kennel Club
Président : C.-M. Berkeley . . . . Cardiff
Secrétaire : F.-L. Short . . . Metropole Hotel, Cardiff
Cotisation : 10 sh. 6 d.

Cark-in-Cartmel Dog Society
Président : J. Stretch . . . . Cark-in-Cartmel
Secrétaire : J. Hindle . . . . Cark-in-Cartmel
Cotisation : 10 sh. 6 d.

Carnoustie Canine Club
Président : D.-J. Henderson. . . . . . . Carnoustie
Secrétaire : D.-A. Christie . . . . Carnoustie
Cotisation : 10 sh.

Cashing Coursing Club
Président : . . . . Cashing
Secrétaire : . . . . Cashing
Cotisation : 5 sh.

Castletown Dog Society
Président : J. Clark . . . . Castletown
Secrétaire : A. Catlow . . . . Castletown
Cotisation : 10 sh.

Chester-le-Street Dog Society
Président : . . . . Chester-le-Street
Secrétaire : . . . . Chester-le-Street
Cotisation : 10 sh.

Chow-Chow Club
Président : Lady Granville Gordon . . . . Londres
Secrétaire : W.-R. Temple, 66, Victoria street, Londres S.W.
Cotisation : £ 1. 10 sh.

Cirencester Coursing Club
Président : . . . . Cirencester
Secrétaire : Rev. Fawcett . . . . Cirencester
Cotisation : 5 sh.

City of Ely Dog Society
Président : . . . . Ely
Secrétaire : C. Williams. . . . . Ely, Cambs
Cotisation : 10 sh.

City of Glasgow Canine Club
Président : . . . . Glasgow
Secrétaire : H.-L. Gentles, 338, Sauchiehall street, Glasgow
Cotisation : 10 sh.

City of Leeds Yorkshire Terrier Association
Président : J.-G. Smith . . . . Leeds
Secrétaire : W. Ambler . . 17, Whitfield street, Hunslet
Cotisation : 10 sh. 6 d.

City of Liverpool Collie Club
Président : G. Holliday. . . . . Liverpool
Secrétaire : Jos. Rogerson. . 247, Walton Road, Liverpool
Cotisation : 10 sh. 6 d.

City of Sheffield Canine Society
Président : Col. J. Bingham . . . . . . Sheffield
Secrétaire : G. Porter. . . . 44, West street, Sheffield
Cotisation : 10 sh. 6 d.

Club for Smooth Toys
(*En formation*)

Claro Canine Club
Président : . . . . Claro
Secrétaire : H.-W. Steevens . . . . . Brynland, Starbeck
Cotisation : 10 sh.

Clayton Heights Airedale Terrier Association
Président : . . . . Clayton Heights
Secrétaire : A.-B. McClellan. . . . . . Clayton Heights
Cotisation : 10 sh. 6 d.

Clydebank and District Kennel Club
Président : R.-J. Somerville. . . . . Mansfield
Secrétaire : Ben. Cumming, 4, Caledonian Place, Clydebank
Cotisation : 10 sh. 6 d.

Clydesdale Terrier Club
Président : J. Montgomery . . . . Glasgow
Secrétaire : H.-L. Gentles, 338, Sauchiehall street, Glasgow
Entrée : 5 sh.
Cotisation : 10 sh. 6 d.

Collie Club
Président d'honneur : Rev. Hans F. Hamilton . Londres
Président : J. Panmure Gordon . . . . . . Londres
Secrétaire : J. Stanley Higgs, Montague House, New-Barnet
Entrée : £ 1. 1 sh.
Cotisation : £ 1. 1 sh.

Collie Club for Lancaster and Cheshire
Président : . . . . Hyde
Secrétaire : F. Tinker . . . . 4, Norbury Avenue, Hyde
Cotisation : 10 sh. 6 d.

Comrie Dog Association
Président : A. Kemp . . . . Comrie
Secrétaire : J. Stobie . . . . Comrie
Cotisation : 10 sh.

County of Middlesex Canine Society
Président : A.-W. Perkins . . . . Greenford
Secrétaire : E.-S. Marshall . . . . Bel Hôtel, Ealing
Cotisation : 10 sh.

County Yorkshire Terrier Association
(*En formation*)

Cowell Canine Society
Président : A. Miller. . . . . Cowell
Secrétaire : R. Bailie . . . . Cowell
Cotisation : 10 sh.

Crewe and District Canine Association
Président : Baron W. Schroder . . . . Crewe
Secrétaire : J.-G. Hall . . . . . Cattle Market, Crewe
Cotisation : 10 sh.

Curly coated Retriever Club
Président : Vicomte Melville . . . . Edinburgh
Secrétaire : T. Smith . . . . . Springwood, Oldham
Cotisation : £ 1. 1 sh.

Dachshund Club
Président : A.-O. Mudie . . . . Ackley
Secrétaire : Capt. Barry, 12, Queen's Gate Terrace . . . . South Kensington
Entrée : £ 2. 2 sh.
Cotisation : £ 2. 2 sh.

Dalmatian Club
Président : Lord Braye. . . . . Rugby
Secrétaire : R. Rowe . . . . . . Lake Side, Ulverston
Cotisation : £ 1. 1 sh.

Dandie Dinmont Terrier Club
Président : Rev. E.-S. Tiddeman . Essex, Brentwood
Secrétaire : H.-J. Bidwell . 6, Craig Court, London, S. W.
Cotisation : 10 sh. 6 d.

Dartford Dog Society
Président : . . . . Dartford
Secrétaire : H. Beadle . . . . Dartford
Entrée : 5 sh.
Cotisation : 10 sh. 6 d.

Darwen Canine Association
Président : . . . . Darwen
Secrétaire : Ed. Bury . . 25, Richmond Terrace, Darwen
Cotisation : 5 sh.

Deerhound Club
Président : H. Singer . . . . Birmingham
Secrétaire : Maj. Ch. E. Davis 55, Great Pulteney street . . . . Bath
Entrée : 10 sh.
Cotisation : £ 1. 1 sh.

Derby Canine Society
Président : W. Arkwright . . . . Derby
Secrétaire : H.-J. Richardson. . . . . Derby
Cotisation : 10 sh. 6 d.

Derby Mutual Canine Club
Président : J.-N. Woodiwiss . . . . Derby
Secrétaire : J.-F. Gibson . . . . . Bridge Gate, Derby
Cotisation : 5 sh.

Dog Club for Eagly
Président : J.-N. Nilsen. . . . . Eagly
Secrétaire : F.-G. Dowson . . . . Eagly
Cotisation : 5 sh.

Dog Exhibitors' Club
Président : T.-C. Heath . . . . Birmingham
Secrétaire : J.-H Dixon Jenkinson Handsworth, Birmingham
Cotisation : 2 sh. 6 d.

Dog Owners' Defence Union of Scotland
Président : Rev. W. Fergus . . . . Glasgow
Secrétaire : D. Alexander . . . . Glasgow
Cotisation : 2 sh. 6 d.

Dogue de Bordeaux Club
Président : S. Woodiwiss. . . . . Londres
Secrétaire : H.-C. Brooke . . . . Bexley Heath
Cotisation : £ 1. 1 sh.

Dovedale Sheepdog Trials Club
Président d'honneur : Comte de Shrewsbury. . Shrewsbury
Président : Victor C.-W. Cavendish . . . . . Dovedale
Secrétaire : R.-W Hanbury . . . . Dovedale
Cotisation : 5 sh.

Dublin Coursing Club
Président : . . . . Dublin
Secrétaire : J.-A Cassidy, 42, South William street, Dublin
Cotisation : 5 sh.

Dukinfield and District Canine Society
Président : Wm Riley . . . . Dukinfield
Secrétaire : J.-W. Grime . . . 60, Birch Lane, Dukinfield
Cotisation : 10 sh. 6 d.

Dunfermline Canine Society
Président : Dr J. Tuke . . . . Dunfermline
Secrétaire : J.-R. Stevenson Queen Anne street, Dunfermline
Cotisation : 5 sh.

Dumfries Dandie Dinmont Terrier Club
Président : A. Wallace . . . . Dumfries
Secrétaire : D. McMillan . . 29, Friars'Vennel, Dumfries
Cotisation : 10 sh. 6 d.

Dundee Canine Club
Président : Wm Reid . . . . Dundee
Secrétaire : Forbes Grant . . 50, West Port, Dundee
Cotisation : 10 sh.

Durham City and District Canine Club
Président : J. Carr . . . . Durham
Secrétaire : Ch. Thwaites Jr. . . . . Durham
Cotisation : 10 sh.

Ealing and District Canine Society
Président : A.-W. Perkin . . . . Ealing
Secrétaire : W Pearson . . Drayton, Green Road, Ealing
Cotisation : 10 sh. 6 d.

Ealing Terrier Club
Président : J.-R. Whittle . . . . . . Hayes, Middlesex
Secrétaire : T.-F. Eveleigh . . . . Ealing
Cotisation : 5 sh.

Earsfield and District Canine Association
Président : Dr A. Freeman . . . . Earlsfield
Secrétaire : W.-E. Wells . Clarence Villa, Lower Tooting
Cotisation : 10 sh.

East central Toy Dog and Breeders Association
Président : W.-T. Ecclestone . . . . . . Londres
Secrétaire : Geo Wainwright 122, Old street, St-Luke's E. C.
Cotisation : 10 sh. 6 d.

East Dulwich Whippet Club
Président : J. Rowlands . . . . East Dulwich
Secrétaire : Chas Dold . 70, Nutbrook street, East Dulwich
Cotisation : 10 sh. 6 d.

East Grinstead Canine Society
Président : H.-H. York . . . . East Grinstead
Secrétaire : Wm Willis Gale . . . . . East Grinstead
Cotisation : 5 sh.

East Kilbride Kennel Club
Président : . . . . East Kilbride
Secrétaire : A. Lithgow . Torrance Square, East Kilbride
Cotisation : 10 sh. 6 d.

East Lancashire Canine Association
Président : . . . . Darwen
Secrétaire : W. Yardley . . . . Darwen
Cotisation : 10 sh.

East London Canine Association
Président : J. Ross . . . . Londres
Secrétaire : A. Woolterton . . . . Londres
Cotisation : 5 sh.

East London Canine Club and Breeders Association
(En formation)

Eastern Counties Coursing Club
Président : M. Fletcher . . . . Witham
Secrétaire : W.-F. Turner . . . . Witham
Cotisation : 5 sh.

Edinburgh Kennel Club
Président d'honneur : Lord Melville . . . . . Edinburgh
Président : Jas McKelvie . . . . Midlothian
Secrétaire : W.-J.-J. Parkes, 14, Wilfrid Terrace, Edinburgh
Cotisation : 5 sh.

Elginshire Canine Society
Président : D. Forsyth . . . . Elgin
Secrétaire : Al. Edgar . . . . Gordon Arms Hôtel, Elgin
Cotisation : 10 sh.

English Setter Club
Président : J. Shorthose . . . . Birmingham
Secrétaire : Geo Potter . . . . The Elms, Birmingham
Cotisation : £ 1. 1 sh.

Essex and East London Canine Club
Président : J.-W. Ross . . . . Londres
Secrétaire : W. Tarring . Forest Gate, Heathcot, Essex
Entrée : 5 sh.
Cotisation : 10 sh. 6 d.

Essex County Coursing Club
Président : . . . . Southminster
Secrétaire : . . . . Southminster
Cotisation : 5 sh.

Exeter and County Canine Society
Président : . . . . Exeter
Secrétaire : W. H. Pinder . . . . Exeter
Cotisation : 10 sh.

Exhibitor's Club
Président : Sir Humphrey F. de Trafford . . Birmingham
Secrétaire : H. Dixon Jenkinson, Handsworth, Birmingham
Cotisation : 2 sh. 6 d.

Falkirk District Canine Club
Président : Alex. A. Skene Tarbut . . . . . . Falkirk
Secrétaire : R.-S. Turnbill . . . . Hazelbank, Falkirk
Cotisation : 10 sh.

Fermagh Coursing Club
Président : . . . . Fermagh
Secrétaire : . . . . Fermagh
Cotisation : 5 sh.

CLUBS ET SOCIÉTÉS CANINES.   1077

Field and Bench Retriever Club
Président : W. Arkwright . . . . . Chesterfield
Secrétaire : L. Allen Shuter . . . Horton, Kirby, Kent
Cotisation : 10 sh. 6 d.

Field Spaniel Club
Président : . . . . Dublin
Secrétaire : C. Penrose Johnstone, Rose Villa, Teremure . . . . Dublin
Cotisation : £ 1.

First London Whippet Racing Club
Président : . . . . Londres
Secrétaire : . . . . Londres
Cotisation : 5 sh.

Fox-Terrier Club
Président : C.-H. Clarke. . . . . Londres
Secrétaire : J.-C. Tinne . . . Bashley Lodge, Lymington
Entrée : £ 2. 2 sh.
Cotisation : £ 2. 2 sh.

Frosterley Canine Society
Président : . . . . Frosterley
Secrétaire : . . . . Frosterley
Cotisation : 10 sh.

Fylde Fox-Terrier Club
Président : Rev. C.-T. Fischer . . . . . . Fylde
Secrétaire : John J. Stott. . . Barton House, Manchester
Entrée : £ 1. 1 sh.
Cotisation : £ 1. 1 sh.

Garstang Dog Association
Président : Lord Ashton . . . . Garstang
Secrétaire : Jos. Thomas . . . . Garstang
Cotisation : 10 sh.

Geelong Coursing Club
Président : . . . . Geelong
Secrétaire : . . . . Geelong
Cotisation : 5 sh.

Glasgow Kennel Club
Président : . . . . Glasgow
Secrétaire : G.-J. Ingram, 16, West Howard street, Glasgow
Cotisation : 10 sh. 6 d.

Gloucester City and County Canine Society
Président : E. Pedder Smith . . . . Gloucester
Secrétaire : W.-T. Herring . . . . Gloucester
Entrée : 10 sh.
Cotisation : 10 sh.

Goole and District Canine Society
Président : R.-G. Beckerton . . . . Goole
Secrétaire : Wm Shirlaw . . . . . Arcade, Goole
Cotisation : 10 sh. 6 d.

Gordon Setter Club
Président : Sir Humphrey F. de Trafford . Manchester
Secrétaire : F.-A. Manning, Effingham Lodge, Upper Norwood
Cotisation : £ 1. 1 sh.

Grantham Dog Society
Président : Comte J. Brownlow . . . . . . Grantham
Secrétaire : J.-W. Bailey . . . . Grantham
Cotisation : 10 sh.

Great Dane Club
Président : R. Leadbetter . . . . Londres
Secrétaire : R. Hood-Wright . . . Park Hill, Frome
Cotisation : £ 1. 1 sh.

Greenock Kennel Club
Président : D.-P. Milne . . . . Greenock
Secrétaire : Wm Wilson . . 26, Hamilton street, Greenock
Cotisation : 10 sh. 6 d.

Grimsby and District Canine Society
Président : W. Brocklesby . . . . New Clee
Secrétaire : C.-T. Smith . . . 19, Strand street, Grimsby
Cotisation : 10 sh. 6 d.

Halifax and District Yorkshire Terrier Club
Président : T.-D. Hodgson . . . . Halifax
Secrétaire : Ed. Fleming . . 1, Parliament street, Halifax
Cotisation : 10 sh.

Halifax Canine Association
Président : . . . . Halifax
Secrétaire : L. Pearson. . . . . 9, Crown street, Halifax
Cotisation : 10 sh. 6 d.

Haslingden and District Canine Society
Président : . . . . Haslingden
Secrétaire : T. Sutcliffe . . . . The Lindens, Haslingden
Cotisation : 10 sh.

Heywood and District Canine Society
Président : C. Lee . . . . Heywood
Secrétaire : H. Stafford . . . . Heywood
Cotisation : 10 sh. 6 d.

High Wycombe Canine Society
Président : J. Leadbetter . . . . High Wycombe
Secrétaire : A-J. Clarcke . . . . High Wycombe
Cotisation : 10 sh.

Horncastle and District Canine Association
Président : W. Taylor Sharpe . . . . Horncastle
Secrétaire : Dr J.-W. Jessop . . . . Horncastle
Cotisation : 10 sh. 6 d.

Hull and District Canine Society
Président : J.-D. Maxwell . . . . Hull
Secrétaire : J.-H. Lawton . . 13, Waterworks street, Hull
Cotisation : 12 sh.

Hunstanton Dog Society
Président : S. Bond . . . . Hunstanton
Secrétaire : R.-A. Clifton . . . . Hunstanton
Cotisation : 10 sh. 6 d.

Hyde and District Dog Fancier's Association
Président : Geo Wood . . . . Hyde
Secrétaire : . . . . Hyde
Cotisation : 10 sh.

Hyde Canine Club
Président : R. Wood . . . . Stalybridge
Secrétaire : H. Sherar, 26, Traves street, Hyde, Manchester
Cotisation : 10 sh. 6 d.

International Pointer and Setter Society
Président d'honneur : Duc de Portland . . . Worksop
Président : J.-J. Giltrap . . . . Dublin
Secrétaire : F.-C. Lowe . . Bobbing Place, Sittingbourne
Cotisation : £ 2. 2 sh.

International Shooting Dog Club
Président d'honneur : Duc de Portland . . . Worksop
Président : W. Arkwright . . . . Chesterfield
Secrétaire : G. Potter . . . . Dublin
Cotisation : £ 1. 1 sh.

Irish Collie Club
Président : W. Bolton . . . . Dublin
Secrétaire : W.-D. Gilchrist . . 11, Leinster street, Dublin
Cotisaion : 10 sh. 6 d.

Irish Field Spaniel Club
Président : . . . . Dublin
Secrétaire : H.-C. Stanley . . . . Dublin
Cotisation : 10 sh.

Irish Fox-Terrier Club
Président : Chas. Figgis . . . . Dublin
Secrétaire : Wm Ferguson Kelly, Tally Ho, Clontarf, Dublin
Entrée : £ 1. 1 sh.
Cotisation : £ 1. 1 sh.

Irish Red Setter Club
Président d'honneur : Lord Ardilaun . . . . . Dublin
Président : J.-J. Giltrap . . . . Dublin
Secrétaire : S. Brown . . . . 27, Eustace street, Dublin
Entrée : £ 1. 1 sh.
Cotisation : £. 1 1 sh.

Irish Terrier Association
Président : Sir Humphrey F. de Trafford . . Manchester
Secrétaire : Fred. W. Breakell, Park House, Levenshulme
Cotisation : 10 sh. 6 d.

Irish Terrier Club (Anglais)
Président : C.-J. Barnett . . . . Henley
Secrétaire : J.-W. Taylor . . . . Manchester
Cotisation : 10 sh. 6 d.

Irish Terrier Club (Ecossais)
Président : . . . . Glasgow
Secrétaire : James Rankin . . 66, Eglinton street, Glasgow
Cotisation : £ 1. 1 sh.

Irish Terrier Club
A. *Section irlandaise* :
Président : G. Jamison . . . . Dublin
Secrétaire : Dr Rich. Carey . . . . : Borris, Carlow
B. *Section anglaise* :
Président : G.-R. Krehl . . . . Londres
Secrétaire : S. Mayall . . . . Londres
Cotisation : 10 sh.

Irish Water Spaniel Club
Président : Vicomte de Vesci . . . . Dublin
Secrétaire : Dr Rich. B. Carey . . . . . Borris, Carlow
Entrée : 10 sh. 6 d.
Cotisation : 10 sh. 6 d.

Irish Wolfhound Club
Président : Lord Arthur Cecil . . . . . . Tunbridge
Secrétaire : Walter Allen . . . . . Rednock, Cardiff
Cotisation : £ 2. 2 sh.

Isle of Man Collie Club
Président : Jno M. Simpson . . . . Ramsey
Secrétaire : F. Soorn . . . Harewood House, Douglas
Entrée : 10 sh. 6 d.
Cotisation : 10 sh. 6 d.

Isle of Wight and New-Forest Fox-Terrier Club
Président : Rev. C.-T. Fischer . . . . . Wight
Secrétaire : V.-B. Johnstone, The Elms, Wergs, Wolverhampton
Entrée : 10 sh. 6 d.
Cotisation : 10 sh. 6 d.

Japanese Spaniel Club
Président : A. Lindsay Hogg . . . . Londres
Secrétaire : E.-W. Murphy . . Brandon Farm, Birkenhead
Entrée : 10 sh. 6 d.
Cotisation : £ 1. 1 sh.

Jarrow-upon-Tyne Canine Club
Président : . . . . Jarrow-upon-Tyne
Secrétaire : . . . . Jarrow-upon-Tyne
Cotisation : 10 sh.

Jersey Collie Club
Président : . . . . Jersey
Secrétaire : W.-R. Laing . . . 7, Don Road, Jersey
Cotisation : 10 sh. 6 d.

Jersey Dog Club
Président : Col. E.-C. Malet de Carteret . . . . . Jersey
Secrétaire : F.-W. Barker . . . . Jersey
Cotisation : 10 sh. 6 d.

Johnston Coursing Club
Président : . . . . Kilkenny
Secrétaire : . . . . Johnston
Cotisation : 10 sh.

Junior Dachshund Club
Président : E.-S. Woodiwiss . . . Upminster, Essex
Secrétaire : S.-M. Blackston . 12, Winckley street, Preston
Cotisation : 10 sh. 6 d.

Keele Coursing Club
Président : . . . . Keele
Secrétaire : J. Sneyd . . . . Keele
Cotisation : 5 sh.

Keighly and District Canine Association
Président : . . . . Keighly
Secrétaire : Thom. Walker . . Corn Mill Bridge, Keighly
Cotisation : 10 sh.

Kendal Canine Association
Président : . . . . Kendal
Secrétaire : . . . . Kendal
Cotisation : 10 sh. 6 d.

Kennel and Field League
(*En formation.*)

Kensington Canine Society
Président : A. Northwood . . . . . . Kensington
Secrétaire : J.-H. Wiggington, Burnaby Gardens, ... Gunnersbury
Cotisation : 10 sh.

Kent County Canine Society
Président : R.-T. Tatham. . . . . Maidstone
Secrétaire : A. Wynn . . . . . 2, Cross street, Maidstone
Cotisation : 10 sh.

Kilmarnock Canine Society
Président : J.-C. Dykes . . . . Kilmarnock
Secrétaire : R.-D. Tannahill . . . . Kilmarnock
Cotisation : 10 sh. 6 d.

Kingcardineshire Canine Association
Président : J. Smith . . . . Auchcairnie
Secrétaire : W.-J.-C. Reed . . . . Laurencekirk
Cotisation : 10 sh.

Kings Lynn Dog Society
Président : J. Dunn . . . . Kings Lynn
Secrétaire : W. Fachney . . . . Kings Lynn
Cotisation : 10 sh. 6 d.

Kingston-upon-Hull Canine Society
Président : . . . . Hull
Secrétaire : J.-W. Woodmancy. . . 160, Hessle Road, Hull
Cotisation : 10 sh.

Ladies' Kennel Club
(*En formation.*)

Lancashire and Northern Counties Kennel Club
Président : Capt. W. Hargrave . . . . . . Liverpool
Secrétaire : Capt. F. Gaskill, Gill Moss House, Liverpool
Cotisation : 10 sh.

Lancaster Canine Association
Président : Col. J. Foster . . . . Lancaster
Secrétaire : D. Rowe . . . . 85, Penny street, Lancaster
Cotisation : 10 sh.

Leeds and County Yorkshire Terrier Association
Président : J.-G. Smith . . . . Leeds
Secrétaire : W. Ambler . . . 7, Whitfield street, Hunslet
Cotisation : 10 sh. 6 d.

Leeds, Otley and District Canine Society
Président : C.-L. Rogers . . . . Leeds
Secrétaire : J.-R. Anderson . 1, St-George's street, Leeds
Cotisation : 10 sh. 6 d.

Leeds Kennel Club
Président : . . . . Leeds
Secrétaire : R. Knight . . . . : . Leeds
Cotisation : 10 sh. 6 d.

Leek Canine Association
Président : A. Standring . . . . Leek
Secrétaire : W. Walker . . . . . 16, Bath street, Leek
Cotisation : 10 sh. 6 d.

Leicestershire Canine Society
Président : Dr A. Emms . . . . Leicester
Secrétaire : J. Parsons . . . . . Floral Hall, Leicester
Cotisation : 10 sh.

Lincolnshire Canine Society
Président : H. Marshall . . . . Lincoln
Secrétaire : F. Bates Brown . . The Laundry, Lincoln
Cotisation : 10 sh.

Liverpool and District Kennel Club
Président : Col Dean . . . . Liverpool
Secrétaire : J.-J. Fogg . 280, Westminster Road, Liverpool
Cotisation : 10 sh. 6 d.

Liverpool and Northern Counties St-Bernard Society
Président : Capt Hargrave . . . . Liverpool
Secrétaire : Wm Foster. . . . 41, Belmont Road, Liverpool
Entrée : 10 sh. 6 d.
Cotisation 10 sh. 6 d.

Liverpool Canine Association
Président : . . . . Liverpool
Secrétaire : W. Hood Wright, West Derby Road, Liverpool
Cotisation : 10 sh. 6 d.

Liverpool Collie Club
Président : . . . . Liverpool
Secrétaire : Jos. Rogerson . . 247, Walton Road, Liverpool
Cotisation : 10 sh. 6 d.

Liverpool Dog Society
Président : J. Edwards . . . . Liverpool
Secrétaire : A. McKenzie . . . . Liverpool
Cotisation : 10 sh.

London and Provincial Pug Club
Président : W. Pohl . . . . Londres
Secrétaire : J. Fabian . . . . . 460, Northride Londres
Cotisation : 10 sh. 6 d.

London Fox-Terrier Club
Président : J. Castle . . . . Londres
Secrétaire : Geo. L. Amlot .29, King Edward Road, Londres
Entrée : £ 1. 1 sh.
Cotisation : £ 1. 1 sh.

London Whippet Dog Racing Club
Président : R. Dickson . . . . Londres
Secrétaire : J. Evans . . . . Londres
Cotisation : 10 Sh. 6 d.

Lowestoft Canine Association
(*En formation.*)

Lytham Dog Society
Président : H. Ellis . . . . Lytham
Secrétaire : Wm Brennand . . . . Lytham
    Cotisation : 10 sh.

Macclesfield and District Canine Society
Président : W. B. Davenport . . . . Macclesfield
Secrétaire : W. Shrigley . . . Chester Road, Macclesfield
    Cotisation : 5 sh. et 10 sh. 6 d.

Maidstone, Kent County Canine Society
Président : . . . . Maidstone
Secrétaire : E.-C. Wood . . . 17, Foster street, Maidstone
    Cotisation : 10 sh. 6 d.

Manchester and District Blue and Tan Yorkshire Terrier Club
Président : J. Johnson . . . . Manchester
Secrétaire : T. Dodds. . . 54, Blossom street, Manchester
    Cotisation : 16 sh.

Manchester or Black and Tan Terrier Club
Président : Lieut.-Col. Dean . . . . Birkenhead
Secrétaire : J. Hazzlewood, Bank Bridge House, Manchester
    Cotisation : 5 sh.

Marham Coursing Club
Président : . . . . Marham
Secrétaire : . . . . Marham
    Cotisation : 5 sh.

Market Rasen Dog Show Society
Président : Lord Heneage . . . . Hainton
Secrétaire : J. Smith . . . . Market Rasen
    Cotisation : 10 sh.

Middlesbrough Canine Association
Président : . . . . Middlesbrough
Secrétaire : J.-B.-F. Readman, 59, Garnet street, Middlesbrough
    Cotisation : 10 sh.

Middleton and District Canine Society
Président : E. Pilkington . . . . Rhodes
Secrétaire : R. Critchley . . . . Middleton
    Cotisation : 10 sh. 6 d.

Midland and District Canine Society
(En formation.)

Midland Fox-Terrier and Collie Club
Président : J. T. Morby . . . . Moseley
Secrétaire : T. R. Carpenter . . King's Heath, Birmingham
    Cotisation : 10 sh. 6 d.

Mid-Rhondda Dog Society
Président : R.-A. Dobson . . . . Tonypandy
Secrétaire : D. Jones . . . . Tonypandy
    Cotisation : 5 sh.

Milngavie Kennel Club
Président : B. Bissland . . . . Milngavie
Secrétaire : J. Martin . . . . . Milngavie, Glasgow
    Cotisation : 10 sh.

Montrose Canine Club
Président : Morton E. Campbell. . . . . . Stratho
Secrétaire : J. Garvie . . . 107, High street, Montrose
    Cotisation : 5 sh.

National Bedlington Terrier Club
Président : E. Wakefield . . . . Edinburgh
Secrétaire : J. Kennedy . . . 49, South Back, Edinburgh
    Entrée : 5 sh.
    Cotisation : 5 sh.

National Bull-Terrier Club
Président : F. F. Gibson . . . . Londres
Secrétaire : H. J. Stevenson. . 35, Dornton Road, Balham
    Cotisation : 10 sh.

National Canine Defense League
Président : Vicomtesse Harbeston. . . . . . Londres
Secrétaire : . . . . Londres
    Cotisation :

National Dog Show Society
Président-d'honneur : Duc de Marlborough . . Marlborough
Président : A. Ludlow . . . . Birmingham
Secrétaire : G. Beech . . 37, Temple street, Birmingham
    Cotisation : £ 1. 1 sh.

National Field Trial Association
Président : . . . . Londres.
Secrétaire : S. Ebrall. . . . . Shrewsbury
    Cotisation : 10 sh. 6 d.

National Grey-Hound Coursing Club
Président : Comte J. de Sefton . . . . . . Liverpool
Secrétaire : R.-B. Carruthers, Huntington Lodge, Dumfries
    Cotisation : £ 1. 1 sh.

New Brighton Cheshire and District Dog Association
Président : . . . . Brighton
Secrétaire : . . . . Brighton
    Cotisation : 10 sh.

New Canine Society for Heywood
Président : J. Wardleworth . . . . Heywood
Secrétaire : H. Stafford . . . . Heywood
    Cotisation : 10 sh. 6 d.

New-Castle-on-Tyne Canine Society
Président : Geo Pape. . . . . . New-Castle-on-Tyne
Secrétaire : Thom. Marshall . . 271, Albert Road, Jarrow
    Cotisation : 6 sh.

New-Foundland Club
Président : E. Nichols . . . . Londres
Secrétaire : W.-E. Gillingham . 352, King's street, Londres
    Entrée : £ 1. 1 sh.
    Cotisation : £ 1. 1 sh.

New North Union Coursing Club
Président : Vicomte de Masserene. . . . . . Islande
Secrétaire : J. Stevenson . . . . Islande
    Cotisation : 5 sh.

New Pomeranian Club
(En formation.)

Newport Canine Association
Président : A. Henderson . . . . Marshfield
Secrétaire : J. Hince . . . . Newport
    Cotisation : 10 sh.

Newton Heath Canine Association
Président : W.-H. Davies . . . . Newton Heath
Secrétaire : J. Fairbrother, 18, St-Mary's Road, Newton Heath
    Cotisation : 10 sh.

Norfolk and Norwich Kennel Club
Président : Ern. E. Hines . . . . Norfolk
Secrétaire : G. Cooper. . . . . Norfolk
    Cotisation : 10 sh. 6 d.

Northampton and Midland Canine Society
Président d'honneur : Vicomte de Melville . . Northampton
Président : Rev. W. Cole . . . . Northampton
Secrétaire : W. S. Spark . . . . Northampton
    Cotisation : 10 sh. 6 d.

Northampton Canine Association
Président : H.-E. Rendall . . . . Northampton
Secrétaire : C.-G. Chambers. . . . . . Northampton
    Cotisation : 10 sh. 6 d.

Northern and Midland Collie Club
Président : Dr Geo McGill . . . . Manchester
Secrétaire : Har. Macbeth . . . Priory Bank, Cheshire
    Entrée : 21 sh.
    Cotisation : 30 sh.

Northern and Midland Sheep Dog Club
Président : Dr Geo McGill . . . . Manchester
Secrétaire : E. Bindloss . . Bindlow Chambers, Manchester
    Entrée : 10 sh. 6 d.
    Cotisation : £ 1. 1 sh.

Northern Bull-Terrier Club
Président : P.-H. Pritchard . . . . . . Manchester
Secrétaire : J. Frost . . . . 19, Forbes street, Stockport
    Cotisation : 10 sh. 6 d.

Northern Counties Bull-Dog Club
Président : C.-L. Rogers. . . . . Royston
Secrétaire : Geo. H. Harker, 153, Killinghall Road, Bradford
    Cotisation : 10 sh. 6 d.

Northern Counties New-Foundland Club
Président : R.-F. Matthews . . . . . Barrow-in-Furness
Secrétaire : A.-G. Smith, 10, Settle street, Barrow-in-Furness
    Cotisation : 10 sh. 6 d.

Northern Irish Wolfhound Club
Président : Col. C.-S. Dean . . . . Bromborough
Secrétaire : J. Trainor . . . . The Albany, Liverpool
    Entrée : 10 sh. 6 d.
    Cotisation : £ 1. 1 sh.

Northern Old English Mastiff Club
Président : W.-H. Watts. . . . . Liverpool
Secrétaire : Sam Williams . . . . Manchester
    Cotisation : £ 1. 1 sh.

Northern St-Bernard Club
Président : Capt. W. Hargrave . . . . . Liverpool
Secrétaire : Ben Walmsley, Ivy Lodge, Cambridge Road . . . . Southport
    Cotisation : 10 sh. 6 d.

North and Mid-Kent Canine Society
Président : Col. J. Mundy . . . . Lee
Secrétaire : J.-M. Barton . . . 5, Felday Road, Lewisham
    Entrée : 5 sh.
    Cotisation : 5 sh.

North of England Coursing Club
Président :
Secrétaire :
    Cotisation : 5 sh.

North of England Fox-Terrier Club
Président : Sir Humphrey F. de Trafford . . Manchester
Secrétaire : J.-E. Barker . . . 3, Hall Lane, Bradford
    Entrée : £ 1. 1 sh.
    Cotisation : £ 1. 1 sh.

North of London Canine Association
Président : F.-E. Harrison . . . . Londres
Secrétaire : T.-B. Rice . . . Eustan Cottage, Edmonton
    Cotisation : 10 sh. 6 d.

North Staffordshire Harrier Club
Président : Duc de Sutherland . . . . . . Sutherland
Secrétaire : . . . . Hanley
    Cotisation : 10 sh. 6 d.

North Staffordshire Kennel Club
Président : . . . . Hanley
Secrétaire : W. Hall . . . . . 8, Elm street, Hanley
    Cotisation : £ 1.

North Union Coursing Club
Président :
Secrétaire :
    Cotisation : 5 sh.

North Wales Dog Association
Président : . . . . Hanley
Secrétaire : T.-P. Jones Parry . . . . . . Wrexham
    Cotisation : 10 sh.

Norwegian Elkhound Club
(En formation.)

Nottingham and Midland Counties Fox-Terrier Club
Président : . . . . Nottingham
Secrétaire : John Marston . . . . . Ox Hôtel, Nottingham
    Entrée : 2 sh. 6 d.
    Cotisation : 2 sh. 6 d.

Nottingham Town and County Canine Society
Président d'honneur : Duc de Portland . . . Worksop
Président : H. Vickers . . . . Nottingham
Secrétaire : J. Townend. 6, Middle Pavement, Nottingham
    Entrée : 2 sh. 6 d.
    Cotisation : £ 1. 1 sh.

Novice Dog Club
Président :
Secrétaire : O. Saunders . . . 52, Gordon Road, Ealing
Cotisation : 5 sh.

Oban Canine Association
Président : Capt. J. Sutherland . . . . Oban
Secrétaire : D. Mcd. Skinner . . . . Oban
Cotisation : 10 sh.

Oldham and District Canine Society
Président : Geo Dellany . . . . Oldham
Secrétaire : J. Nuttall . . . 45, Albey Hill's Road, Oldham
Cotisation : 10 sh. 6 d.

Old Batley Canine Association
Président : . . . . Batley
Secrétaire : T. Arnold . . . 47, Commercial Road, Batley
Cotisation : 10 sh.

Old English Mastiff Club
Président : Lord Arthur Cecil . . . . Inverleithen. N. B.
Secrétaire : W. Norman Higgs, 146, Highbury New
Park . . . . Londres
Entrée : £ 1. 1 sh.
Cotisation : £ 1. 1 sh.

Old English Sheep Dog Club
Président d'honneur : Duc de Hamilton . . . Suffolk
Président : Sir Humphrey F. de Trafford . . . Manchester
Secrétaire : E. Parry Thomas . . . . . . Pontypridd
Entrée : 10 sh. 6 d.
Cotisation : 10 sh. 6 d.

Old English Terrier Club
Président : Rufus Mitchell . . . . Bradford
Secrétaire : A.-E. Clear . . . . . . Guyvers, Maldon
Entrée : £ 1. 1 sh.
Cotisation : £ 1. 1 sh.

Ormonde Whippet Racing Club
Président : . . . . Ormonde
Secrétaire : . . . . Ormonde
Cotisation : 5 sh.

Otley and District Canine Society
Président : . . . . Otley
Secrétaire : . . . . Otley
Cotisation : 10 sh.

Paisley Collie Club
Président : J.-McInnes . . . . Paisley
Secrétaire : G. Gibson . . . . Paisley
Cotisation : 10 sh. 6 d.

Paisley Kennel Club
Président : J. Hutchison . . . . Paisley
Secrétaire : Jas. McAllister . . 30, Tread street, Paisley
Cotisation : 10 sh.

Paisley Old Canine S. ciety
Président d'honneur : K.-W. Clark . . . . . . Paisley
Président : W.-J. Hamilton . . . . Paisley
Secrétaire : Jas. M. Tarquhar . . . . Paisley
Cotisation : 10 sh. 6 d.

Paisley Terrier Club
Président : . . . . Paisley
Secrétaire : J. Spiers . . . . 15, Sandholes, Paisley
Cotisation : 5 sh.

Peel and Isle of Man Dog Society
Président : . . . . Peel
Secrétaire : . . . . Peel
Cotisation : 10 sh.

Pendlebury, Swinton and Clifton Canine Society
Président : William Loxman . . . . Pendlebury
Secrétaire : John Ramsdale . . . . Swinton
Cotisation : 5 sh.

Penrith Canine Association
Président : W.-R. Mounsey . . . . Penrith
Secrétaire : Fred. Armstrong . . George Hôtel, Penrith
Cotisation . 10 sh. 6 d.

Perseverance Whippet Racing Club
Président :
Secrétaire :
Cotisation : 5 sh.

Pertshire Canine Society
Président : J. Carmichael . . . . Perth
Secrétaire : John Walker . . . 47, Princess street, Perth
Cotisation : 10 sh. 6 d.

Pet Dog Club
Président : . . . . Londres
Secrétaire : C. Houlker . . . Avenue Parade, Accrington
Cotisation : 10 sh. 6 d.

Pioneer Kennel Registry and Assurance Association
Président : . . . . Manchester
Secrétaire : T.-H. Cowper, Arcade Chambers, Manchester
Cotisation :

Plymouth and Devonport Dog Society
Président d'honneur : Comte de Mount Edgumbe, Devontport
Président : R.-B. Johns . . . . Plymouth
Secrétaire : J. Cooms . . . . . . Oreston, Plymouth
Cotisation : 10 sh. 6 d.

Pointer Club
Président : Duc de Portland . . . . Worksop
Secrétaire : Rev. James Pooley, Little Minton
Vicarage . . . . Tetsworth
Entrée : £ 1. 1 sh.
Cotisation : £ 2. 2 sh.

Pomeranian Club
Présidente : Mlle Hamilton . . . . Seend
Secrétaire : G.-M. Hicks . . . 3, Belmont Grove, Lee
Cotisation : £ 1. 1 sh.

Poodle Club
Président : J.-W. Berrie . . . Kilmarnock, Tooting
Secrétaire : C. Tryon . . . Vicarage Road, Teddington
Cotisation : £ 1. 1 sh.

Preston Kennel Club
Président : A. Todd . . . . Preston
Secrétaire : S. Blackston . . . Claremont Terrace, Preston
Cotisation : 10 sh. 6 d.

Preston Sheep Dog Club
Président : J.-W. Wignall . . . . Preston
Secrétaire : F. Brook, The Tirs, Ashton-on-Ribble, Preston
Cotisation : 5 sh.

Pug Dog Club
Président : Rev. G.-C. Dicker. . . . . . . Birkenhead
Secrétaire : T. Proctor . . . . 90, Kirkgate, Leeds
Cotisation : £ 1. 1 sh.

Purdysbury Coursing Club
Président : Fr. Watson . . . . Purdysburn
Secrétaire : J. Barry . . . . Purdysburn
Cotisation : 5 sh.

Putney Canine Society
Président : A. Boyes . . . . Putney
Secrétaire : H.-L. Marshal . . . . Putney
Cotisation : 5 sh.

Radcliffe and District Canine Society
Président : J. Nightingale . . . . Radcliffe
Secrétaire : A. Barlow . . . . 21, Crook street, Radcliffe
Cotisation : 10 sh.

Ramsey and Isle of Man Dog Society
Président : H.-C. Kerruish . . . . Ramsey
Secrétaire : C. Kisjack . . . 42, Parliament street, Ramsey
Cotisation : 10 sh. 6 d.

Rawmarch and Parkgate Dog Club
Président : H. White . . . . Rawmarch
Secrétaire : H. Muscroft . . . . Rawmarch
Cotisation : 10 sh.

Rochdale Canine Society
Président : A. Crabtree . . . . Rochdale
Secrétaire : Wm Jas. Halstead . . . . Rochdale
Cotisation : 10 sh.

Rochester Canine Club
Président : . . . . Rochester
Secrétaire : . . . . Rochester
Cotisation : 5 sh

Rochford Coursing Club
Président : . . . . Rochford
Secrétaire : . . . . Rochford
Cotisation : 5 sh.

Rugby and District Dog Society
Président : Capt. A.-S. Tunnard . . . . Rugby
Secrétaire : J. Farbox . . . . Rugby
Cotisation : 10 sh.

Rutherglen Kennel Club
Président : A. Longwell . . . . Rutherglen
Secrétaire : J. Longmuir . . . Trinity Cottage, Rutherglen
Cotisation : 10 sh. 6 d.

Schipperke Club (Anglais)
Président : J.-N. Woodiwiss . . . . Duffield
Secrétaire : G.-H. Killick . 45, Crompton street, Derby
Cotisation : £ 1. 1 sh.

Schipperke Club (Ecossais)
Président d'honneur : Duc de Portland . . . Worksop
Président : Wm Munro . . . Howard Park, Kilmarnock
Secrétaire : G. Henderson . 46, Gordon street, Glasgow
Cotisation : 10 sh. 6.

Schipperke Club for the North
(*En formation.*)

Scottish Collie Club
Président : R. Chapman . . . . Glenboig
Secrétaire : Jas.E.-McKillop,Baldridge,House, Dunfermline
Cotisation : 10 sh. 6 d.

Scottish Dandie Dinmont Terrier Society
Président d'honneur : G.-A.-B. Leatham . . . Tadcaster
Président : Wm A.-F.-B. Coupland . . . . . Dumfries
Secrétaire : John Houliston . . . Nellie Villa, Dumfries
Entrée : 5 sh.
Cotisation : 5 sh.

Scottish Fox-Terrier Club
Président : Norman McWatt . . . . Edinburgh
Secrétaire : J. Gilzean . . . Lylestone House, Alloa
Cotisation : 10 sh. 6 d.

Scottish St-Bernard Club
Président : . . . . Glasgow
Secrétaire : James W. Dick . . Mary's Place, Glasgow
Cotisation : 10 sh. 6 d.

Scottish Skye Terrier Club
Président : . . . . Glasgow
Secrétaire : Rev. D. Dobbie . . Makerstown, Kelso, N. B.
Cotisation : 10 sh. 6 d.

Scottish Terrier Club (Anglais)
Président : J. Blain . . . . Londres
Secrétaire : H.-J. Ludlow Elmsdale, Bromsgrove, Worcesterhire
Entrée : 10 sh. 6 d.
Cotisation : £ 1. 1 sh.

Scottish Terrier Club (Ecossais)
Président d'honneur : Duc de Portland . . Worksop
Président : D. Thomson Gray . . . . . . Crieff
Secrétaire : J.-N. Reynard . . Clyde View, Irvine, N. B.
Entrée : 10 sh. 6 d.
Cotisation : 10 sh. 6 d.

Sheffield and Hallamshire Fox-Terrier Club
Président : Hor Smith . . . . Sheffield
Secrétaire : Geo Raper . . . . . Wincobank, Sheffield
Entrée : £ 1. 1 sh.
Cotisation : 10 sh. 6 d.

Shooting Dog Club
Président : Bern. Lewis . . . . Londres
Secrétaire : F.-C. Lowe . . . . Londres
Cotisation : £ 1. 1 sh.

Shropshire Fox-Terrier Club

Président: Edw. Powell Jer . . . . Shrewsbury
Secrétaire: F.-H. Potts . . . Broseley Hall, Broseley
Entrée: £ 1. 1 sh.
Cotisation: £ 1. 1 sh.

Skye Club (Ecossais)

Président d'honneur: Duc de Roxburghe . . Edinburgh
Président: Vicomte de Melville . . . ′. . Mid-Lothian
Secrétaire: J.-S. Beddie, 56, Fountain Bridge, Edinburgh
Entrée: 5 sh.
Cotisation: 10 sh. 6 d.

Skye-Terrier Club

Président: Vicomte de Melville . . . . . Mid-Lothian
Secrétaire: Rev. T. Nolan, Tackeley Rectory, Oxford
Cotisation: £ 1. 1 sh.

Smooth Collie Club

Président: A. Hastie . . . . Glasgow
Secrétaire: A. H. Preston . . . . Skipton, Yorks
Cotisation : 10 sh. 6 d.

Somers Town Canine Society

Président: . . . . Londres
Secrétaire: H. Huland, 43, Charlton street, Londres, N. W.
Cotisation: 10 sh. 6 d.

South Birmingham Canine Society

Président: Z. Walker . . . . Birmingham
Secrétaire: J. Avary . . . 90, New street, Birmingham
Cotisation: 10 sh. 6 d.

South Durham and North Yorkshire Dog Society

Président: Major A. Swinburne . . . . . . Darlington
Secrétaire: W.-J. Stewart . . . . Durham
Cotisation: 10 sh.

South East Lancashire Canine Association

Président: R. Prestwich . . . . Gorton
Secrétaire: G.-G. Timmins, 12, Vine street, Higher Openshaw
Entrée: 6 sh.
Cotisation : 6 sh.

South Essex Coursing Club

Président: . . . . Rainham
Secrétaire: A. Dobson . . . . Rainham
Cotisation: 5 sh.

South London Bull-Dog Society

Président: J. Johnson . . . . Londres, S.
Secrétaire: Walter M. Higgs, 9, Trinity Road, Wimbledon . . . . Londres
Entrée: 2 sh. 6 d.
Cotisation : 10 sh.

South London Pug Dog Club

Président: . . . . Londres
Secrétaire: Jesse Fabian. . 460, Camden Road, Londres
Cotisation: 10 sh. 6 d.

South London Whippet Racing Club

Président: . . . . Londres
Secrétaire: H. Izzard . . . . Peckham Rye, Londres
Cotisation : 5 sh.

South Manchester Canine Society

Président: A. Murray . . . . Withington
Secrétaire: W.-B. Hare . . . . Withington
Cotisation: 10 sh.

South of England Airedale Terrier Club

Président: Dr J. Whaite . . . . Londres
Secrétaire: H. Buckley . . . . . Sunnycoat, Burnham
Cotisation: 10 sh. 6 d.

South of England Coursing Club

Président: T. Hornby . . . . Amesbury
Secrétaire: J.-S. Diggle . . . . Stockbridge
Cotisation: 5 sh.

South of Scotland Dandie Dinmont Terrier Club

Président:
Secrétaire: C.-H. Lewis . . . . Clytha Park, Newport
Cotisation: 10 sh. 6 d.

South Wales and Monmouthshire Canine Society

Président: W.-J.-M. Herbert . . . . Newport
Secrétaire: J. C. Henderson . . 62, How-Hill, Newport
Cotisation: 10 sh. 6 d.

Southdown Fox-Terrier Club

Président: A.-W. Taylor . . . . , ′ Brighton
Secrétaire: Capt. E. Pearson. 27, Oriental Place, Brighton
Entrée: £ 1. 1 sh.
Cotisation: £ 1. 1 sh.

Spaniel Club

Président d'honneur: Duc de Portland . . Worksop
Président: J.-F. Farow. . . . . Ipswich
Secrétaire: J.-S. Cowell, 38, Gauden Road, Clapham, S. W.
Entrée: £ 1. 1 sh.
Cotisation: £ 1. 1 sh.

Sporting Spaniel Club

Président: W. Arkwright . . . . Scarsdale
Secrétaire: Ern. Castellan . . . . Hare Hall, Romford
Cotisation: £ 1. 1 sh.

St-Austell Dog Association

Président: A. Coode . . . . St-Austell
Secrétaire: H. Liddell . . . . St-Austell
Cotisation: 10 sh.

St-Bernard Club

Président: L.-C.-R. Norris Elye . . . . . Londres
Secrétaire: G.-W. Marsden, 14, Great street, Londres, E. C.
Entrée: £ 1. 1 sh.
Cotisation: £ 2. 2 sh.

St-Helens and District Kennel Club

Président: W. Glover . . . . St-Helens
Secrétaire: A. J. Spash . . . . St-Helens

CLUBS ET SOCIÉTÉS CANINES.

St-Hubert Schipperke Club
Président : G.-R. Krehl . . . . Londres
Secrétaire : Dr E. Freeman, 9, Windermere
Villas, ... Londres, S. W.
Cotisation : £ 1. 1 sh.

St-Ives Canine Society
Président : G.-A. Smith . . . . St-Ives
Secrétaire : T.-H. Brown . . . . St-Ives
Cotisation : 10 sh.

St-Lawrence Canine Association
Président : . . . . St-Lawrence
Secrétaire : Wm A. Herd . . . . . . Laurencekirk
Cotisation : 10 sh.

St-Pancras Canine Society
Président : E. Bowen . . . . St-Pancras
Secrétaire : H. Hulland, 83, Charlton street, Londres, N.W.
Cotisation : 10 sh. 6 d.

Stalybridge and District Canine Society
Président : W. Dyson . . . . Stalybridge
Secrétaire : Frank Ridgway . . . . . . Stalybridge
Cotisation : 10 sh. 6 d.

Stewartry Canine Society
Président : . . . . Stewartry
Secrétaire : W. Forrett . . . Rose Cottage, Dalbeattie
Cotisation : 5 sh.

Stockport and Cheadle-Hulme Dog Fanciers Association
Président : . . . . Stockport
Secrétaire : J.-W. Paine . . 175, Bramhall Lane, Stockport
Cotisation : 10 sh.

Stockport and District Variety Toy Dog Society
Président : Jno Beard . . . . Stockport
Secrétaire : C. Kenyon . . . . Stockport
Cotisation : 10 sh.

Stockport Canine Society
Président : F. Copley . . . . Stockport
Secrétaire : J.-S. Bradock . . . Hanover Place, Stockport
Cotisation : 10 sh. 6 d.

Sully Coursing Club
(En formation.)

Sunderland Canine Society
Président : J. Emmerson . . . . Sunderland
Secrétaire : W.-A. Emery . . . . Sunderland
Cotisation : 10 sh.

Sussex Kennel Association
Président : Capt Congreve . . . . Brighton
Secrétaire : J.-G. Allen, 7, Clermont Road, Preston, Brighton
Cotisation : 10 sh. 5 d.

Swaffham Norfolk Coursing Club
Président : A. Ledger . . . . Swaffham
Secrétaire : G.-A. Walker . . . . Swaffham
Cotisation : 5 sh.

Swansea District Canine Club
Président : J. Davies . . . . Swansea
Secrétaire : D. Rees . . . . Swansea
Cotisation : 10 sh.

Terrier Club for Scotland
Président : J. Carswell . . . . Glasgow
Secrétaire : G.-E. Meishem . . 234, Hope street, Glasgow
Cotisation : 10 sh. 6 d.

Toy Spaniel Club
Président : J.-W. Berrie . . . . Londres
Secrétaire : Capt. H. Collis . . . Rusham House, Egham
Entrée : 10 sh. 6 d.
Cotisation : £ 1. 1 sh.

Toy Terrier Club
(En formation.)

Unity Canine Club
Président : J. Farmer . . . . Stamford Hill, Londres
Secrétaire : R.-H. Blake, Park Lane, Tottenham, Londres
Cotisation : 10 sh. 6 d.

Universal Pug Dog Club
Président : . . . . Londres
Secrétaire : Jesse Fabian, 460, Camden Road, Londres, N.
Entrée : 10 sh. 6 d.
Cotisation : 10 sh. 6 d.

Vale of Avon Coursing Club
(En formation.)

Walthamstow Kennel Club
Président : J. Edgar . . . . Walthamstow
Secrétaire : H. Miller . . 7, Orford Road, Walthamstow
Cotisation : 5 sh.

Wellington Racing Club
(En formation.)

Welsh Terrier Club
Président : Lord Mostyn . . . . Staines
Secrétaire : W.-S. Glynn . . . . 3, Elm Court, Londres
Entrée : 10 sh. 6 d.
Cotisation : £ 1. 1 sh.

West Clare Coursing Club
(En formation.)

West Hull Canine Society
(En formation.)

West Kilbride Ardrossan Canine Society
(En formation.)

West London Canine Society
Président : H. Ralph . . . . Londres
Secrétaire : G.-H. Newman . 7, Fairlawn Grove, Chiswick
Cotisation : 10 sh. 6 d.

West London Whippet Racing Club
(En formation.)

West Lothian Canine Society
Président : J. Walker . . . . Boness
Secrétaire : W. Flemington . 95, High street, Linlithgow
Cotisation : 10 sh. 6 d.

Westmoreland Canine Association
Président : . . . . Kendal
Secrétaire : E.-P. Hale . . . . . . Endmoor, Kendal
Cotisation : 10 sh.

West of Scotland Canine Society
Président : . . . . Greenock
Secrétaire : J.-B. Morison . . . . Greenock
Cotisation : 10 sh. 6 d.

White English Terrier Club
Président : G.-H. Newman . . . . Londres
Secrétaire : John E. Walsh . . . 7, Crosley street, Halifax
Entrée : 10 sh. 6 d.
Cotisation : 10 sh. 6 d.

Wimbledon and District Canine Association
Président d'honneur : Duc de Teck . . . . . Londres
Président : J.-S. Pybus-Sellon . . . . . . Londres
Secrétaire : E.-T. Cox . . 4, Mount Ash Road, Sydenham
Cotisation : 10 sh. 6 d.

Windermere Dog Fancier's Association
(*En formation.*)

Wirral Sheep Dog Trials and Collie Shows Association
Président : . . . . Wirral
Secrétaire : Philip Foorn . . . . Neston
Cotisation : 5 sh.

Wisbech Dog Society
Président : G. Carrick . . . . Wisbech
Secrétaire : J. Sharman . . . . Wisbech
Cotisation : 10 sh.

Wishaw and District Canine Society
Président : J. Logan . . . . Wishaw
Secrétaire : R. Tait . . Auchenstewart House, Wishaw
Cotisation : 10 sh. 6 d.

Witham Coursing Club
(*En formation.*)

York Canine Association
Président : J.-S. Cowell . . . . York
Secrétaire : D. Carter . . . . 54, Coney street, York
Cotisation : 10 sh.

York Fox-Terrier Club
Président : . . . . York
Secrétaire : H.-W. Alderson, The Rock, Beckett street, Leeds
Entrée : £ 1. 1 sh.
Cotisation : £ 1. 1 sh.

Yorkshire Coursing Club
Président : Col. J. North . . . . York
Secrétaire : . . . . York
Cotisation : 10 sh.

Yorkshire Terrier Club
Président : F. Wright . . . . York
Secrétaire : H.-W. Alderson . . . Becket street, Leeds
Entrée : £ 1. 1 sh.
Cotisation : £ 1. 1 sh.

Suisse

Schweizerischer Kynologischer Gesellschaft
A. *Haupt-Verein* :
Président d'honneur :
Président : J.-B. Staub . . . . Zurich
Secrétaire : Alb Muller . . . . . 20, Zeltweg, Zurich
B. *Section Romande* :
Président : Hor. Bourdillon . . . . Genève
Secrétaire : Baron de Brandis . . . La Tour, Vevey
C. *Section Zurich* :
Président : Dr A. Heim . . . . Zurich
Secrétaire : H. Peter . . . . Riesbach
D. *Section Chur* :
Président : . . . . Chur
Secrétaire : J. Reustle . . . . Chur
E. *Section Davos* :
Président : . . . . Davos
Secrétaire : J. Heim . . . . Davos
Cotisation : 8 francs

Basler Hundesport
Président : G. Kohler-Grütter . . . . Bâle
Secrétaire : . . . . Bâle
Cotisation : 10 francs.

Kynologischer Verein Berna
Président : . . . . Berne
Secrétaire : . . . . Berne
Cotisation : 10 francs.

Kynologischer Verein Barry
Président d'honneur :
Président : Dr Th. Künzli . . . . St-Gallen
Secrétaire : J. Strähelin . . . . Zurich
Cotisation : 25 francs

Schweizerischer St-Bernhardsklub
Président d'honneur :
Président : Dr Th. Künzli . . . . St-Gallen
Secrétaire : Dr A. Straumann . . . . . Waldenburg
Cotisation : 10 francs.

Verein der Hundefreunde in Davos
Président : J. Heim . . . . Davos
Secrétaire : Dr Taeuber . . . . Davos
Cotisation : 10 francs.

Allemagne

Affenpinscher Klub
Président : .... Francfort
Secrétaire : H. Schumacher. 29, Bleichstrasse, Francfort
Cotisation : 10 marcs.

Allgemeine Deutscher Jagdschutz-Verein
Président : Prince de Hohenlohe ..... Schillingsfurst
Secrétaire : Frbr : von Plato .... Berlin
Cotisation : 10 marcs.

Badischer Kynologischer Verein
Président : Friedr. Groh .... Karlsruhe
Secrétaire : Aug. Herrling .... Karlsruhe
Cotisation : 2 et 6 marcs.

Barzoï Klub
Président d'honneur :
Président : Dr J. Pieper .... Berlin
Secrétaire : Carl Schirmer .... Friedenau, Berlin
Entrée : 10 marcs.
Cotisation : 15 marcs.

Bergischer Verein zur Prüfung von Gebrauchshunden zur Jagd
Président :
Secrétaire : Fritz Muller .... Wiehl
Cotisation : 10 marcs.

Bergischer Teckel Klub
Président : J. Mayer .... Wiehl
Secrétaire : F. Muller .... Wiehl
Cotisation : 8 marcs.

Berliner Fox-Terrier Klub
Président : J. Buschow .... Berlin
Secrétaire : C.-G. Prinzing. . 25, Lessingstrasse, Berlin
Cotisation : 10 marcs.

Boxer Klub
Président : F. Widmann .... Munich
Secrétaire : J. Dietrich. . . . 51, Georgenstrasse, Munich
Cotisation : 10 marcs.

Brackenklub
Président : Frhr von Kleinsorgen ..... Blessenohl
Secrétaire : J. Scheele .... Bamenohl
Cotisation : 12 marcs.

Braunschweiger Dachshund-Klub
(Voir *Braunschweiger Erdhund-Klub*)

Braunschweiger Erdhund-Klub
Président : A. Grosse .... Brunswick
Secrétaire : A. Rettig. . . . 11, Hagenmarkt, Brunswick
Cotisation : 10 marcs.

Club Dreifarbig Kurzhaar
Président : A.-F. Dennler .... Interlaken
Secrétaire : A. Greiner .... Stuttgart
Cotisation : 12 marcs.

Club für Englische Vorstehhunde
Président d'honneur : R. von Schmiedeberg ... Guhrau
Président : Comte F. Beckers-Westetten .... Fuime
Secrétaire : A. Herrmann .... Munich
Cotisation : 10 marcs.

Club für Jagd und Hunde-Sport in Mügeln
Président : G. Priemer .... Mügeln
Secrétaire : E. Bock .... Mügeln
Cotisation : 12 marcs.

Club für Langhaarige Russische Windhunde
Président : E. von Otto-Kreckwitz .... Munich
Secrétaire : J. Kraus .... Marziried
Cotisation : 10 marcs.

Club für Rauhhaarige Terriers
Président : L. Cohn .... Ravensburg
Secrétaire : R. Hoepner . 48, Mullerstrasse, Munich
Cotisation : 15 marcs.

Club Kurzhaar
Président d'honneur : Duc G.-L. d'Oldenbourg, Oldenbourg
Président : S. Tillmann .... Coblence
Secrétaire : A. von Witzleben, 10, Herbartstrasse, Oldenbourg
Cotisation : 3 et 10 marcs.

Club Langhaar
Président : Frhr. J. von Schorlemer-Alst ... Sonderhaus
Secrétaire : Fr. Krichler, 6, Ihmebruckstrasse, Hanovre
Cotisation : 20 marcs.

Club Stichelhaar
Président d'honneur : Baron A. von Rauch ... Francfort
Président : Comte J. Oeynhausen .... Dötzingen
Secrétaire : Fr. Krichler, 6, Ihmebruckstrasse, Hanovre
Cotisation : 15 marcs.

Club zur Prüfung für Hühnerhunde
Président : A. von Alvensleben .... Neugattersleben
Secrétaire : .... Neugattersleben
Cotisation : 10 et 20 marcs.

Collié Klub
Président : Max Peer .... Frauenfeld
Secrétaire : Dr P. Barthels, 20, Marienstrasse, Königswinter
Entrée : 2 marcs.
Cotisation : 10 marcs.

Dachsbracken Klub
Président : Comte J. Wurmbrand .... Munich
Secrétaire : G. Grünbauer .... Farnach, Chiemsee
Cotisation : 5 marcs.

Dachshundschliefklub Frankfurt a/M.
Président : Os. Ebeling . . . . Francfort
Secrétaire : P. Frisch . . . . Sachsenhausen
Entrée : 5 marcs.
Cotisation : 6 et 12 marcs.

Dachshund-Schlief-Klub München
Président : F. Puchner. . . . . Munich
Secrétaire : H. Holzmann . . 9, Schnorrstrasse, Munich
Cotisation : 3 et 10 marcs.

Dalmatiner Klub
Président : Hugo Damm . . . . Berlin
Secrétaire : H. Siemens . . . 4, Katzbachstrasse, Berlin
Cotisation : 7.50 marcs.

Deligirten Commission
Président d'honneur : Comte A. de Waldersee . . Altona
Président : Comte O. de Hardenberg . . . . . Hanovre
Secrétaire : F. Behrens . . . 1, Kurzestrasse, Hanovre
Cotisation : 15 marcs.

Dessauer Jagdverein
Président : . . . . Dessau
Secrétaire : . . . . Dessau
Cotisation : 8 marcs.

Deutscher Verein für Sanitätshünde
Président d'honneur : S. A. R. le duc de Sachsen-Cobourg-Gotha
Président :
Secrétaire :
Cotisation : 3 marcs.

Deutscher Barzoi Klub
Président d'honneur : M. Böhm . . . . Francfort
Président : J. Ritter . . . . Erpel
Secrétaire : H. Möckel . . . . Homburg
Cotisation : 12 marcs.

Deutscher Boxer Klub
Président : J. König . . . . Munich
Secrétaire : Fr. Roberth . . 34, Augustenstrasse, Munich
Entrée : 5 marcs.
Cotisation : 10 marcs.

Deutscher Doggen Klub
Président : O. Mahrbold . . . . Berlin
Secrétaire : E. Scheuer . . . . Mariendorf, Berlin
Cotisation : 15 marcs.

Deutscher Doggenklub 1888/95
Président : E. Aichele . . . . Zehlendorf
Secrétaire : F. Kirschbaum, 142, Frankfurter Allee, Berlin
Cotisation : 15 marcs.

Deutscher Doggenzucht-Verein
Président : Fr. Kirschbaum . . . . Berlin
Secrétaire : M. Fietze . . . . Berlin
Cotisation : 10 marcs.

Deutscher Fox-Terrier Klub
Président : C. Sauer . . . . Coblence
Secrétaire : R. Leonhard . . . . Mittweida
Cotisation : 5 et 10 marcs

Deutscher Hühnerhund Prüfungs Klub
Président : Dr J. Hagemann . . . . . Leipzig
Secrétaire : J. von Alvensleben . . . . . Neugattersleben
Cotisation : 20 marcs.

Deutscher Jagd-Klub
Président d'honneur : Prince Alb. de Solms . . Braunfels
Président : J. Wächter . . . . Berlin.
Secrétaire : A. Hencke . . 35, Mauerstrasse, Berlin.
Cotisation : 20 marcs.

Deutscher Jagd-Club zur pflege deutschen Waidwerke und zur Prüfung für Dachs-und Hühnerhunde
Président :
Secrétaire :
Cotisation :

Erdhundklub Oelper
Président : H. Jaencke . . . . . . Oelper
Secrétaire : J.-A. Rebbe . . . . . Oelper, Brunswick
Cotisation : 3 et 8 marcs.

Erster Württemberger Hunde-Züchter Verein
Président : E. Rothfritz . . . . Esslingen
Secrétaire : Carl Reinhold . . . . Esslingen
Cotisation : 10 marcs.

Fox-Terrier Klub
Président d'honneur : S. A. R. le Prince A. de Bavière.
Président : Baron H. von Römer . . . . . . Munich
Secrétaire : Otto Galler . . . 28, Göthestrasse, Munich
Cotisation : 20 marcs.

Fox-Terrier-Schlief-Klub Berlin
Président : Fr. Erb . . . . Berlin
Secrétaire : C.-G. Prinzing . . 23, Lessingstrasse, Berlin
Cotisation : 6 marcs.

Fränkischer Verein zur Förderung reiner Hunderassen
Président : G. Barthell . . . . Nürnberg
Secrétaire : Th. Roth . . . . Nürnberg
Cotisation : 1, 3 et 6 marcs.

Griffon Klub
A. *Haupt-Verein* :
Président d'honneur : Prince Alb. de Solms . . Braunfels
Président : Baron A. de Gingins, Villa Hohenwald, Taunus
Secrétaire : R. Winkler . . . . Gimbsheim
B. *Bezirk-Verein Sud-Deutschland* :
Président : A. Lammerer . . . . Munich
Secrétaire : E. Geyer . . . 75, Theresienstrasse, Munich
Cotisation : 8 marcs.

Hamburger Verein zur Förderung reiner Hunderassen
(*Dissous*)

CLUBS ET SOCIÉTÉS CANINES.

Hildesheimer Schliefklub
Président : A. Tehr . . . . Brunswick
Secrétaire : A. Oelkers . . . . Hildesheim
Cotisation : 10 marcs.

Internationaler Bernhardiner Klub
Président : Dr J. Weicker . . . . Görbersdorf
Secrétaire : R. Dressel . . . 27, Goltzstrasse, Berlin
Entrée : 5 marcs.
Cotisation : 15 marcs.

Internationaler Klub für Englische Vorstehhunde
Président : Duc E.-G. de Schleswig-Holstein . . Primkenau
Secrétaire : Dr R. Guggenheimer, 73, Hauptplatz, Leoben
Cotisation : 20 marcs.

Internationaler Klub für Leonberger Hunde
Président : Alb. Kull . . . . Stuttgart
Secrétaire : J. Schlegel . . . . Stuttgart
Entrée : 3 marcs.
Cotisation : 3 marcs.

Internationaler Dachsbracken-Klub
Président : G. Engelstadt . . . . Meissen
Secrétaire : G. Grunbauer . . . . Munich
Cotisation : 2.50 marcs.

Internationaler Field-Trial Klub
Président : P. Dübelmann . . . . Cologne
Secrétaire : J. Banzhaf . . . . 11c, Lyskirchen, Cologne
Cotisation : 20 marcs.

Jagdklub Aschersleben
Président : J. Johanni . . . . Aschersleben
Secrétaire : E. Mehne, 82b, Magdeburgerstrasse, Aschersleben
Cotisation : 10 marcs.

Jagd-Klub Bernburg
Président : J. von Bünau . . . . Bernburg
Secrétaire : C. Pazschke . . . . Bernburg
Cotisation : 5 marcs.

Jagd-Klub Hansa
Président : H. Breithaupt-Meyer . . . . . Hambourg
Secrétaire : Ed. Westernich, 35, Katherinenstrasse, Hambourg
Cotisation : 20 marcs.

Karlsruher Kynologenklub
Président : Fr. Groh . . . . Karlsruhe
Secrétaire : R. Bleicher . . . . Karlsruhe
Cotisation : 10 marcs.

Klub zur Prüfung von Gebrauchshunden in Traunstein
Président : J. Wunder . . . . Traunstein
Secrétaire : A. Grainer . . . . Traunstein
Cotisation : 12 marcs.

Klub für Rauhhaarige Terriers
Président : R. Flechsig . . . . Braunsdorf
Secrétaire : R. Hoepner . 48, Mullerstrasse, Munich
Cotisation : 15 marcs.

Kontinentaler Bull-Doggen Club
Président d'honneur : Comte Henri de Bylandt . Bruxelles
Président : J. Schauwecker . . . . Berlin
Secrétaire : Carl Nitzow . . . Reinickendorf, Berlin
Entrée : 5 marcs.
Cotisation : 10 marcs.

Kynologischer Gesellschaft für Baden
Président : C. Glaser . . . . Baden
Secrétaire : . . . . Baden
Cotisation : 6 marcs.

Kynologischer Klub für Nordwest-Deutschland
Président : D.-A. Lorenz . . . . Harburg a/E
Secrétaire : H. von Bötticher . 18, Fleestedt, Hambourg
Cotisation : 3 et 6 marcs.

Kynologischer Verein für Elsass-Lothringen
Président : Baron H. Zorn von Bulach . . . . Strasbourg
Secrétaire : C. Neddermann. . 5, Kleberplatz, Strasbourg
Cotisation : 12 marcs.

Kynologischer Verein für Unterfranken und Achaffenburg
Président : J. Lechner . . . . Aschaffenburg
Secrétaire : H. Högg . . . . Wurzburg
Cotisation : 10 marcs.

Kynologischer Verein Hirschmann
Président d'honneur : S. M. le Roi de Saxe.
Président : Prince E. de Ratibor et Corvey . Altenburg
Secrétaire : Karl Brandt . . . . Osterode a/H
Cotisation : 12 marcs.

Kynologischer Verein in Braunschweig
Président d'honneur : Prince Bismarck . . . . Berlin
Président : Maj. J. Burckhardt . . . . Brunswick
Secrétaire : F. Grabowsky . . . . Brunswick
Cotisation : 5 et 10 marcs.

Kynologischer Verein in Crefeld
Président : F. de Greiff . . . . Crefeld
Secrétaire : Rich. Melsbach . . 3, Friedrichsplatz, Crefeld
Cotisation : 8 marcs.

Kynologischer Verein in Dresden
Président : O. von Spörcken . . . . Berbisdorf
Secrétaire : A. Schöpf . 31, Winkelmannstrasse, Dresden
Cotisation : 5 marcs.

Kynologischer Verein in Düren
Président : E. Hoesch . . . . Duren
Secrétaire : L. Kimnach . . . . Duren
Cotisation : 8 marcs.

Kynologischer Verein in Düsseldorf
Président : Comte H. Sprae-Linnep . . . . . Dusseldorf
Secrétaire : W. Stahl . . . 129, Karlstrasse, Dusseldorf
Cotisation : 5 marcs.

Kynologischer Verein in Hameln
Président : J. Wacquant-Geozelles . . . . . Hanovre
Secrétaire : G. Stoffers . . . . Hameln i/W
Cotisation : 3 marcs.

Kynologischer Verein in Karlsruhe
Président : Friedr. Groh . . . . Karlsruhe
Secrétaire : Aug. Herrling . . . . Karlsruhe
Cotisation : 10 marcs.

Kynologischer Verein in Regensburg
Président : J. Rehm . . . . Regensburg
Secrétaire : A. Lang . . . . Regensburg
Cotisation : 8 marcs.

Kynologischer Verein in Rudolstadt
Président : Alb. Richter . . . . Rudolstadt
Secrétaire : W. Niemann . . . . Rudolstadt
Entrée : 3 marcs.
Cotisation : 6 marcs.

Kynologischer Verein in Solingen
Président : O. Jeremias . . . . Barmen
Secrétaire : . . . . Solingen
Cotisation : 8 marcs.

Kynologischer Verein Weidmansheil
Président :
Secrétaire :
Cotisation : 6 marcs.

Lausitzer Verein für Prüfung von Gebrauchshunden zur Jagd
Président :
Secrétaire :
Cotisation : 6 marcs.

Mährischer Jagdschutz-Verein
(Kynologischer Sektion)
Président : .
Secrétaire : .
Cotisation : 10 marcs.

Mainzer Teckel-Klub
Président : . . . . Mainz
Secrétaire : . . . . Mainz
Cotisation : 6 marcs.

Münchener Dachshund Klub
Président : J. Puchner . . . . Munich
Secrétaire : C. Wassenegger . . 15a, Heustrasse, Munich
Cotisation : 10 marcs.

Nationaler Doggen Klub
Président : E. Müller . . . . Erfurt
Secrétaire : Dr J. Diesterweg . . . . . . Wiesbaden
Cotisation : 5 marcs.

Neufundländer Klub für den Kontinent
Président : Dr G. Herting . . . . Augsburg
Secrétaire : Jul. Schurer, 79, Haunstetterstrasse, Augsburg
Cotisation : 20 marcs.

Neusser Schliefklub
Président :: . . . . Neuss a/Rh.
Secrétaire : . . . . Neuss a/Rh.
Cotisation : 6 marcs.

Niederrheinischer Teckel-Zucht Verein
Président : O. Duesberg . . . . Cranenburg
Secrétaire : Fr. Nielen . . . . Clèves
Cotisation : 2 et 6 marcs.

Norddeutscher Hetzclub
Président : R. von Nathusuis . . . . Seehauzen
Secrétaire : . . . . Seehauzen
Cotisation : 8 marcs.

Phylax, Special Klub für Deutsche Schäferhunde und Spitze
Président : M. Reichelmann . . . . Berlin
Secrétaire : E. Hartmann . . . 13, Friesenstrasse, Berlin
Cotisation : 10 marcs.

Pinscher-Klub
Président : H. Seidel . . . . Charlottenburg
Secrétaire : J. Berta . . 23, Friedrich Wilhelmplatz, Erfurt
Cotisation : 6 marcs.

Pudel-Klub
Président : J. Drexler . . . . Munich
Secrétaire : Hans Prechtl . . 16, Häberlstrasse, Munich
Cotisation : 10 marcs.

Pudel-Pointer Klub
(En formation.)

Querfurter Jagd-Klub
Président : . . . . Querfurt
Secrétaire : . . . . Querfurt
Cotisation : 6 marcs.

Rheinhessischer Jägerverein
Président : . . . . Steinbockenheim
Secrétaire : Ph. Keller . . . . Steinbockenheim
Cotisation : 8 marcs.

Sächsischer Teckel-und Schlief-Klub
Président : P. Wenk . . . . Leipzig
Secrétaire : E. Mangelsdorf . . . . Leipzig
Cotisation : 10 marcs.

Schlief-Klub Braunschweig
Président : W. Wöbse . . . . Brunswick
Secrétaire : R. Rebbe . . . . . . Oelper, Brunswick
Cotisation : 6 marcs.

Schlief-Klub Düsseldorf
Président : J. Schürmann . . . . Düsseldorf
Secrétaire : H. Garbe . . . . Düsseldorf
Cotisation : 6 marcs.

Schlief-Klub Erholung
Président : . . . . Stockum
Secrétaire : W. Schmitz . . . . Stockum
Cotisation : 6 marcs.

Schlief-Klub Frankfurt
Président : . . . . Francfort
Secrétaire : W. Orth . . 1, Heiligenkreuzstrasse, Francfort
Cotisation : 8 marcs.

Schlief-Klub Hildesheim
Président : Dr Aug. Steinmann . . . . . Hildesheim
Secrétaire : H. Grethe . . . . Hildesheim
Cotisation : 6 marcs.

Schlief-Klub Neuss
Président : . . . . Neuss
Secrétaire : . . . . Neuss
Cotisation : 4 marcs.

Schlief-Klub Oelper
Président : H. Jaencke . . . . Oelper
Secrétaire : J.-A. ReUbe . . . . . . Oelper, Brunswick
Cotisation : 3 et 8 marcs.

St-Bernhards-Klub
A. *Hauptverein* :
Président : E. Joerin Gerber . . . . Zurich
Secrétaire : Ludw. Henne . . . 48, Mullerstrasse, Munich

B. *Bezirk-Verein Hamburg* :
Président : Ger. Schmidt . . . . Hambourg
Secrétaire : R. Friedrich . . . . Hambourg
Cotisation : 10 marcs.

Stuttgarter Bull-Doggen-Klub
Président : A. Beerwarth . . . . Stuttgart
Secrétaire : G. Hörrmann . 1, Reuchlingstrasse, Stuttgart
Cotisation : 10 marcs.

Teckel-Klub
Président : Kurt Killisch von Horn . . . . . . Berlin
Secrétaire : H. Abel . . . . 79, Leibnizstrasse, Berlin
Cotisation : 3 et 15 marcs.

Teckel Schlief-Klub Münster
Président : J. Rausch . . . . Münster
Secrétaire : A. Beckmann . . 1, Prinzipalmarkt, Münster
Cotisation : 6 marcs.

Teckel-Schliefklub Offenbach
Président : . . . . Offenbach a/M
Secrétaire : W. Rebb . . . . Offenbach a/M
Cotisation : 6 marcs.

Teckel Verband
(*En formation.*)

Terrier-Klub für Black and Tan-Bull-und Fox-Terriers
Président : W. Drewes . . . . Hanovre
Secrétaire : C. Ackermann . 1, Charlottenstrasse, Berlin
Cotisation : 10 marcs.

Thüringer Hunde-Sport Verein
Président : F. Martini . . . . Erfurt
Secrétaire : Max Horn . . . . . Ilversgaofen, Erfurt
Cotisation : 8 marcs.

Verband der Vollblutzüchter und Sportfreunde
(*Dissous.*)

Verband Kynologischer Vereine
(*Dissous.*)

Verein Caesar
Président : L. Bockmann . . . . Halle a/S
Secrétaire : G. Hendell . . . 16, Bruderstrasse, Halle a/S
Entrée : 3 marcs.
Cotisation : 6 marcs.

Verein der Harzer Hundefreunde
Président : H. Bürkner . . . . Seessen
Secrétaire : H. Heidloff . . . . Seessen
Cotisation : 8 marcs.

Verein der Hundefreunde der Saargegend
Président : . . . . Saarbrücken
Secrétaire : E. Garelly . . . . . . St-Johann a/d Saar
Cotisation : 5 marcs.

Verein der Hundefreunde in Bromberg
Président : A. Meyer . . . . Bromberg
Secrétaire : H. Melzer . . . . Bromberg
Cotisation : 10 marcs.

Verein der Hundefreunde in Frankfürt a/M.
Président : R. Nordegg . . . . Francfort
Secrétaire : E. Prösler . . . . 5, Seilerstrasse, Francfort
Cotisation : 5 marcs.

Verein der Hundefreunde in Hamburg
Président : . . . . Hambourg
Secrétaire : F. Klein . . . . 18, Gothestrasse, Hambourg
Cotisation : 6 marcs.

Verein der Hundefreunde in Heilbronn a/N.
Président d'honneur : Prince de Fürstenberg . Fürstenberg
Président : L. Brüggemann . . . . Heilbronn
Secrétaire : Alb. Schöllkopf . 45, Carlstrasse, Heilbronn
Cotisation : 6 marcs.

Verein der Hundefreunde in München
Président : Frans Beck . . . . Munich
Secrétaire : A. Holmsperger . 53, Bahrenstrasse, Munich
Cotisation : 1 et 8 marcs.

Verein der Hundefreunde in Stuttgart
Président : F. Kreglinger . . . . Stuttgart
Secrétaire : Dr A. Meyer . . . 5, Olgastrasse, Stuttgart
Cotisation : 10 marcs.

Verein der Hundefreunde von Goslar und Umgebung
Président : J. Memmen . . . . Goslar
Secrétaire : A. Ristow . . . . Goslar
Cotisation : 6 marcs.

Verein der Hundefreunde von Heidelberg und Umgebung
Président : Dr Karl Reicharct . . . . Heidelberg
Secrétaire : W. Faas . . . . Heidelberg
Cotisation : 1.50 et 5 marcs.

CLUBS ET SOCIÉTÉS CANINES.

Verein der Liebhaber von Rassehunden für Würzburg
Président : K. Martin. . . . . Würzburg
Secrétaire : C. Hermanni . . . . Würzburg
Cotisation : 8 marcs.

Verein der Liebhaber von Rassehunden in Stettin und Ugegend
Président : J. Puhlmann . . . . Stettin
Secrétaire : W. Sendke. . . . . 6, Junkerstrasse, Stettin
Cotisation : 6 marcs.

Verein der Züchter und Liebhaber reiner Hunderassen für Chemnitz
Président : . . . . Chemnitz
Secrétaire : . . . . Chemnitz
Cotisation : 6 marcs.

Verein Deutscher Jäger
Président : Dr A. Weise . . . . Berlin
Secrétaire : Paul Meyer . . . 1, Forsterstrasse, Berlin
Entrée : 3 marcs.
Cotisation : 10 marcs.

Verein Deutsch Langhaar
Président : Dr G. Broesike. . . . . Berlin
Secrétaire : K. Kuhn. . . . . . 9. Linienstrasse, Berlin
Cotisation : 3 et 10 marcs.

Verein Diana (Herford)
Président d'honneur : J. Huchzermeyer. . . Oeynhausen
Président : Dr J. Blancke. . . . . Herford
Secrétaire : A. Höpker. . . . . Herford
Cotisation : 1.50 et 3 marcs.

Verein Diana (Leipzig)
Président : H.-W. Grüner. . . . . Leipzig
Secrétaire : Peter Wenck . 3, Eutritzcherstrasse, Leipzig
Cotisation : 15 marcs.

Verein für Luxushunde in Leipzig
Président : E. Lincke . . . . Leipzig
Secrétaire : W. Nicolai. . . . 48, Albertstrasse, Leipzig
Cotisation : 12 marcs.

Verein für Prüfung von Gebrauchshunden zur Jagd
Président : A. von Lobenstein-Sallgast. . . . . . Berlin
Secrétaire : A. Hegewald . . . . . . Tempelhof, Berlin
Cotisation : 1 et 10 marcs.

Verein Hektor
Président d'honneur : Dr W. Schönlank . . . . Berlin
Président : C. Buschow. . . . . Berlin
Secrétaire : A. Metzdorf. . . 28, Usedomstrasse, Berlin
Cotisation : 10 et 20 marcs.

Verein Hirschmann
Président d'honneur : Prince E. de Ratibor-Corvey. Cobourg
Président : J. Kayser . . . . Herzburg
Secrétaire : K. Brandt. . . . . Osterode, Harz
Cotisation : 3 et 10 marcs.

Verein Hunde-Sport
Président : . . . . Meissen a/E
Secrétaire : P. Korsinger . . . . . Meissen-Plessenberg
Cotisation : 8 marcs.

Verein Mecklenburgischer Fox-Terriers
Président : . . . . Ludwigslust
Secrétaire : J. Rodde. . . . . Ludwigslust
Cotisation : 5 marcs.

Verein Nimrod (Leipzig)
Président : O. Herting . . . . Gotha-Eilenburg
Secrétaire : F. Frenzel . . . . Leipzig-Reudnitz
Cotisation : 12 marcs.

Verein Nimrod (Oppeln)
Président : Comte Garnier . . . . Turawa
Secrétaire : A. Ort . . . . Jellowa
Cotisation : 3 et 6 marcs.

Verein Nimrod (Schlesien)
Président : Comte Arth. Kospoth. . . . . . . Briese
Secrétaire : Aug. Beltz . . . 81, Klosterstrasse, Breslau
Cotisation : 10 marcs.

Verein Waldheil
Président : Comte Finck de Finckenstein . . . . Trossen
Secrétaire : J. Schonwald. . . . . Massin
Cotisation : 12 marcs.

Verein Weidmannsheil
Président : A. von Lobenstein-Sallgast. . . . Berlin
Secrétaire : R. Benda . . . . Biesenthal
Cotisation : 10 marcs.

Verein Wodan-Gera
Président d'honneur : Prince Henri de Reuss . . . Reuss
Président : J. Werner Bruhm. . . . . Gera
Secrétaire : Dr J. Grasemann . . . . Gera
Cotisation : 12 marcs.

Verein zur Aufzucht und Verbreitung reiner Hunderassen
Président : Maj. von Bodungen . . . . . . Brunswick
Secrétaire : L. Esdie . . . . Brunswick
Cotisation : 10 marcs.

Verein zur Aufzucht und Verbreitung reiner Hunderassen (Elsass-Lothringen)
(*Dissous*)

Verein zur Aufzucht und Verbreitung reiner Hunderassen in Hamburg
(*En formation.*)

Verein zur Förderung der Hundezucht in Bromberg
Président : . . . . Bromberg
Secrétaire : E. Schönert . . . . Bromberg
Cotisation : 5 marcs.

Verein zur Förderung der Hundezucht in Nürnberg
Président : L. Probster. . . . . Nürnberg
Secrétaire : . . . . Nürnberg
Cotisation : 10 marcs.

Verein zur Förderung der Rassehundezucht in Augsburg
Président : Dr G. Hertwig. . . . . Augsburg
Secrétaire : G. Riess. . . . . Augsburg
Cotisation : 2 et 6 marcs.

CLUBS ET SOCIÉTÉS CANINES.   1093

Verein zur Förderung reiner Hunderassen in Düsseldorf
Président : D' J. Hemmerling . . . . Dusseldorf
Secrétaire : P. Struwe . . . . . . Eller, Dusseldorf
Cotisation : 2 et 6 marcs.

Verein zur Förderung reiner Hunderassen in Fürth
Président : E. Schildknecht. . . . . Furth
Secrétaire : B. Ulrich. . . . . Doos
Cotisation : 6 marcs.

Verein zur Prüfung von Dachshunden
Président :
Secrétaire : W. Harenberg, 47, Bergstrasse, Rixdorf, Berlin
Cotisation : 8 marcs.

Verein zur Prüfung von Gebrauchshunden zur Jagd
Président : A. von Lobenstein-Sallgast . . . . . Berlin
Secrétaire : R. Weise . . 13, Tempelhermenstrasse, Berlin
Cotisation : 1 et 10 marcs.

Verein zur Prüfung von Gebrauchshunden zur Jagd in der Neumark
Président : J. Paech . . . . Eichholz-Drossen
Secrétaire : A. Magnus. . . . . Friescht
Cotisation : 1 et 15 marcs

Verein zur Prüfung von Gebrauchshunden zur Jagd in Sud-Deutschland
Président : C. Huber . . . . Strasbourg
Secrétaire : H. L. von Seebach . . . . . . Strasbourg
Cotisation : 1 et 10 marcs.

Verein zur Reinzucht des Silbergrauen Weimaraner Vorstehhunden
Président : Maj. von Bunau . . . . Bernburg
Secrétaire : J. von Crompton . . . . Weimar
Cotisation : 10 marcs.

Verein zur Veredelung der Hunderassen für Deutschland
A. *Haupt-Verein :*
Président : Baron C. von Alten . . . . Berlin
Secrétaire : D. Schlotfeldt . . 13, Rumannstrasse, Hanovre
B. *Bezirk Verein Aachen :*
Président : G. Piedbœuf . . . . Aix-la-Chapelle
Secrétaire : Herm. Charlier . . . . . Aix-la-Chapelle
C. *Bezirk Verein Cöln :*
Président : D' K. Mayer . . . . Cologne
Secrétaire : D. Schulmann . . . . Cologne
Cotisation : 5 marcs.

Verein zur Veredelung der Hunderassen für Thüringen
Président : D' J. Stechow. . . . . Apolda
Secrétaire : . . . . Apolda
Cotisation : 6 marcs.

Verein zur Züchtung Deutsche Vorstehhunde
A. *Haupt-Verein :*
Président : Maj. von Sametzki . . . . Rathstock
Secrétaire : H. Beschorner . . . . Friedenau, Berlin

B. *Bezirk Verein Westphalen, Lippe und Rheinprovinz :*
Président : Frhr. J. von Schorlemer-Alst . . . Sonderhaus
Secrétaire : O. Flemming . . . . Ahaus
C. *Bezirk Verein Schlesien und Posen :*
Président d'honneur : Duc A. de Ratibor. . . Breslau
Président : Comte de Maltzahn . . . . . Militsch
Secrétaire : D' J. Kanzler, 67, Sadowastrasse. Breslau
Cotisation : 2 et 5 marcs.

Verein zur Züchtung edler Hunderassen in Lübeck
(*Dissous*)

Verein zur Züchtung reiner Hunderassen in Frankfurt a/M.
Président : Baron A. von Rausch . . . . . . Francfort
Secrétaire : Carl Huth . . . Sachsenhausen, Francfort
Cotisation : 10 marcs.

Verein zur Züchtung reiner Hunderassen in Giessen
Président : F. Windecker. . . . . Giessen
Secrétaire : J.-G. Seiderer . . 11, Kirchenplatz, Giessen
Cotisation : 3 marcs.

Verein zur Züchtung reiner Hunderassen in Sud-Deutschland
Président : Frhr. J. von Karg . . . . Rebenburg
Secrétaire : O. Grashey . . . . Munich
Cotisation : 3 marcs.

Verein zur Züchtung reiner Jagdhunderassen fur Württemberg
Président : Frhr. C. von Plato. . . . . Stuttgart
Secrétaire : Hans Simon . . 3, Schwabstrasse, Stuttgart
Cotisation : 5 marcs.

Verein zur Züchtung und Prüfung von Gebrauchshunden in Bergischen
Président : . . . . Elberfeld
Secrétaire : F. Muller . . . . Wiehl
Cotisation : 6 marcs.

Verein zur Züchtung und Prüfung von Gebrauchshunden zur Jagd in den Ostprovinzen
Président : J. von Wedel. . . . . Althof
Secrétaire : D' A. Muller. . . . . Liebenswalde
Cotisation : 5 marcs.

Verein zur Züchtung von Gebrauchshunden zur Jagd in Bayern
Président : O. Wörner. . . . . Furth i/B
Secrétaire : A. Groth . . . . Langenzenn i/B
Cotisation : 6 marcs.

Westphälisch-Rheinischer Jagdklub
Président : R. Escherhaus. . . . . Wesel
Secrétaire : O. Sachse . . . . Essen, Ruhr
Cotisation : 3 et 10 marcs.

Wupperthaler Hundefreunde Verein
Président d'honneur : J. Staatweber . . . . . Elberfeld
Président : W. Wüster . . . . Elberfeld
Secrétaire : G. Klein. . . . . Elberfeld
Cotisation : 6 marcs.

Württemberger Bulldoggen-Klub
Président d'honneur :
Président : H. Hörrmann . . . . Stuttgart
Secrétaire : . . . . Stuttgart
  Entrée : 5 marcs.
  Cotisation : 10 marcs.

Württemberger Dachshund-Klub
Président : Max Diesch . . . . Stuttgart
Secrétaire : K.-Fr. Maier, 35, Hohenheimerstrasse, Stuttgart
  Entrée : 4 marcs.
  Cotisation : 8 marcs.

Württemberger Doggen-Klub
Président : J. Jauss . . . . Stuttgart
Secrétaire : A. Kull . . . . Stuttgart
  Entrée : 3 marcs.
  Cotisation : 3 marcs

Württemberger Hunde-Züchter Verein
Président d'honneur :
Président : O. Rothfritz . . . . Esslingen
Secrétaire : K. Reinhold . . . . Esslingen
  Cotisation : 15 marcs.

Württemberger Jagdhund-Klub
Président d'honneur :
Président : Fr. Simon . . . . Stuttgart
Secrétaire : K. Maier . . . 46, Urbanstrasse, Stuttgart
  Cotisation : 10 marcs.

Württemberger Kynologischer Verein
(*En formation*.)

Württemberger Pudel-Klub
Président : M. Kaiser . . . . Stuttgart
Secrétaire : . . . . Stuttgart
  Entrée : 3 marcs.
  Cotisation : 8 marcs.

Württemberger Schnauzerklub
Président d'honneur :
Président : . . . . Stuttgart
Secrétaire : Carl Thilo . . . . Heilbron a/N.
  Entrée : 3 marcs.
  Cotisation : 5 marcs.

Zwingerverband der Züchter von Luxushunden und Fox-Terriers
Président d'honneur :
Président : H. von Krottnauer . . . . Berlin
Secrétaire : Oscar Stein . . 3, Stubenrauchstrasse, Berlin
  Entrée : 10 marcs.
  Cotisation : 20 marcs.

Autriche

Club fur Deutsche Stichelhaarige Vorstehhunde in Oesterreich-Ungarn
Président : Dr F. Kumpf . . . . Vienne
Secrétaire : Dr G. Lihotzky, 25, Gumpendorfstrasse, Vienne
  Cotisation : 5 et 10 kronen.

Club fur Schweisshunde
(*En formation*.)

Dachshund Club Wien
Président : W. F. Edrahall . . . . Vienne
Secrétaire : C. Edrahal . . . . Vienne
  Cotisation : 8 kronen.

Hundezucht-Verein im Böhmen
Président : K. Kruby . . . . Prague
Secrétaire : J. Wiel . . . . Prague
  Cotisation : 2 fl. et 3 fl.

Internationaler Club fur Englische Vorstehhunde
Président : Baron F. von Born . . . . Vienne
Secrétaire : Frans X. Pleban, 11, Beethovenstrasse, Graz
  Cotisation : 20 marcs.

Internationaler Dachsbracken Club
Président : Erbgraf J. Wurmbrand . Schloss Steyersbergen
Secrétaire : G. Glatz . . . . Gorkau
  Cotisation : 2,50 marcs.

Jagdhund Club Wien
Président : . . . . Vienne
Secrétaire : R. Genthner . . . 17, Hartmanngasse, Vienne
  Cotisation : 2 fl. et 3 fl.

Kurzhaar Club Wienerboden
Président : J. Bayerl . . . . Seibersdorf
Secrétaire : K. Herrmann . . . . Unterwaltersdorf
  Cotisation : 5 fl.

Oesterreichischer Club fur Luxushunde
Président : Baron Jordis . . . . Graz
Secrétaire : Jos. Putz . . . 11, Beethovenstrasse, Graz
  Cotisation : 6 fl.

Oesterreichischer Hundezucht Verein
Président : Comte Hoyos . . . . Graz
Secrétaire : A. Trenkle . . 46a, Elisabethstrasse, Graz
  Cotisation : 3 fl. et 6 fl.

Oesterreichischer Kurzhaar Club
Président : Frhr. A. von Wräzda . . . . . . Graz
Secrétaire : C. Adler . . . . Vienne
  Cotisation : 6 fl.

Oesterreich-Ungarischer Erdhund-Club
Président : Frhr. C. von Lazarini . . . . . Graz
Secrétaire : P. Kühne . . . . Graz
  Cotisation : 3 fl. et 8 fl.

Oesterreich-Ungarischer Fox-Terrier Club
Président : Baron F. von Born . . . . Vienne
Secrétaire : Julius Kaspar . 7, Canovogasse, Leoben
  Cotisation : 6 fl.

CHENILS

et

Chiens faisant la saillie

(Stud Dogs)

Chenil Ruigbaard

Propriétaire : G. F. LELIMAN

Heerde (Hollande)

Élevage du pur sang GRIFFON KORTHALS

CHIENS DE SAILLIE, STUD-DOGS, ZUCHTRUDEN, FOKHONDEN

« MAX OF HEERDE »	G. S. B.	Nº 221.
« SAM »	G. S. B.	» 247.
« BEAUJOLAIS III »	G. S. B.	» 401.
« BRANI II »	G. S. B.	» 908.
« DUSCHKA »	G. S. B.	» 909.
« PALADIN »	G. S. B.	» 970.
« ULTIMO »	G. S. B.	» 971.
« FRAM »	G. S. B.	» 983.

Prix de saillie : fr. 60 ; Studfee : £ 2,10 ; Deckgeld : mark 50 ; Dekgeld : fl. 30.

Pour l'achat de puppies, s'inscrire d'avance

Chenil « RUIGBAARD » remporta : Prix d'honneur de S. M. la Reine Régente des Pays-Bas, Amsterdam 1897 ; Prix d'honneur de S. A. R. la Princesse de Galles, Londres 1896 ; Prix d'honneur du Comte Henri de Bylandt, Amsterdam 1897 et plusieurs autres prix d'honneur, premiers prix et prix spéciaux.

CHENIL DAVO
Élevage spécial de Terriers Irlandais
M. J. HULSCHER, AMSTERDAM

« DAVO HUMOR »

« DAVO HUMOR » { « Champion Checkmate »
{ « Davo Hypatia »
20 prix d'honneur et premiers prix

« DAVO CHUTNEY » { « Champion Breda Mixer »
{ « Iris »
Père des célèbres Terriers « Helga » et « Hypatia »
50 prix d'honneur et premiers prix

« TIPPERARY SPICE » { « Crow Gill Sportsman »
{ « All Spice »
Plusieurs prix

Prix de la Saillie : 80 francs

Chenil Hendor
Le Seul Élevage de Welsh Terriers du Continent

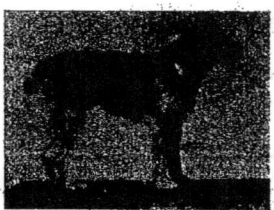

« HENDOR'S MATCHBOY », par « Anglesea Harry », hors de « Nettle »; gagnant de 5 premiers prix et prix spéciaux et de 4 seconds, entre autres aux Crystal Palaces de Londres et d'Amsterdam.

Prix de la Saillie : 60 francs

« HENDOR'S DANDY », premiers prix Amsterdam et Nimègue, par « Hendor's Brynhir Binks », 6 premiers prix, 3 seconds prix et 1 prix spécial, hors de « Hendor's Brynhir Bogus », 8 premiers prix.

Prix de la Saillie : 50 francs

« HENDOR'S JACK », premier prix Amsterdam, par « Maelgwyn », 3 premiers prix, notamment au Crystal Palace de Londres, 4 seconds et 2 prix spéciaux, hors de « Hendor's Tudor Marley », 8 premiers prix, 4 seconds, 2 troisièmes et 1 prix spécial.

Prix de la Saillie : 50 francs

Ces chiens sont du meilleur sang anglais comme :
« CHAMPION THE MAWDY NONSUCH »
« CHAMPION DIM SAESONAEG »
« CHAMPION BOB BETHESDA »
« CHAMPION CYMRO DEWR II »
« CHAMPION SIR LANCELOT »

Les chiennes de ce Chenil, « Hendor's Tudor Marley » et « Hendor's Brynhir Bogus » (voir page 383), ont remporté les plus hautes récompenses en Angleterre et en Hollande.

Pour la saillie, les chiots et les chiens adultes écrire à

M*lle* H. Advocaat (Chenil Hendor)
Brummen (Gueldre, Pays-Bas)

KENNEL FLUSHING

Le Setter Anglais « YOUNG SIMONIAN » (K. C. S. B. 38391; L. O. S. H. 3997; N. H. S. B. 327; Cyn : Reg : 1413) importé d'Angleterre, né le 3 mai 1893, blue belton, ayant un pedigree de tout premier ordre, frère de la chienne « Champion Mallwyd Flo », descendant direct des plus célèbres Setters, tels que « Champion Royalty » (12524), « Champion Sir Alister » (10165), « Champion Royal Rock » (10163), « Tam O'Shanter » (6118), « Champion Rock » (4280), « Laverack's Dash » (1341), « Pilkingston's Lill, Laverack's Pride of the Border », « Laverack's Old Blue Dash » et plusieurs autres, tous vainqueurs aux field trials et aux expositions, fera la saillie à raison de **100 francs**, y compris la pension de la chienne.

Ce chien a l'air noble et fier, fortement développé, marqué hors ligne et le poil très beau ; il a remporté en 1894, en Angleterre, 8 prix dont plusieurs premiers et le prix spécial Llanidloes, second prix Birmingham et Birkenhead, 3e prix Amsterdam, 1er prix et prix d'honneur Nimègue 1895, 1er prix La Haye et 1er prix Spa 1896. Le portrait est exclusivement à la disposition des propriétaires de chiennes.

S'adresser au

CHENIL FLUSHING (propriétaire, J. SIEGERS)

98, Lampsensstraat, Flessingue (Pays-Bas)

« LORD » (D. H. S. B. 6728)

Chien d'arrêt Allemand à poil roide *(Deutsche Stichelhaarige Vorstehhund)*
par « Tell-Ottmachau » hors de « Cora-Ottmachau », né le 3 février 1893.

Premier prix et prix d'honneur Elberfeld 1897
Id. id. Amsterdam 1897
Id. id. Münster 1897
Id. id. Nimègue 1897

Pour les conditions de la saillie, s'adresser au propriétaire

A. Freericks

48, Bezuidenhout, La Haye

Sint-Bernardskennel Meddy
AMSTERDAM

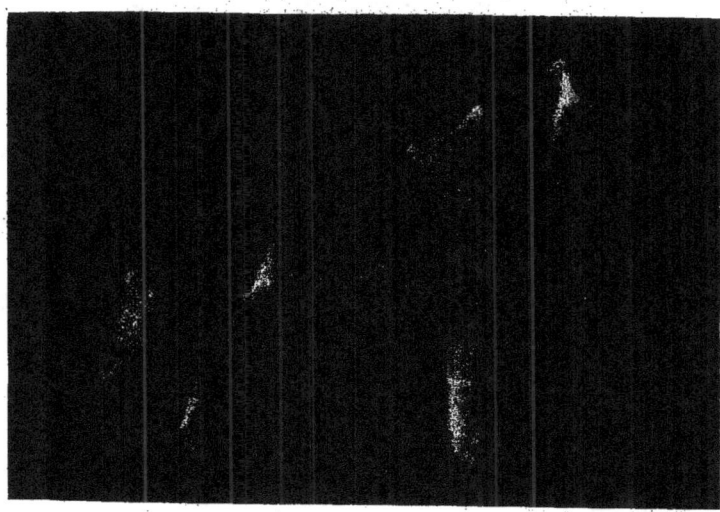

DUKE OF LINCOLN
Plus de 60 prix d'honneur, prix spéciaux et premiers prix dans les Pays-Bas, l'Angleterre et les États-Unis

DUKE OF LINCOLN
Plus de 60 prix d'honneur, prix spéciaux et premiers prix dans les Pays-Bas, l'Angleterre et les États-Unis

« DUKE OF LINCOLN » (K. C. S. B. 34142), né le 19 mai 1891; poil long.

Scottish Prince 29312				Countess of Grafenreid 27214		
Prince Regent 27198		Moss Rose 25072		Ch. Angelo 24963		Miscabelle 22858
Ch. Plinlimmon, Miss Megg	Monover, Gotha II	Barry, Wanda 1066	Ch. Save 10626, Ch. Queen Jura 17677

« KINGSTONIAN DANTE », né le 5 juin 1895; poil long.

Champion Duke of Florence				Scottish Hilda III		
Duke of Maplecroft		Marie Barnes		Polyphemus		Coy
Marvel. Princess Florence	Young Plinlimmon, Fisher Queen	Ch. Plinlimmon, Lady Adelaide II	Medail, Alftrude

« APOLLO VON HIRSLANDEN », né le 17 mai 1894; poil ras,
par « Pluto von Hirslanden », hors de « Dinorah ».

Prix d'honneur pour le meilleur chien du Saint-Bernard sans distinction de poil, Spa 1896. — Trois autres prix d'honneur, 8 premiers prix, 3 seconds prix, classes ouvertes.

Adresse pour lettres : **Kennel Meddy, Falckstraat, 53, Amsterdam**
Adresse pour télégrammes : **Meddy-Amsterdam**
PROPRIÉTAIRE : MÉDARD KESSLER

" Chenil Leuven "

Élevage spécial
de Bull-Dogs
et de
Griffons Bruxellois

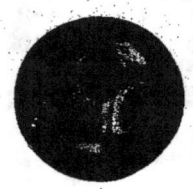

Comte Henri de Bylandt

" Villa Salve "

9, rue Vergote

Schaerbeek-Bruxelles

CHENIL DUINZICHT

Elevage spécial de Setters Anglais pour Field-Trials et Expositions

« BLUE JACK » (Setter Anglais), plusieurs prix aux Expositions et Field-Trials.
« HELPFUL » (Retriever), quatorze premiers prix en Hollande et à l'Etranger.
Feront la saillie à raison de 120 francs, tous frais compris.

G. J. van der Vliet, Overveen (Hollande).

CHENIL WERVE

A. J. Bicker Caarten, Voorburg (Hollande)

Elevage de Terriers Irlandais

de Fox-Terriers et de Terriers Griffons Hollandais (Hollandsche Smoushonden)

Toujours à vendre des chiens adultes primés et des chiots.

Feront la saillie :

« DOMINATOR » (Fox-Terrier), (« Ch. Dominie » — « Ch. Dame Fortune »).
« WERVE'S TOMMY » Terrier Griffon Hollandais), (« Victor R » — « Topsey »).
« DRAGOON » (Fox-Terrier), (« Donington » — « Dryad »).
« CAMBRIDGE CHEROOT » (Terrier Irlandais), (« Cheroot » — « Beechgrove Norah »).
« HIS HONOUR » (Fox-Terrier), (« Hunton Tartar » — « Ebor Cinderella »).
« WERVE'S KOOS » (Terrier Griffon Hollandais), (« Prins » — « Deddy »).
« VALERIO » (Fox-Terrier), (« Ch. Venio » — « Venus de Vere »).

Chenil Haemstede

Th. van der Lek de Clercq,

Château d'Haemstede, Zélande (Hollande).

Elevage de Pointers,

de Setters Irlandais, de Fox-Terriers à poil ras,

à poil dur et de Welsh-Terriers.

Les chiens de ce chenil ont été primés en Belgique et à l'Etranger.

Noorder-Kennel

Élevage de Saint-Bernards,

de Chiens d'Arrêt Allemands à poil ras

et de Schipperkes.

H. J. Fopma Bonnema,

Huize " Syttinga-State „

Tzummarum (Fr.) Hollande.

CHENIL WALDINE

Élevage spécial
de Bassets Français tricolores

« WALDINE'S FERNEY' 95 » (« The Terror » — « Drewton »), prix d'honneur, prix spéciaux et premiers prix à Amsterdam, Londres et Nimègue.

« WALDINE'S PAQUERETTE » (« Glaïeul » — « Fanfare »), prix spéciaux et premiers prix à Mons, Amsterdam, Spa, La Haye et Bruxelles.

« WALDINE'S TAMBELLE » (« Tapageot » — « Fanfare »), premier et second prix à Amsterdam, Bruxelles, La Haye et Nimègue.

« WALDINE'S PERCE-NEIGE » (« Glaïeul » — « Fanfare »), premier et second prix à Mons, Amsterdam, Nimègue et La Haye.

Jhr. D. Röell, Nassau-Plein,
La Haye.

Kennel de Meerwyk

H. W. Cornelder, Nimègue

Elevage de pur sang

Lévriers Russes
Bergers Ecossais
Griffons Hollandais

« SONJA », Lévrier Russe, chienne d'élevage hors ligne, remporta entre autres : premier prix et prix spécial à Amsterdam, premier prix et prix spécial à Nimègue, etc.

Kennel Ockenburgh

Elevage de Chiens d'Arrêt Allemands
à poil ras et à poil long.

« ROLLO OSNABRUCK » (chien à poil long), par « Tell-Osnabruck » hors de
« Luska », premiers prix à Cologne, La Haye, Dresden, Rotterdam, etc.

« WANDA GRUNTHAL » (chienne à poil long), par « Bruno Grunthal » hors de
« Meta Grunthal », prix d'honneur, premier, second et troisième prix à Amsterdam, Cologne, Rotterdam, etc.

« HECK OSNABRUCK » (chien à poil ras), par « Grenat Liedenberg » hors de
« Gerabe », second et troisième prix à La Haye, Cologne, Amsterdam, Rotterdam, etc.

« HAEC VON RHEYDT » (chienne à poil ras), par « Hasso » hors de « Belline »,
premier, second et troisième prix à Dusseldorf, Dortmund, Munich, Cologne, La Haye, etc.

Pour la saillie et les chiots, s'adresser au propriétaire

S. J. van den Bergh, Loosduinen (Hollande).

Elevage spécial de
Chiens d'Arrêt tricolores du Wurtemberg

D. A. Dupper Azn " de Klenke ", by Oosterhesselen, Drenthe, Hollande.

Chenil Manchester

Sans contredit le plus grand Elevage de Terriers noir et feu (Manchester Terriers) de tout le Continent.

Les chiens de ce chenil ont remporté des prix d'honneur, des prix spéciaux et des premiers prix à Manchester, Amsterdam, Radcliffe, Cologne, Haarlem, Bolton, Preston, Dunfermline, Dortmundt, Anvers, Londres, Liverpool, Nimègue, Spa, Scheveningue, Rotterdam, Bathley, Derby, Cruft-Show, Arnhem, La Haye, etc., etc.

S'adresser pour la saillie et les chiots au propriétaire

A. Woltman Elpers,
   35, Keizersgracht, Amsterdam.

CHENIL NIMROD

A. F. M. Dupper D. Azn,

Haastrecht-Gouda, Hollande.

Elevage de Setters Anglais,

Setters Irlandais, Setters Gordon,

Griffons Korthals,

Chiens d'Arrêt Allemands à poil long.

ÉLEVAGE SPÉCIAL DE BULL-DOGS

BRUSSEL'S CRIB ex LORDLING, né le 15 janvier 1893
(K.C.S.B. 41130) (L.O.S.H. 4151)

Gagnant de 19 prix et prix spéciaux en Angleterre et en Belgique

Brussel's Crib ex Lordling	Ch. His Lordship K.C.S.B. 29741	Ch. Don Pédro (15774)	Sahib (11927). Hebe.
		Ch. Ruling Passion (25437)	Champion Grabber (13030). Suzan (23184).
	Queen Anne	German Monarch (27567)	Champ. British Monarch (19543). Champ. Dryad (21235).
		Queen of the West (25436)	Black Prince (14639). Joan.

« Brussel's Crib » est par le célèbre « Champion His Lordship » (frère de « Champion Cigarette ») qui est par « Don Pédro » (père de 5 champions) hors de « Champion Ruling Passion », qui est par « Champion Grabber » hors de « Suzan » par « Champion Gamester ». Du côté de sa mère « Crib » descend de « Champion British Monarch » et de « Champion Dryad ».

Son poids est de 44 livres, c'est un chien actif ayant un crâne énorme, de petites oreilles bien placées, la face fortement ridée et bien relevée, ainsi que la lèvre inférieure. Le corps compact et près de terre, avec une forte ossature et un poil bien fin. Couleur bringée. Prix de la saillie : 50 francs.

Georges Smaelen
Bruxelles, 23, Nouveau Marché aux Grains

Chenil Aerwinkel

Elevage spécial de Pointers

Milton Bang van Aerwinkel
PRIX DE LA SAILLIE : 100 FRANCS

Jules GERADTS, Château Aerwinkel, Posterholt, Hollande

AMSTEL KENNEL

Elevage de Bergers Ecossais (Collies)

et de Terriers Ecossais

Dr A.-J.-J. Kloppert, Amstel-Villa, Hilversum, Hollande

 # Chenil Légia

Ans-lez-Liége, Belgique

Propriétaire : G. Alberti

ÉLEVAGE SPÉCIAL DE
GRANDS DANOIS
DE RACE PURE

ayant obtenu les plus hautes récompenses

aux expositions

canines

CHENIL VIOLETTA

Elevage spécial de Terriers-Griffons Hollandais
(Hollandsche Smoushonden)

S'adresser à J. M. Ruys,

van Stolk Park, Scheveningen (Hollande)

MERRY KENNEL

M. W. Aertnys, Nymegen

MERRY AMBASSADOR
Fox-Terrier à poil ras

Plusieurs premiers et seconds prix

Fera la saillie à raison de 50 francs

Setters Irlandais.

« NAVAN » (K. C. S. B. 38457), né le 6 janvier 1893. El. M. le Rev. O'Callaghan. — Par « Tyrconnel » hors de « Kenoava ». Plusieurs premiers prix aux field trials et aux expositions en Angleterre et en Hollande.

« FERMOY » (K. C. S. B. 26812), né le 16 mai 1888. El. M. le Rev. O'Callaghan. — Par « Ossory » hors de « Ch. Geraldine ». Plusieurs premiers prix aux expositions canines.

« KING ARTHUR » (Cyn. Reg. 797), né le 14 juillet 1891. El. M. C. Ellis. — Par « Cockshot » hors de « Shotterbrook Gipsey ». Plusieurs premiers et seconds prix aux expositions canines.

Prix de la saillie : 80 francs.

Chenil Rhienderstein. Mme A. Beynen van Geuns, Brummen, Hollande.

« ARENTSBURGH DUKE » (N. H. S. B. 339), né le 5 novembre 1894. El. le propriétaire. — Par « Fermoy » hors de « Netherbury Norah II ». Plusieurs premiers prix aux expositions canines.

« NETHERBURY CARLOW » (N. H. S. B. 381), né le 23 mai 1894. El. M. A. Taylor. — Par « Ch. Harlech » hors de « Netherbury Nell ». Plusieurs premiers et seconds prix en Hollande et en Angleterre.

Prix de la saillie : 80 francs.

Chenil Duinvliet. H.-J.-E. Gerlach van Sint-Joosland, Domburg, Hollande.

« EMIR D'ESPERANZA » (N. H. S. B. 384), né le 13 mai 1896. El. M. B. van Eeten. — Par « Navan » hors de « Clivia ». Jamais exposé.

Prix de la saillie : 60 francs.

Chenil Pretty. J.-C. van der Lek de Clercq, Zierikzee, Hollande.

Setters Anglais.

« JACK OF SPADES » (L. O. S. H. vol. 1897), né le 19 février 1895. El. M. G. de Belot. — Par « Rex of Coleshill » hors de « Wild Bee ». Premiers prix et prix spéciaux Bruxelles et Nimègue. Prix d'honneur pour le plus beau chien de l'exposition à Nimègue 1897.

Prix de la saillie : 100 francs.

Chenil de Tongres. M. le baron A. de Rosen, Tongres, Belgique.

« PRINCE HOPE » (L. O. S. H. 3225), né le 14 mars 1893. El. M. Troosters-Pieck. — Par « Rex of Coleshill » hors de « Lena of Diest ». Premier, second et troisième prix Bruxelles 1894, Anvers et Bruxelles 1897.

Prix de la saillie : 105 francs. En cas d'inefficacité, la seconde fois gratuitement. M. le baron Léon de Potesta de Waleffes, Fallais, Belgique.

Chenil Flushing. Voir page 1099.

Setters Gordon.

« MASTER DUC » (L. O. S. H. 4360), né le 1er décembre 1895. El. M. E. Guiol. — Par « Duke of Brussels » (L.O.S.H. 2351) hors de « Heater Nora » (L. O. S. H. 4030)(K.C.S.B. 38230). 3e pr. cl. des novices et 3e pr. cl. d'élevage belge Bruxelles 1897.

Prix de la saillie : 105 francs.

F. Vanbuggenhoudt, 39, Avenue Brugmann, Bruxelles.

Elevage spécial de Setters Gordon.
Chenil Telanak. K. W. van Muyden, Apeldoorn, Hollande.

Elevage spécial de Setters Gordon.
J. M. Helling, Plantsoen, Leiden, Hollande.

Griffons Korthals.

« DUC OBO » (L. O. S. H. 2836), né le 1er février 1892. El. M. Th. Lacourt. — Par « Pax Cavour » hors de « Miss Aurore ». 1er pr. cl. nov. Bruxelles 1894, 1er pr. cl. ouv. et cl. él. be ge et pr. d'hon. Bruxelles 1895, 2e pr. cl. ouv. Mons 1895, 1er pr., pr. sp. et pr. d'hon. Bruxelles 1896, 1er pr. en partage (avec « Passe-Partout ») et deux pr. sp. Bruxelles 1897. Extraordinaire en chasse et grande finesse de nez.

Prix de la saillie : 75 francs.

H. Obozinski, Jodoigne, Belgique.

Chenil Ruigbaard. Voir page 1096.

Pointers.

« LUCK OF THE VALLEY » (D. H. S. B. 3612), né le 18 mai 1888. El. le prince A. de Solms. — Par « Luck of Hessen » hors de « Megg of Braunfels ». Plusieurs prix d'honneur, prix spéciaux, premiers et seconds prix à Amsterdam, Scheveningen, Rotterdam, Arnhem, Haarlem, etc.

Prix de la saillie : 80 francs.

Chenil Pretty. J.-C. van der Lek de Clercq, Zierikzee, Hollande.

« JAMES OF ROOSTEREN » (L. O. S. H. 3921), né le 2 février 1893. El. le prop. — Par « Milton Bang » hors de « Sandford Rewel ». Plusieurs premiers et seconds prix à Londres, Haarlem, Anvers, Nimègue, Mons, Bruxelles, etc. Prix d'honneur pour le meilleur pointer de toutes les classes à Nimègue 1897.

Prix de la saillie : 100 francs par chienne avec pedigree tracé.

Chenil de Roosteren. J. Barbou de Roosteren, Susteren, Hollande.

« SANDFORD MICHAEL » (K. C. S. B. 40381), né le 27 janvier 1893. El. M. W. Radford. — Par « Easton Grappler » hors de « Sandford Bess ». Premier prix et prix spéciaux Manchester, La Haye, Elberfeld, Exeter et Nimègue. Couleur blanc tacheté foie. Chien hors ligne, déjà père de lauréats aux field trials et aux expositions canines comme « True Bell », « Lictor of Meirelbeke », « Lether Pride », « Lether Don », etc., etc.

Prix de la saillie : 125 francs.

« SJUC A » (N. H. S. B. 360), né le 20 juin 1890. El. M. J. van der Lek de Clercq. — Par « Duke » hors de « Duchesse ». Prix spéciaux, premiers et seconds prix Amsterdam, Bruxelles, Nimègue, etc. Couleur blanc et foie.

Prix de la saillie : 100 francs.

« CAREFUL JIM » (Cyn. Reg. 2551), né le 12 avril 1894. El. M. J. Sewing. Par « Blitz » hors de « Duchesse ». Premier prix Rotterdam battant « Heather Bang » et « Bang of Budhill ». Premier prix et prix spécial Amsterdam battant « Lictor of Meirelbeke », « James of Roosteren », etc.

Prix de la saillie : 100 francs.

Kennel Careful. Albert Coppens, Willy House, Bussum, Hollande.

Chenil Haemstede. Voir page 1104.

Bloodhounds.

« CHESTERTON CHANCELLOR » (K. C. S. B. 33087), né le 23 avril 1889. El. M. J. Harkna. Par « Shawn » hors de « Fairy ». Plusieurs premiers prix et prix d'honneur en Angleterre, Hollande, Belgique et Allemagne.

Prix de la saillie à convenir.

Chenil Saint-Hubert. H. Anton Hart, Amsterdam, Hollande.

Fox-Terriers.

« PHAROAH » (K. C. S. B. 33324), né le 28 juillet 1891. El. M. J. Heels. — Par « Ch. Brokenhurst Spice » hors de « First Favorite ». 25 prix en Angleterre, Belgique et Hollande.

Prix de la saillie : 50 francs.

« CLOUD' 96 » (Cyn. Reg. 2521), né le 31 mars 1896. El. le propriétaire. — Par « Bowling Dash » hors de « Charlton Daisy ». 2e prix Amsterdam, trois premiers prix Bruxelles.

Prix de la saillie : 50 francs.

« CLAIRON », né le 31 mars 1896. El. le propriétaire. — Par « Bowling Dash » hors de « Charlton Daisy ». Jamais exposé.

Prix de la saillie : 40 francs.

« CLEMENT THE PRETTY », né le 3 mai 1896. El. le propriétaire. — Par « Pharoah » hors de « Bowling Pearl ». Prix d'honneur et prix réservé Nimègue.

Prix de la saillie : 40 francs.

Chenil Pretty. J.-C. van der Lek de Clercq, Zierikzee, Hollande.

Chenil Haemstede. Voir page 1104.

Terriers Allemands.

« PUCK VAN LEIDEN » (Cyn. Reg. 2115), né le 1er juin 1895. El. M. F. Schlebaum. Par « Fram » hors de « Trilly ». Plusieurs seconds prix à Amsterdam, La Haye, Rotterdam, etc.

Prix de la saillie : 40 francs.

J. M. Helling, Plantsoen, Leiden, Hollande.

Grands Danois.

« HANNIBAL II VAN ZAANDAM » (Cyn. Reg. 1729), né le 10 mai 1894. El. M. A. Zwaardemaker. — Par « Hannibal » hors de « Phèdre »). Plusieurs prix.

Prix de la saillie : 60 francs.

Chenil Robur. P. Wap, Hilversum, Hollande.

« HANNIBAL » (K. C. S. B. 37694), né le 12 septembre 1891. El. M. F. Lücke. — Par « Ado » hors de « Flora ». Premiers prix et prix d'honneur à Rotterdam, Munich, Arnhem, Londres, Amsterdam, Dortmundt, Haarlem, Anvers, Nimègue, etc.

Prix de la saillie : 150 francs. Pour les membres du « Nederlandsche Duitsche Doggen Klub » : 120 francs.

A.-J.-J. Zwaardemaker, Zaandam, Hollande.

Chenil Légia. Voir page 1109.

Terriers Écossais.

« AMSTEL NEUS » ex « HIGHLANDER » (Cyn. Reg. 2697), né en 1894. El. M. F. Gresham. — Par « Selwood Johny » hors de « Noodle ». Trois premiers prix.

Prix de la saillie : 75 francs.

Amstel Kennel. Dr A.-J.-J. Kloppert, Hilversum, Hollande.

Griffons Bruxellois.

« MARQUIS DE CARABAS ». Par « Marquis » hors de « Marquise ». Jamais exposé.

Prix de la saillie : 100 francs.

Chenil Leuven. Comte Henri de Bylandt, 9, rue Vergote, Bruxelles.

JOURNAUX

s'occupant

des Races Canines.

CHASSE ET PÊCHE

Acclimatation, Revue des Eleveurs
JOURNAL HEBDOMADAIRE ILLUSTRÉ

Organe officiel de la Société Royale Saint-Hubert pour l'amélioration des races canines en Belgique; du Schipperkes Club et du Club du Griffon Bruxellois; de l'Antwerp Fox-Terrier Club; du Teckel Club Belge; du Griffon Club; du Griffon Club Belge; du Collie Club Belge; du Fox-Terrier Club (Bruxelles); du Club du Chien de Berger Belge; du Gordon Setter Club Belge; du Bull-Dog Club Belge; du Fox-Terrier Club Brugeois; du Cat Club Belge; de la Société pour la répression du braconnage dans la province de Brabant; du Cercle Hallali; Moniteur des Tirs aux pigeons.

RÉCOMPENSES : 1er prix hors concours au meilleur journal d'élevage, Exposition de la Société d'Elevage et d'Acclimatation d'Anvers 1888 ; 1er prix idem 1889 ; Médaille d'or Exposition Internationale de Sport, Cologne 1889 ; Médaille d'or Exposition Internationale de Sport, Scheveningue 1892.

Rédacteur en chef:	Administrateur-gérant :	Abonnement { Belgique, un an . fr. 12.00 Etranger, un an . . 15.00 Un numéro 0.50
Louis VANDER SNICKT	F. VANBUGGENHOUDT	Annonces : La ligne 7.00
Ancien directeur des Jardins Zoologiques de Gand et de Dusseldorf.	ÉDITEUR Bureaux : 42, rue d'Isabelle, Bruxelles	Il sera rendu compte de tous les ouvrages dont deux exemplaires auront été déposés au bureau du journal.

Les abonnements commencent à courir le 1er de chaque mois. — Il n'est pas délivré d'abonnement de moins d'une année.

AVIS. — Voyez nos gravures dans les « RACES DE CHIENS »

STUD DOGS

Afin de faciliter aux amateurs l'élevage du chien de race pure en Belgique, nous publierons sous ce titre les noms de ceux de ces animaux inscrits au Livre d'Origine de la Société Royale Saint-Hubert, au Kennel Club Stud Book ou au Deutsches Hund Stamm Buch et annoncés par leurs propriétaires pour servir à la reproduction, moyennant le prix de 10 francs par an et par chien pour les abonnés et de 25 francs pour les personnes non abonnées. (Annonces de 5 lignes maximum, 2 francs par ligne supplémentaire). — Toute demande non accompagnée du montant de l'insertion sera considérée comme nulle et non avenue.

D'après le règlement de la Société Royale Saint-Hubert, les chiens issus de Stud Dogs non inscrits dans un livre d'origine émanant d'une Société créée pour l'amélioration des races canines n'ont pas le droit d'être inscrits au L. O. S. H.

ANNONCES GRATUITES

Tout abonné d'une année a droit chaque semaine à des annonces gratuites traitant de chasse ou de pêche, d'acclimatation, d'oiseaux de parc et de volière, etc., mais n'ayant aucun caractère commercial. *Ces annonces ne peuvent dépasser au total 40 mots ou nombres*, comptés comme pour les dépêches télégraphiques; chaque mot en plus sera payé 5 centimes, payables en timbres-poste accompagnant l'annonce.

MATIÈRES TRAITÉES :

La chasse. — Le chien. — Zootechnie. — Le cheval. — Pêche et pisciculture. — Agriculture. — Culture maraîchère. — Horticulture. — Arboriculture. — Acclimatation et élevage du gibier, des oiseaux de basse-cour, de volière, des lapins, etc. — Apiculture.

Le journal **Chasse et Pêche** est le SEUL tenant ses lecteurs au courant de tous les sujets, ayant rapport aux animaux, traités par les journaux spéciaux anglais, allemands, hollandais, américains, etc.

Chaque numéro contient **une gravure** ou une **chromolithographie hors texte** ; **douze** pages de **texte** compact au minimum; **vingt-quatre** pages d'annonces. — Les annonces **d'amateurs** concernant les animaux, la chasse, la pêche, etc., sont **gratuites** pour les abonnés.

Pour tout ce qui concerne le Journal, s'adresser au bureau :

42, rue d'Isabelle, 42, Bruxelles

Nederlandsche Sport

Paraissant tous les Samedis depuis seize ans

ORGANE OFFICIEL

du « Kennel Club Hollandais Cynophilia », de la Société Cynégétique « Nimrod », du « Club Hollandais du Dogue Allemand », du « Club Hollandais du Setter », du « Club Hollandais du Pointer » et de toutes les principales Sociétés de Sport en général.

Le Nederlandsche Sport est sans contredit le meilleur journal hollandais traitant du chien et des autres sports.

Le Nederlandsche Sport est le seul journal hollandais donnant des comptes-rendus des Field-Trials et des Expositions Canines.

PRIX D'ABONNEMENT :

Hollande.	15 francs.
Étranger.	20 francs.

PRIX DES ANNONCES :

Première page, la ligne	80 centimes.
Dernière page, la ligne	40 centimes.

Bureaux : Ellerman, Harms et Cie

Warmoesstraat, Amsterdam.

Hunde-Sport und Jagd

Illustrirte kynologische und jagdliche Wochenschrift

Jede Nummer enthält eine Kunstbeilage

PREIS PRO QUARTAL M. **2.50**

Verlag von J. Schön, München, Müllerstrasse, 48

PROBE-NUMMER GRATIS UND FRANCO

The Ladies' Kennel Journal

publié sous le patronage du Ladies' Kennel Association

Journal splendidement illustré, paraissant tous les mois

Prix : un Shilling le Numéro

Bureaux : 5, Great James Street,

Bedford Row, London. W. C.

Le meilleur Journal Anglais traitant des Chiens, Oiseaux, Pigeons et Lapins

Illustré par M. R. H. MOORE

Paraissant tous les Vendredis

Abonnement : 18 francs

Bureaux : 169, *Fleet street, Londres, E. C.*

L'ACCLIMATATION

JOURNAL DES ÉLEVEURS (Richement illustré)

Paraissant le Jeudi et le Dimanche

Directeur : *M. Emile Deyrolle*

Bureaux du Journal :

46, rue du Bac, PARIS

Les abonnements doivent être souscrits pour une année entière

France et Algérie.	par an.	15 francs.
Les autres pays d'Europe		16 francs.
Toutes les autres contrées		18 francs.

Zwinger und Feld

ILLUSTRIRTE WOCHENSCHRIFT

für Jägerei, Hundezüchtung, Schiesskunst,

Fischerei und Reitsport

Redigirt von Karl BRANDT

OFFICIELLES ORGAN VON 30 VEREIN

Abonnementen und Insertionen Bedingungen :

Erscheint jeden Sonnabend. Abonnements preis, bei direktem Bezug für das Ausland **7.50 M.** pro Jahr

Einzelne nummer **25 Pfg.**

EXPEDITION : 10, Magdeburgerstrasse,

Sangerhausen

LEES

❈ De Nederlandsche Hondensport ❈

Weekblad, gewijd aan de belangen van bezitters en liefhebbers van rashonden.

Prijs per kwartaal, franco per post f 1.--.

Bekroond te Amsterdam 1896 (Internationale Tentoonstelling van « Nimrod ») met den 1en prijs (Verguld Zilveren Medaille); te 's Gravenhage 1896 (Internationale Tentoonstelling van « Cynophilia ») met den Bestuurs-prijs (Zilv. Med.), te Rotterdam 1897 (Internationale Tentoonstelling van « Nederland ») met den 1en prijs (Verg. Zilv. Med.)

Alle weken belangrijke hoofdartikelen, binnen- en buitenlandsche berichten; rijke illustraties; wenken voor beginnende fokkers; Kennelnieuws; Clubberichten; enz. enz.

Dit blad is het eenige in Nederland, uitsluitend gewijd aan de Hondensport. Daarom het aangewezen orgaan voor de plaatsing van annonces, op die sport betrekking hebbende.

Gratis proefnummers worden gaarne toegezonden door de Uitgevers.

KLUWER & Co., Deventer.

LIRE

❈ De Nederlandsche Hondensport ❈

Journal hebdomadaire consacré aux intérêts des propriétaires et éleveurs de chiens.

Prix par trimestre : 2 francs.

Récompenses : 1er prix (Médaille de vermeil), Exposition Internationale de « Nimrod », Amsterdam, 1896 ; prix du comité (Médaille d'argent), Exposition Internationale de « Cynophilia », La Haye, 1896 et 1er prix (Médaille de vermeil), Exposition Internationale de « Nederland », Rotterdam, 1897.

Toutes les semaines articles intéressants, faits divers du pays et de l'étranger; riches illustrations; avis pour éleveurs novices, nouvelles de chenils; comptes rendus de sociétés, etc., etc.

Ce journal est le seul en Hollande se consacrant exclusivement au sport de chiens. Par ce fait le meilleur organe pour les annonces ayant trait à ce sport.

Des numéros gratuits sont envoyés par les éditeurs

KLUWER & Cie, Deventer.

Verlagsbuchhandlung Paul Parey in Berlin SW., Hedemannstr. 10.

Illustrierte Wochenschrift für Jagd und Hundezucht.
Jährlich 24 farbige Kunstbeilagen.

Durch jede deutsche Postanstalt bezogen, Preis vierteljährl. 2 Mark. Bei Bezug unter Kreuzband vierteljährl.: in Deutschland u. Oesterreich-Ungarn 2 M. 75 Pf.; im Weltpostverein 3 M. 50 Pf. — Anzeigen 50 Pf. die Einheitsteile oder deren Raum. Hundemarkt und Deckanzeigen 20 Pf. Gebühren für Beilagen nach Uebereinkommen.

Dem Titel entsprechend zerfällt die Wochenschrift in zwei Hauptteile:

Der erste Teil des Blattes gilt dem Wild und bringt hauptsächlich Abhandlungen aus dem Gebiete der Jagd, der Hege und Pflege des Wildes, Beschreibungen von Jagdausflügen deutscher Jäger in fremden Ländern, sowie Berichte über Fortschritte und Erfahrungen in der Waffen- und Schiesstechnik; ausserdem spannende Erzählungen aus dem Jäger- und Wildererleben, Sport-Novellen, Jagd-Gedichte etc.

Unter „Aus Wald und Feld" erscheinen kleine jagdliche und naturwissenschaftliche Schilderungen und Beobachtungen, Berichte über Wildstandverhältnisse, Jagdresultate, Wilddiebsgeschichten.

„Lustige Birsch" bringt heitere Erzählungen und Schwänke aus dem Jägerleben, Rätsel und Scherzfragen.

Fischen und Angeln behandeln die ersten Fischzüchter und Angelsport-Leute.

Der zweite Teil des Blattes gilt dem Hund, erörtert alle kynologischen Fragen, und fördert mit strengster Objektivität den Meinungsaustausch unter Züchtern und Liebhabern.

Ueber Aufzucht und Pflege der Hunde erscheinen Aufsätze erster Autoritäten der Wissenschaft und bekannter Züchter.

Die Dressur und Führung von Jagdhunden behandeln praktische Jäger.

Ueber Prüfungssuchen für Vorstehhunde, Preissschliefen etc. wird eingehend berichtet, ebenso über alle Hunde-Ausstellungen und Schauen.

Hundekrankheiten betreffende Fragen werden von erprobten Fachmännern erörtert.

* * *

Auf weidmännisch korrekte und künstlerisch vollendete Abbildungen, farbige Beilagen etc. ist besonderer Wert gelegt.

Probenummern mit Kunstbeilagen umsonst und postfrei.

St-Hubertus

JOURNAL ILLUSTRÉ (Allemand)

Traitant

*la Chasse, l'Élevage des Chiens
la Pêche, etc.*

PARAISSANT TOUTES LES SEMAINES

Organe officiel de plusieurs sociétés canines et cynégétiques

Plusieurs fois primé aux expositions de chasse et de chiens

ABONNEMENT : 20 FRANCS

Bureaux : Cöthen (Anhalt)

ÖSTERR:
" Hunde-Sport "
Kynologisches Centralblatt

ERSCHEINT AM 1 UND 15 JEDEN MONATS

Rédacteur : **Adolf Trenkle**

Éditeur : **Paul Gerin**

Bureaux : **13, CIRCUSGASSE, 13, VIENNE**

Abonnement : *6 Florins*

L'ÉLEVEUR
ET LA
Revue Cynégétique et Sportive réunis

JOURNAL HEBDOMADAIRE ILLUSTRÉ

de Zootechnie, d'Acclimatation, de Chasse et de la Médecine comparée des animaux utiles.

Rédacteur en chef : **Pierre Mégnin**

Bureaux : 12, BOULEVARD POISSONNIÈRE, PARIS

PRIX DES ABONNEMENTS :

Six mois : Fr. **9.50**; Un an : **17** Francs

Zum Abonnement empfohlen:

Zentralblatt für Jagd- und Hundeliebhaber

Offizielles Organ

der Schweizerischen Kynologischen Gesellschaft, und deren Sektionen, Sowie der Kynologischen Vereine **Barry** in St Gallen, und **Berna** in Bern, Zwingerverbandes der Zuchter von Luxushunden und Fox-Terriers, Schweizerischer St-Bernhards Club, Neufundländer Club für den Kontinent, Barzois Club zu Berlin und Internationaler Bernhardiner Club.

Das Zentralblatt erscheint alle 14 Tage und kostet im Ausland Jährlich

8 Franken, Halbjahrlich 4 Franken.

Bestellugen nehmen alle Postämter entgegen.

Den Inseratenteil des Blattes empfehlen wir aufs beste.

VI HEFT
Schweizerisches Hundestammbuch

Im Auftrag der Schweizerisches Kynologisches Gesellschaft, herausgegeben vom Max Siber, Winterthur. Reichhaltig und verzuglich illustrit mit 140 Gravuren und 6 kilorierten Tafeln.

Heft III, IV, V sind ebenfals noch vorrätig und zu beziehen für Fr. 4.

Zu besiehen durch die Zollikofer'sche
Buchdruckerei in St Gallen.

Dean's Books for Sportsmen

By GORDON STABLES, M. D., R. N.

Seventh Edition, handsomely bound, cloth gilt, 10/6, post free 11/-, and richly illustrated with cuts of Champion Dogs.

Our Friend the Dog

CONTAINING :

A. All that is known about every breed of Dog in the World, and the showpoints, properties, uses, and peculiarities of each.
B. A complete digest of the diseases from which Dogs are apt to suffer.
C. Important information on the Rearing of the Puppy and the Treatment of the Dam.
D. The most approved methods of kenneling, grooming, feeding, and preparing for bringing Dogs to the show benches.
E. Valuable hints about buying and selling.

Price 1 s., post free 1/2.

By GORDON STABLES, M. D., C. M., R. N.

Author of « Our Friend the Dog ».

The Dog Owners' Kennel Companion and Referee

Profusely Illustrated by LOUIS WAIN and R. H. MOORE

Contains good descriptions of all the various breeds up to date, and practical information for Breeding, Keeping in Health, Rearing, Food, Disease, etc.

Published every December, Price 1 s., or cloth, 2 s.

The Dog Owners' Annual

STOCK-KEEPER. — « A well-devised publication, carried out on a generous scale. A multitude of useful subjects are treated of in this little volume, which should be popular with all classes of dog-owners ».

FANCIERS' GAZETTE. — « The Annual teems with information ».

IN THE PRESS : BY F. T. BARTON

" Our Friend the Horse "

Dean & Son Limited,

160ª, Fleet Street, London.

Agricultural Hall
LONDON

La plus grande exposition canine de l'année

VENTE PUBLIQUE DE CHIENS

La meilleure exposition canine d'Angleterre a lieu au mois de février de chaque année.

C. CRUFT, Secrétaire

325, Holloway Road, Londres

Table des Matières.

PREMIÈRE PARTIE.

	Pages
Dédicace	7
Préface	9
Critique de la Presse Canine	13
Proverbes, Dictons, Locutions et Paraboles	19
Expressions techniques	23
Gravures explicatives d'expressions techniques	32
Cerbère, Gardien des enfers	38
Chiens de l'antiquité	38
Momies de chiens	38
PREMIÈRE PARTIE. — Chiens de dames, de luxe, d'utilité de berger, d'appartement, de garde, de maison, de défense et de trait	39
Schipperke	41
Chien de batelier Belge	41
Griffon Bruxellois	48
Chien de Berger Belge	53
Barnard, Bishop et Barnards	60b
Dr A.-J.-J. Kloppert	60b
Hollandsche Herdershond	61
Chien de Berger Hollandais	61
Chien de Berger Français	64
Chien de Berger de Beauce	64
Chien de Berger de Brie	69
Chien de Berger de Bresse	73
Chien de Berger des Pyrénées	74
Chien de Berger du Languedoc	75
Chien de Berger de la Camargue	75
Chien de Berger de la Crau	75
Collie	76
Scottish Colley	76
Chien de Berger Écossais (à poil long)	76
Chien de Berger Écossais (à poil ras)	86
Chien de Berger Écossais (courte queue, poil long)	88
Chien de Berger Écossais (courte queue, poil ras)	88
Old English Bobtail	90
Bobtail	90
Chien de Berger Anglais (à courte queue)	90
Nos chiens et leurs aptitudes	92b
Highland Collie	97
Bearded Collie	97
Chien de Berger du Highland	97
Deutsche Schäferhund	98
Chien de Berger Allemand	98
Owtchar	104
Chien de Berger Russe	104
Oestenreichische Schäferhund	108
Chien de Berger Autrichien	108
Juhasz	108

	Pages
Chien de Berger Hongrois	108
Cani da Pastore Italiana	109
Chien de Berger Italien	109
Chien de Berger de Bergames	109
Appenzeller Sennenhund	109a
Chien de Berger des Alpes	109a
Toggenburger Treibhund	109a
Entlibucherhund	109a
Chien de Berger des Abruzzes	110
Chien de Berger Algérien	111
Chien des Douars	111
Toucheur de Bœufs	112
Chien de Bouvier	112
Saint-Bernard (à poil ras)	115
Saint-Bernard (à poil long)	126
Leonberger Hund	139
Chien de Leonberg	139
Chien des Pyrénées	145
Exposition Canine (système ancien)	146b
Exposition Canine (système Spratt)	146b
New-Foundland	147
Chien de Terre-Neuve	147
Labrador Dog	154
Chien de Saint-John	154
Gâteaux Saint-Hubert	154b
Edm. Damman	154b
Mastiff	156
Matin	156
Dansk Hund	169
Chien Danois	169
Deutsche Dog	173
Dogue Allemand	173
Grand Danois	173
Dogue d'Ulm	173
Diplôme du Kennel Club Hollandais Cynophilia	182b
Perro de Presa	186
Dogue Espagnol	186
Dogue de Cuba	188
Chien à Esclaves	188
Dogue de Thibet	189
A. Dachsbeck	192b
De Vigne Hart	192b
Dogue de Bordeaux	193
Bull-Dog	202
Boule-Dogue	202
Toy Bull-Dog	220
Boule-Dogue Nain	220
Poedel	224

TABLE DES MATIÈRES.

	Pages		Pages
Caniche (à poil cordé)	224	Chien Maltais	293
Caniche (à poil laineux)	232	Chien de la Havane	297
Dalmatiner Hund	238	Chien de Manille	297
Chien de Dalmatie	238	Chien Bolognais	298
Spitz	246	Leeuwtje	299
Chien de Poméranie	246	Petit Chien Lion	299
Zwerg-Spitz	253	Epagneul de Salon	300
Chien de Poméranie Nain	253	Pekinese Spaniel	300
Seidenspitz	255	Epagneul de Pékin	300
Chien de Poméranie (nain à poil soyeux)	255	Epagneul Tientsin	300
Chow-Chow	258	Blenheim Spaniel	303
Chou-Chou	258	Epagneul Blenheim	303
Dingo	262	Ruby Spaniel	310
Chien d'Australie	262	Epagneul Ruby	310
Eskimo Hund	264	King Charles Spaniel	312
Chien des Esquimaux	264	Epagneul King Charles	312
Grönland Hund	269	Prince Charles Spaniel	318
Chien de Groënland	269	Epagneul Prince Charles	318
Skandinavisk Elghund	271	Chin-Chin	320
Chien de Laponie	271	Epagneul Japonais	320
Chien de Finlande	271	Epagneul Nepalese	320
Islandsk Hund	274	Epagneul Papillon	328
Chien d'Islande	274	Chien Ecureuil	328
Dr A.-J.-J. Kloppert	276b	Chien Nu	330
Lowe's Carta Carna	276b	Chien de l'Amérique du Sud	330
Tomlinson et Hayward's Glycerine Wash	276b	Chien de l'Amérique Centrale	330
John Plater	276b	Chien de la Patagonie	330
Norsk Hund	277	Chien de l'Afrique du Sud	331
Chien de Norwège	277	Chien du Mexique	332
Laïka	278	Chien de la Chine	332
Chien de Sibérie	278	Chien Truffe	333
Mopshond	281	Chien de Constantinople	334
Carlin (à poil ras)	281	Chien errant	334
Entrée Interdite	286b	Chien de rue	334
Carlin (à poil long)	287	Chien de trait	336
Piccoli Levrieri	288	Chien de guerre	336
Levron	288	Chien de trot	336
Chien d'Alicante	292	Chien de douanier	337
Melita	293	Chien de contrebandier	337

SECONDE PARTIE.

	Pages		Pages
SECONDE PARTIE. — Terriers	339	Boston Terrier	366
Mpoa	341	Boxer	366
Terrier du Congo Belge	341	Airedale Terrier	371
Hollandsche Smoushond	344	Terrier de la Vallée de l'Aire	371
Terrier Griffon Hollandais	344	Bingley Terrier	371
Deutsche Rauhhaarige Pinscher	349	Welsh Terrier	377
Schnauzer	349	Terrier de Galles	377
Rattler	349	Fox-Terrier (à poil ras)	385
Terrier Allemand (à poil dur)	349	Table de saillie	395b
Terrier Allemand Nain à poil dur)	358	Kennel Club Hollandais	400b
Terrier Allemand (à poil ras)	359	Cynophilia	400b
Terrier Allemand Nain (à poil ras)	361	Fox-Terrier (à poil dur)	401
Affenpinscher	363	Old English Terrier	416
Terrier Singe	363	Terrier Anglais (ancien type)	416

TABLE DES MATIÈRES.

	Pages		Pages
Skye Terrier (oreilles droites)	417	Black and Tan Toy Terrier	495
Skye Terrier (oreilles tombantes)	429	Terrier noir et feu nain	495
Roseneath Terrier	430a	White English Terrier	501
Scottish Terrier	431	Terrier Anglais blanc	501
Terrier Ecossais	431	White English Toy Terrier	506
Aberdeen Terrier	440	Terrier Anglais blanc nain	506
Terrier de l'Aberdeenshire	440	Yorkshire Terrier	507
Bedlington Terrier	442	Terrier du Yorkshire	507
Terrier du Northumberland	442	Clydesdale Terrier	517
Dandie Dinmont Terrier	448	Terrier de la Vallée de la Clyde	517
Terrier poivre ou moutarde	448	Paisley Terrier	517
Bull-Terrier	462	Glasgow Terrier	517
Toy Bull-Terrier	471	Border Terrier	520
Bull-Terrier Nain	471	Cowley Terrier	520
Irish Terrier	473	Sealy Ham Terrier	520
Terrier d'Irlande	473	Thibet Terrier	521
Black and Tan Terrier	485	Terrier du Thibet	521
Terrier de Manchester	485	Terrier de Buthan	521

TROISIÈME PARTIE.

	Pages		Pages
TROISIÈME PARTIE. — Chiens de Chasse	525	Braque Dupuy	610
Chien de Saint-Hubert	527	Braque d'Anjou	617
Bloodhound	527	Braque de Bengale	617
Braques	538	Braque Saint-Germain	618
Braque Belge	538	Braque de Compiègne	618
Pointer	540	Bracco Italiana	624
Braque Anglais	540	Braque Italien	624
Kurzhaarige Deutsche Vorstehhund	555	Oesterreichische Bracke	626
Braque Allemand (brun tigré)	555	Braque Autrichien	626
Braque Allemand (brun ou brun et blanc)	564	Svensk Stöver	628
Stichelhaarige Deutsche Vorstehhund	572	Braque Suédois	628
Braque Allemand (à poil roide)	572	Perro de Mostra	630
Dreifarbige Württembergischer Vorstehhund	578	Braque Espagnol	630
Braque tricolore du Wurtemberg	578	Dansk Honsehund	631
Weimaraner	582	Braque Danois	631
Braque de Weimar	582	Norsk Stöver	632
Steinbracke	584	Braque Norwégien	632
Braque des environs de la Ruhr	584	Bosnische Bracque	632a
Holzbracke	585	Braque Turc	632a
Braque de la Westphalie	585	Steierischer Hochgebirgsbracke	633
Haidbracke	586	Braque de Styrie	633
Braque Hanovrien	586	Gontschya	634
Holsteinische Bracke	587	Braque Russe	634
Braque Holsacien	587	Dropper	637
Braque Français (type ancien)	588	Epagneuls de chasse	638
Braque de Charles X	588	Epagneul Belge	638
Braque Français (type moderne)	591	English Setter	640
Braque Français (à double nez)	592	Epagneul Anglais	640
Braque bleu d'Auvergne	593	Nimrod	652b
Braque du Bourbonnais	598	Ecole de dressage de Chien d'Arrêt	652b
Braque de Toulouse	604	Gordon Setter	654
Braque d'Ariége	608	Epagneul noir et feu	654
Braque de Navarre	609	Irish Setter	663
Braque de Picardie	609	Epagneul rouge d'Irlande	663

TABLE DES MATIÈRES.

	Pages
Langhaarige Deutsche Vorstehhund	673
Epagneul Allemand	673
Epagneul Espagnol	678b
Entrée d'une exposition du Kennel Club Anglais	678d
Epagneul Français	679
Epagneul de Pont-Audemer	684
Epagneul Russe	689
Epagneul de Picardie	690
Epagneul noir du Nord	690
Epagneul Ardennais	692
Spaniels	694
Petits Epagneuls de chasse	694
Sussex Spaniel	694
Epagneul de Sussex	694
Clumber Spaniel	699
Epagneul de Clumber	699
Norfolk Spaniel	705
Epagneul de Norfolk	705
Black Cocker Spaniel	707
Epagneul Cocker noir	707
Cocker Spaniel	712
Epagneul Cocker (autres couleurs)	712
Black field Spaniel	716
Epagneul noir de plaine	716
Epagneul noir des champs	716
Field Spaniel	724
Epagneul de plaine (autres couleurs)	724
Epagneul des champs (autres couleurs)	724
English Water Spaniel	727
Epagneul d'eau Anglais	727
Irish Water Spaniel	730
Epagneul d'eau Irlandais	730
Griffons	739
Griffon Korthals	739
Griffon (à poil dur)	739
Griffon Boulet	753
Griffon (à poil long)	753
Griffon Nivernais	759
Griffon Vendéen	762
Griffon Vendéen-Nivernais	768
Griffon fauve de Bretagne	771
Griffon du Grip	772a
Griffon d'Anjou	772a
Sperling's Rassehundtypen	772b
Spinone	773
Griffon Italien	773
Griffon Russe	777
Griffon Picard	778
Ermenti	780
Griffon Egyptien	780
Griffon de l'Asie Centrale	782
Barbet	783
Pudel-Pointer	786
Retrievers	788
Retriever (à poil bouclé)	788
Retriever (à poil ondulé)	794
Labrador Dog	799
Chien de Saint-John	799
Chesapeake Bay Dog	800
Chien de la baie de Chesapeake	800
Norfolk Retriever	803
Retriever Russe	804

	Pages
Chiens courants	805
Staghound	805
Chien de cerf	805
Foxhound (Anglais)	808
Chien de renard Anglais	808
Foxhound (Américain)	814
Chien de renard Américain	814
Harrier	817
Chien de lièvre	817
Beagle (à poil ras)	820
Pocket Beagle	823
Elizabeth Beagle	823
Beagle (à poil dur)	825
Kerry Beagle	826
Beagle du Comté de Kerry	826
Svensk Harehund	828
Beagle Suédois	828
Welsh Hound	830
Chien courant de Galles	830
Otterhound	832
Chien de loutre	832
Mediliani	839
Chien d'ours	839
Chien du Haut Poitou	842
Chien du Poitou	846
Chien Vendéen	849
Chien blanc du Roi	849
Baud	849
Greffier	849
Chien de Saintonge	852
Chien de Gascogne	856
Chien de Virelade	860
Chien Gascon-Saintongeois	860
Bâtard de Saintonge	864
Bâtard de Gascogne	865
Bâtard Anglo-Gascon-Saintongeois	866
Chien d'Artois	868
Chien de Normandie	870
Chien de Franche-Comté	873
Chien de Porcelaine	873
Chien de Montemboeuf	876
Bâtard Anglo-Vendéen	877
Bâtard Anglo-Poitevin	877
Bâtard Anglo-Normand	877
Bâtard Anglo-Saintongeois	877
Bâtard de Vendée	877
Bâtard de Poitou	877
Bâtard Normand	877
Bâtard de Mios	877
Bâtard Vendéen-Normand	877
Bâtard Angevin-Saintongeois	877
Bâtard Normand-Saintongeois	877
Bâtard Anglo-Poitevin-Saintongeois	877
Bâtard Poitevin-Artois	877
Briquet d'Artois	878
Briquet d'Ariège	880
Briquet Français	881
Briquet de l'Allier	881
Briquet Vendéen	881
Briquet de Franche-Comté	881
Briquet Breton	881
Briquet de Porcelaine	881

TABLE DES MATIÈRES.

	Pages
Briquet d'Armagnac	881
Briquet Gascon-Ariégeois	881
Briquet Merlant	881
Chien courant Suisse (à poil ras)	882
Chien courant de Thurgau	885
Chien courant de Lucerne	887
Chien courant de Berne	892
Chien courant d'Aargau	896
Chien courant du Jura	898
Chien courant Tyrolien	898a
Trail Hound	898b
Wildbodenhund	899
Chien courant du Wurtemberg	899
Kastromska	900
Chien courant Russe	900
Smalandsk	904
Chien courant Suédois	904
Elg Hund	906
Chien d'élan	906
Chien courant de Scandinavie	907
Norsk Stövare	908
Chien courant Norwégien	908
Korsad	910
Chien courant Danois	910
Chien gris	912
Chien dit de Saint-Louis	912
Chien de Bresse	913
Chien courant Suisse (à poil dur)	914
Chien de Niam-Niam	915
Chien de Battak	916
Gladakker	918
Pariah	918
Chiens des Bédouins	920
Chien Chacal	920
Limier Français	922
Bayrischer Gebirgs-Schweisshund	924
Limier Bavarois	924
Hannoverscher Schweisshund	926
Limier Hanovrien (Forme de Limier)	926
Limier Hanovrien (Forme de transition)	928
Limier Hanovrien (Forme de chien de rouge)	930
Lévriers	931
Greyhound	931
Lévrier Anglais	931
Deerhound	940
Lévrier Ecossais	940
Irish Wolfhound	949
Lévrier Irlandais	949
Psovoï Borzoï	953
Barzoï	953
Lévrier Russe	953
Lévrier Hongrois	967
Lévrier de Crimée	968
Lévrier Circassien	970
Lévrier des Baléares	972
Charnigue	972
Lévrier Arabe	975
Sloughi	975
Lévrier du Soudan	978
Lévrier Persan	980

	Pages
Tazi	980
Lévrier Brésilien	982a
Boulton Paul	982b
Lévrier Kurde	983
Lévrier de Tartarie	984
Lévrier d'Anatolie	986
Lévrier Courlandais	986
Lévrier Polonais	986
Lévrier d'Albanie	985
Lévrier du Caucase	986
Lévrier d'Asie	988
Lévrier d'Afghanistan	990
Lévrier de Grèce	991
Lévrier Kangourou	992
Lévrier Australien	994
Whippet	995
Snap Dog	995
Lévrier Schilluk	1001
Lévrier du Nil	1001
Lévrier Phu-Quoc	1002
Lurcher	1004
Chien de Bracomnier	1004
Bassets	1006
Kurzhaarige Dachshund	1006
Basset Allemand (à poil ras)	1006
Teckel	1006
Langhaarige Dachshund	1020
Basset Allemand (à poil long)	1020
Rauhhaarige Dachshund	1023
Basset Allemand (à poil dur)	1023
Dachs-Bracke	1030
Basset Braque	1030
Basset Français	1034
Basset Lane	1034
Basset Le Couteulx	1040
Basset Griffon	1049
Basset Artois	1054
Nouveau Diplôme du K. C. H. Cynophilia	1057
Basset Ardennais	1058
Basset Griffon Vendéen	1060
Basset Griffon de Bretagne	1062
Basset Bleu de Gascogne	1064
Sociétés et Clubs Belges	1069
Sociétés et Clubs Hollandais	1070
Sociétés et Clubs Français	1070
Sociétés et Clubs Anglais	1071
Sociétés et Clubs Suisses	1086
Sociétés et Clubs Allemands	1087
Sociétés et Clubs Autrichiens	1094
Chenils	1095
Chiens faisant la saillie	1110
Studdogs	1110
Journaux	1115
Annonces	(couverture)
Cruft's Dog Shows	1130
Exposition canine de Cruft	1130
Table des matières	1133
Chiens appartenant à des Personnages Princiers	1138
Index sur les Races et les Gravures	1139
Liste des Chenils	1150

CHIENS

appartenant à des Personnages Princiers.

		Pages
S. M. l'Empereur de Russie.	*Wotjaka*, Chien d'Ours	840
Id. id.	*Polkan*, Chien d'Ours	841
S. M. l'Impératrice d'Allemagne	*Iti*, Épagneul Japonais	325
Id. id.	*Kuma*, Épagneul Japonais	325
S. M. la Reine d'Angleterre	*Marco*, Chien de Poméranie.	253
Id. id.	*Pat*, Terrier Irlandais.	473
Id. id.	*Mag*, Terrier Irlandais.	473
Id. id.	*Eos*, Lévrier Anglais.	937
Id. id.	*Mishka*, Lévrier Anglais.	937
Id. id.	*Timor*, Lévrier Anglais.	937
S. M. le Roi d'Italie	*Grace of Strasbourg*, Braque Anglais.	540
S. M. la Reine des Pays-Bas	*Swell*, Setter Irlandais.	665
S. A. R. le Prince de Galles	*String*, Dogue du Thibet.	190
Id. id.	*Perla*, Chien de Laponie.	271
S. A. R. le Grand Duc Nicolai Nicolaievitch de Russie	Groupe de Lévriers Russes.	958
Id. id.	*Opromiot*, Lévrier Russe.	962
S. A. R. le Grand Duc Constantin de Russie	*Moustache II*, Griffon Korthals	751
S. A. R. le Grand Duc George Michaelovitch de Russie	Meute de Chiens Courants Russes	901
S. A. R. le Prince Léopold de Bavière	*Röserl*, Limier Bavarois	924
S. A. R. la Princesse Marie de Danemarck	*Jos*, Boule-Dogue	209
S. A. le Prince de Solms-Braunfels	*Naso of Kipping*, Braque Anglais	548
Id. id.	*Leicester*, Braque Anglais.	550
Id. id.	*Luck of Hessen*, Braque Anglais	553
Id. id.	*Tam of Braunfels*, Setter Anglais	646
S. A. la Princesse H. de Battenberg	*Oswald*, Chien de Berger Écossais	79
S. A. le Prince de Béarn	*Sans-Gêne*, Chien de Berger de Brie	69

Index des Races et des Gravures.

		Pages
ABERDEEN TERRIER		440
Id.	Irony	440
Id.	Magican	441
AFFENPINSCHER		363
Id.	Affi	365
Id.	Fatzke	363
Id.	Lili	365
Id.	Lolo	365
Id.	Miss	245
Id.	Missa	182b
Id.	Mora	364
Id.	Moritz	364
Id.	Paperle (Initiale)	363
AIREDALE TERRIER		371
Id.	Braggart	374
Id.	Bravary' 96	374
Id.	Bruce	376
Id.	Burly-Brockton	374
Id.	Cholmondeley (Initiale)	371
Id.	Cholmondeley Bondsman	374
Id.	Idéaux	371
Id.	Miss Tucker	373
Id.	Nelson Luce	372
Id.	Rustic Lad	375
Id.	Shipley-Crack	372
Id.	Spratt's Patent L^d	373
AMERICAN FOXHOUND		814
Id.	Champion Commodore	814
Id.	Spotty	815
APPENZELLER SENNENHUND		1094
APPLE HEAD		36
ARMOIRIE (Couverture)		
Id.		1
Id.		3
BARBET		783
Id.	Pataveau	784
Id.	Pilote	783
BARZOI (voir Lévrier Russe)		953
BASSETS		1006
BASSET ALLEMAND (à poil ras)		1006
Id.	Altremplin-Reinecke	1009
Id.	Augustin-Reinecke	1009

		Pages
BASSET ALLEMAND (à poil ras) Basset et renard		1008
Id.	Berolina-Barby	1009
Id.	Berolina-Edda II	1018
Id.	Berolina-Schneechen	1016
Id.	Berolina-Waldteufel (Initiale)	1006
Id.	Champion Belle Blonde	1028
Id.	Champion Primula	1028
Id.	Ermelin-Reinecke	1009
Id.	Esmeralda	1057
Id.	Fanny	1012
Id.	Flinkerl	1015
Id.	Flock	1012
Id.	Frigga	1019
Id.	Gisela-Erdmannsheim	1010
Id.	Gretel	1012
Id.	Gretl-Reinecke	1009
Id.	Hanneman-Erdmannsheim	1013
Id.	Hexe-Erdmannsheim	1016
Id.	Idéal	1018
Id.	Idéal	1006
Id.	Idéal (de devant)	1007
Id.	Idéal (de derrière)	1007
Id.	Ilka-Tieplitz	1009
Id.	Isolani-Franconia	1008
Id.	Jeunes Bassets	1018
Id.	Junker Schnapphahn	1007
Id.	Knopf	1019
Id.	Liesel-Waldmeister	1012
Id.	Longine	1014
Id.	Monsieur Schneidig	570
Id.	Mucki-Erdmannsheim	1014
Id.	Pionier	1017
Id.	Renard et Basset	1027
Id.	Schaula-Reinecke	1009
Id.	Schlupfer	1010
Id.	Schlupfer-Euskirchen	1011
Id.	Staats-Hexe	1012
Id.	Tiger-Reinecke	1009
Id.	Tiger-Reinecke	1017
Id.	Widar	1019
Id.	Wilhelmine	1012
BASSET ALLEMAND (à poil dur)		1023

INDEX DES RACES ET DES GRAVURES.

		Pages
Basset Allemand (à poil dur)	Aberdie-Reinecke.	1009
Id.	Hubertus-Otter.	1025
Id.	Idéal.	1023
Id.	Jöckele-Magstadt.	1024
Id.	Michel-Magstadt.	1024
Id.	Milan-Magstadt.	1024
Id.	Mordax.	1024
Id.	Röserle-Magstadt.	1024
Id.	Walbruna.	1025
Id.	Zottel.	1026
Basset Allemand (à poil long).		1020
Id.	Hansel.	1022
Id.	Idéal.	1020
Id.	Idéal.	1020
Id.	Schnipp.	1021
Id.	Waldine von Burgdorf.	1022
Id.	Wally-Reinecke.	1009
Basset Ardennais.		1058
Id.	Idéaux.	1059
Basset Artois.		1054
Id.	Caressant.	1055
Id.	Galathée.	1056
Id.	Merveille.	1055
Id.	Météore.	1056
Id.	Presto.	1054
Basset bleu de Gascogne.		1064
Id.	Cantine.	1067
Id.	Fanfare.	1067
Id.	Gascon.	1065
Id.	Misère.	1064
Id.	Monitor.	1064
Id.	Renfort.	1066
Id.	Rigolette.	1065
Basset-Braque.		1030
Id.	Idéal.	1032
Id.	Spion.	1031
Id.	Waldine.	1031
Basset Français (Lane).		1034
Id.	Champion.	103
Id.	Colonel.	1035
Id.	Cupid II (Initiale).	1034
Id.	Geraldine.	1036
Id.	Gibelotte.	1035
Id.	Gravity.	1034
Id.	Gravity I.	1036
Id.	Lord George.	1036
Id.	Mascotte.	1035
Id.	Meute de Bassets.	1038
Id.	Parquet de Bassets.	1039
Id.	Rowena.	1037
Id.	Salomon.	1036
Id.	Solomon.	1034
Id.	Xitta.	1036
Basset Français (Le Couteulx).		1040
Id.	Champion Bourbon.	1040
Id.	Champion Chopette.	1046
Id.	Champion Fino V.	1042
Id.	Champion Forester.	1044
Id.	Champion Paris.	1044
Id.	Chenil Waldine.	1105
Id.	Chicaneau II.	1048
Id.	Fino.	1041

		Pages
Basset Français (Le Couteulx) Paris.		1047
Id.	Rowena I.	1043
Basset Français (à poil dur).		1049
Id.	Bamboche.	1051
Id.	Merbes Aventurière.	1053
Id.	Pervenche.	1050
Id.	Pervenche.	1052
Id.	Ravaude.	1049
Id.	Réveilleau.	1049
Id.	Tambour.	1052
Id.	Tambour.	1050
Id.	Tambourin.	1048
Basset Griffon de Bretagne.		1062
Id.	Idéal.	1063
Basset Griffon Vendéen.		1060
Id.	Blandineau.	1060
Id.	Ronfleau.	1060
Id.	Royal Combattant.	1061
Id.	Sonnante.	1060
Id.	Sonore.	1060
Batard Angevin-Saintongeois.		877
Batard Anglo-Gascon-Saintongeois.		866
Id.	Chérubin	867
Batard Anglo-Normand.		877
Batard Anglo-Poitevin.		877
Batard Anglo-Poitevin-Saintongeois.		877
Batard Anglo-Saintongeois.		877
Batard Anglo-Vendéen.		877
Batard de Gascogne.		865
Id.	Marabout.	865
Batard de Mios.		877
Batard de Poitou.		877
Batard de Saintonge.		864
Id.	Ménélas.	864
Batard de Vendée.		877
Batard Normand.		877
Batard Normand-Saintongeois.		877
Batard Poitevin-Artois.		877
Batard Vendéen-Normand.		877
Baud (voir Chien Vendéen).		849
Bayrischer Gebirgs-Schweisshund (voir Limier Bavarois).		924
Beagle (à poil ras).		820
Id.	Babiole.	820
Id.	Champion Lonely.	821
Id.	Lonely.	824
Id.	Mico.	820
Id.	Montjoye.	820
Id.	Nell van Oosterbeek.	823
Id.	Primrose Countess.	824
Id.	Pulboro' Sapper (Initiale).	820
Id.	Reader.	822
Id.	Ringleader.	822
Beagle (à poil dur).		825
Id.	Idéaux.	825
Beagle (Kerry).		826
Id.	Meute.	827
Beagle Suédois.		828
Id.	Jerker.	828
Bearded Collie.		97
Bedlington Terrier.		442
Id.	Champion Bishop (Couverture).	

INDEX DES RACES ET DES GRAVURES. 1141

		Pages
BEDLINGTON TERRIER	Champion Humbledon Blue Boy.	444
Id.	Clyde Boy	446
Id.	Frank	445
Id.	Idéaux	442
Id.	Nelson	443
Id.	Sentinel	443
Id.	Tartar (Initiale)	442
BEEFY		36
BINGLEY-TERRIER (voir Airedale Terrier)		371
BLACK AND TAN TERRIER		485
Id.	Banjo	490
Id.	Beaconsfield	493
Id.	Broomfield Empress	493
Id.	Champion Kenwood Queen	488
Id.	Champion Pearl	92b
Id.	Champion Prince Eric	492
Id.	Champion Prince George	487
Id.	Champion Starkie Ben	491
Id.	Chenil Manchester	1107
Id.	Clarendon Daisy	489
Id.	Clarendon Pansy	489
Id.	Dingle Wallace	486
Id.	Dingle Wallace	1057
Id.	Holywell Nell	490
Id.	Idéal	500
Id.	Idéaux	494
Id.	Madeline	257
Id.	Manchester Dingle Wallace	488
Id.	Manchester Empress	488
Id.	Manchester Roche Queen	490
Id.	Manchester Roy	486
Id.	Mayfield Nettle	486
Id.	Prince Eric (Initiale)	485
Id.	Prince Victor	485
Id.	Roche Queen	486
Id.	Sissie Retta	488
Id.	Strangeway's Colonel	486
BLACK AND TAN TOY TERRIER		495
Id.	Alert	497
Id.	Champion Cheeky	499
Id.	Champion Jubilee Wonder	495
Id.	Champion Jubilee Wonder	536
Id.	Champion Little Princess (Initiale)	495
Id.	General	498
Id.	Gladstone (Couverture).	
Id.	Koh-I-Noor	245
Id.	Prins	245
Id.	Sir Bevys	498
Id.	Tower Bridge	496
BLACK COCKER SPANIEL (voir Epagneul Cocker noir)		707
BLACK FIELD SPANIEL (voir Epagneul noir de plaine ou des champs)		716
BLENHEIM SPANIEL		303
Id.	Beauty	307
Id.	Bendigo Bowsie	317
Id.	Buda	308
Id.	Champion Bendigo Bowsie	308
Id.	Champion Bowsie	305
Id.	Champion Flossie II	536

		Pages
BLENHEIM SPANIEL	Champion May Queen II	304
Id.	Champion Polo	182b
Id.	Champion Pompey (Initiale)	303
Id.	Darling	307
Id.	Lord Tennyson	303
Id.	Magic	308
Id.	Polo	308
Id.	Syrene	306
Id.	Tiny Tots (Couverture).	
BLOODHOUND (voir chien de Saint-Hubert)		527
BOBTAIL		90
Id.	Bawbee	90
Id.	Champion Dairy Maid	92
Id.	Dame Elisabeth	93
Id.	Grizzle Bob (Initiale)	90
Id.	Jasper	94
Id.	Masterpiece	91
Id.	Shepherd's Delight	96
Id.	Sir Cavendish	97
Id.	Sir Tristan	92a
Id.	Sir Visto	92a
Bonnes et mauvaises conformations du dos, des épaules et des pattes		36a
BORDER TERRIER		520
Id.	Idéaux	520
BOSNICHE BRACKE (voir Braque Turc)		632a
BOSTON TERRIER		366
Id.	Blanka von Augerthor	368
Id.	Blocki	370
Id.	Boxl-Augusta	367
Id.	Champion Commissioner II.	369
Id.	Champion Topsey	369
Id.	Flocki	370
Id.	Flora-Nerf	370
Id.	Lord	370
Id.	Minka	370
Id.	Mirzl-Augusta	370
Id.	Pascha	370
Id.	Rocki	370
Id.	Rossie Richard	368
Id.	Sultan	370
Id.	Tom C.	366
Id.	Uncle Sam (Initiale)	366
BOULE-DOGUE		202
Id.	Aston Thornfield	218
Id.	Benjamin Binns	182b
Id.	British Monarch	214b
Id.	Brussel's Crib	218
Id.	Bull-Dog et taureau	223
Id.	Bully II	206
Id.	Caricature	214
Id.	Champion British Monarch	204
Id.	Champion British Monarch	207
Id.	Champion Bully II	214b
Id.	Champion Datholite	204
Id.	Champion Datholite	223
Id.	Champion Diogenes	215
Id.	Champion Diogenes (Ecusson couvert.)	
Id.	Champion Diogenes	3
Id.	Champion Dockleaf	211
Id.	Champion Dryad	214b
Id.	Champion Grabber	536

INDEX DES RACES ET DES GRAVURES

		Pages
BOULE-DOGUE	Champion Guido	213
Id.	Champion His Lordship	210
Id.	Champion Pathfinder	214b
Id.	Champion Queen Mab	207
Id.	Champion Rustic King	207
Id.	Chatley Nob	1121
Id.	Chenil Leuven	1102
Id.	Dandelion	1057
Id.	Dimple	92b
Id.	Don Pedro	208
Id.	Dorinda	206
Id.	Enfant de la Gamelle Spratt	214a
Id.	Exodus	203
Id.	Fantaisie	214
Id.	Humbledon Heathen	215
Id.	Idéaux	212
Id.	Jack in the Green	210
Id.	Joe	209
Id.	Leuven's Alba	1102
Id.	Leuven's Bel-Demonic II	203
Id.	Leuven's Belgian Monarch	212
Id.	Leuven's Bully III	207
Id.	Leuven's Caliban II	208
Id.	Leuven's Dame Blanche	1102
Id.	Leuven's Dorotby II	1102
Id.	Leuven's Dutch Countess	206
Id.	Leuven's Fra Diavolo	1102
Id.	Leuven's Haaske	209
Id.	Leuven's Harlequin	1102
Id.	Leuven's John Bull	211
Id.	Leuven's May Bud	210
Id.	Leuven's Pepita	202
Id.	Leuven's Pepita	219
Id.	Leuven's Pierrette	1102
Id.	Leuven's Polichinelle	1102
Id.	Leuven's Queen Monarch	214
Id.	Leuven's Ravachol	1102
Id.	Leuven's Remendado	1102
Id.	Leuven's Young Baronet	1102
Id.	Lordling	218
Id.	Michael The Archangel (Initiale)	202
Id.	Monkey Brand	214a
Id.	Outsider	205
Id.	Pathfinder	214
Id.	Princess Ida	217
BOULE-DOGUE NAIN		220
Id.	Baba (Initiale)	220
Id.	Basquine	222
Id.	Cora	220
Id.	Cristal	220
Id.	Pierce	221
Id.	Rabot	222
Id.	Spratt	214a
BOXER (voir Boston Terrier)		366
BRACCO ITALIANA (voir Braque Italien)		624
BRAQUES		538
BRAQUE ALLEMAND (poil ras, brun et brun et blanc)		564
Id.	Cora	567
Id.	Diana-Trefflich	566
Id.	Erra-Hoppenrade	568
Id.	Fantaisie	567
Id.	Hector I	9

		Pages
BRAQUE ALLEMAND (poil ras, brun et brun et blanc)		570
Id.	Hector-Trefflich	570
Id.	Hector-Trefflich	571
Id.	Lili von Jagerhaus (Initiale)	564
Id.	Marki	565
Id.	Nidunc	564
Id.	Nimrod-Trefflich	9
Id.	Senta	569
Id.	Unkas-Nurnberg (Initiale)	564
Id.	Wodan	566
Id.	Wodan-Trefflich	182b
BRAQUE ALLEMAND (poil ras, brun-tigré)		555
Id.	Borwinus	556
Id.	Brzytwa-Hoppenrade	562
Id.	Hasso	570
Id.	Hector von Strassbourg	556a
Id.	Idéal	559
Id.	Idéal	556b
Id.	Indra	561
Id.	Jago	560
Id.	Juno von Strassbourg	556a
Id.	Lilli vom Jagerhaus (Initiale)	555
Id.	Maitrank Hoppenrade	561
Id.	Maitrank Hoppenrade	570
Id.	Sally Wohlgemuth	557
Id.	Tellus von Freundenthal	556b
Id.	Unkas Nurnberg (Initiale)	555
BRAQUE ALLEMAND (à poil roide)		572
Id.	Adda	574
Id.	Idéal	573
Id.	Idéaux	572
Id.	Lamia	574b
Id.	Lord	574a
Id.	Lord	1100
Id.	Nimrod vom Rheydt (Initiale)	572
Id.	Rolf Wohlgemuth	574b
Id.	Senta I	574a
Id.	Sento	570
Id.	Sento	571
Id.	Stentor	576
Id.	Treff-Waldheim	575
BRAQUE ANGLAIS		540
Id.	Belle	544
Id.	Bendigo of Kippen	597
Id.	Blanche of Bessungen	547
Id.	Champion Belle of Bow	547
Id.	Champion Beryl	549
Id.	Champion Milton Bang II	536
Id.	Champion Naso of Upton	546
Id.	Champion Ponto	1057
Id.	Champion Saddleback	545
Id.	Champion Wagg	554
Id.	Cli	552
Id.	Devonshire Dan	541
Id.	Don Pedro	543
Id.	Duchesse of Huntroyde	543
Id.	Fanny	546
Id	Fantaisie	546
Id.	Flock of Frenz	547
Id.	Grace of Strassbourg	540
Id.	Graphic	545
Id.	Leicester	550

INDEX DES RACES ET DES GRAVURES.

		Pages
Braque Anglais	Luck of Hessen	553
Id.	Naso of Kipping	548
Id.	Saddleback (Initiale)	540
Id.	Sandford-Graphic	551
Id.	Sandford-Lark	542
Id.	Sandford-Quince	542
Id.	Sandford-Vesper	542
Id.	Scamp	547
Id.	Treff of Strasbourg	549
Braque Autrichien		626
Id.	Idéaux	627
Braque Belge		538
Id.	Duc	539
Braque bleu d'Auvergne (Voir Braque d'Auvergne)		593
Braque Danois		631
Id.	Bécasse	631
Braque d'Anjou		617
Braque d'Ariège		608
Id.	Ralph II	608
Braque d'Auvergne		593
Id.	Bruno	595
Id.	Idéal	594
Id.	Musette (Initiale)	593
Id.	Pitho	595
Braque de Bengale		617
Braque de Charles X		588
Id.	Monocle	589
Braque de Compiègne (Voir Braque de Saint-Germain)		618
Braque de Navarre		609
Braque de Picardie		609
Braque de Toulouse		604
Id.	Fleuron	605
Id.	Tambour	606
Braque de Weimar		582
Id.	Bella-Sandersleben	583
Id.	Juno-Roda	583
Id.	Tom-Sandersleben (Initiale)	582
Id.	Treff-Sandersleben	583
Braque de la Westphalie		585
Id.	Idéaux	585
Braque des environs de la Ruhr		584
Id.	Idéaux	584
Braque de Styrie		633
Id.		633
Braque du Bourbonnais		598
Id.	Cailleteau (Initiale)	598
Id.	Idéal	600
Id.	Ketty	602
Id.	Mascotte	603
Id.	Mascotte III	599
Id.	Perle	601
Braque de la Ruhr		584
Id.	Idéaux	584
Braque du Wurtemberg		578
Id.	Bruno	580
Id.	Juno	581
Id.	Oberland-Regal	578
Id.	Oberland-Fora	580
Id.	Oberland-Perdrix	579
Braque Dupuy		610
Id.	Caïus (Initiale)	610
Id.	Polka	614

		Pages
Braque Dupuy	Priam	613
Id.	Sarah	612
Id.	Sultan	611
Id.	Sultane	615
Braque Espagnol		630
Id.	Boléro	630
Braque Français (Type ancien)		588
Id.	Monocle	589
Braque Français (Type moderne)		591
Id.	Jeunes chiens	590
Id.	Parisienne	590
Id.	Perdreau	591
Braque Français (à double nez)		592
Id.	Stop	592
Braque Hanovrien		586
Braque Holsacien		587
Id.	Idéaux	587
Braque Italien		624
Id.	Faust	625
Braque Norwégien		632
Braque Russe		634
Id.	Loris	635
Braque Saint-Germain		618
Id.	Byrrh (Initiale)	618
Id.	Champion Star	621
Id.	Ida	623
Id.	Idéal	620
Id.	Medor V	622
Id.	Miss	619
Braque Suédois		628
Id.	Pang	628
Braque tricolore du Wurtemberg (voir Braque du Wurtemberg)		578
Braque Turc		632a
Id.	Barak	632b
Id.	Lasso	632a
Braque Tyrolien Lux		898a
Briquets		878
Briquet Ariégeois		880
Id.	Printaneau	880
Briquet Artois		878
Id.	Faublas	879
Id.	Ricanore (Initiale)	878
Briquet Breton		881
Briquet d'Allier		881
Briquet d'Armagnac		881
Briquet de Franche Comté		881
Briquet de Porcelaine		881
Briquet Français		881
Briquet Gascon-Ariégeois		881
Briquet Merlant		881
Briquet Vendéen		881
Broken up		36
Bull-Dog (voir Boule-Dogue)		202
Bull-Terrier		462
Id.	Berry	466
Id.	Bill	463
Id.	Cavalier	466
Id.	Champion Como	463
Id.	Champion Greenhill Wonder	462
Id.	Dutch	469
Id.	Greenhill Wonder	447

INDEX DES RACES ET DES GRAVURES.

		Pages
Bull-Terrier	Hannover Daisy	465
Id.	Holland	467
Id.	Idéal	471
Id.	Jane	466
Id.	Moya	465
Id.	Nelly	466
Id.	Sherborne Queen	464
Id.	Streatham Monarch	468
Id.	Tom	466
Id.	Trentham Dutch (Initiale)	462
Id.	Woodcote Tartar	464
Id.	Woodcote Teaser	464
Bull-Terrier Nain.		471
Id.	Ai Royal Duke (Initiale)	471
Id.	Idéal	471
Id.	Spratt	472
Button ear		36
Cage thoracique du chien		35
Caniche (à poil cordé).		224
Id.	Achilles	227
Id.	Caro Mio	230
Id.	Champion Achilles.	224
Id.	Champion The Witch.	227
Id.	Champion The Witch.	31
Id.	Idéaux	228
Id.	Nelly of the Hague	226
Id.	Nero.	229
Id.	Punch	231
Id.	Styx.	225
Id.	The Model (Initiale)	224
Id.	The Witch	537
Caniche (à poil laineux)		232
Id.	Ajax.	231
Id.	Ajax I	223
Id.	Ajaxio (Initiale).	232
Id.	Blanco	233
Id.	Cocasse	92b
Id.	Enchantress	236
Id.	Jeunes Caniches.	234
Id.	Jim	234
Id.	Jim I	236
Id.	Laura	234
Id.	Laura I	236
Id.	Mohr	232
Id.	Negro	235
Id.	Woman in White	236
Cani da Pastore Italiana (voir chien de Berger Italien)		109
Caricature		9
Carlin (à poil ras).		280
Id.	Beer.	257
Id.	Beira	285
Id.	Betley	282
Id.	Black Berry	284
Id.	Black Gem	284
Id.	Champion Loris (Initiale)	280
Id.	Champion Stately (Couverture)	
Id.	Drummer King	285
Id.	King Cole	286a
Id.	Little Dorothy	285
Id.	Little Nap.	284
Id.	Lola.	280
Id.	Medeba	283

		Pages
Carlin (à poil ras)	Muppel.	283
Id.	Nap II.	284
Id.	Nigger Sam	281
Id.	Princesse Aline	285
Id.	Pucky	281
Id.	Pussel	283
Id.	Spratt	286a
Id.	Viscount of Lunesdale	286
Carlin (à poil long).		287
Id.	Hodge	287
Cat-feet		37
Cat-foot		37
Cerbère, gardien des enfers		38
Charnique.		972
Id.	Idéaux	974
Id.	Piston	973
Chenils.		1095
Id.	Barnard, Bishop et Barnards.	606
Id.	Boulton et Paul	982b
Id.	Davo.	1097
Id.	Duinzicht	1103
Id.	Flushing	1099
Id.	Hendor	1098
Id.	Klenke	1106
Id.	Klus Hirslanden	117
Id.	Légia.	1109
Id.	Leuven	1102
Id.	Manchester.	1107
Id.	Meddy	1101
Id.	Rhienderstein	1110
Id.	Ruigbaard	1096
Id.	Waldine.	1105
Chesapeake Bay Dog		800
Id.	Champion Cleveland.	800
Id.	Idéal	801
Chien a esclaves		188
Id.	Féroce	188
Chien blanc du Roi (voir chien Vendéen)		849
Chien Bolognais		298
Id.	Blanchette	298
Chien chacal.		920
Id.	Idéaux.	921
Chiens courants		805
Chiens courants batards		864
Chien courant d'Aargau		896
Id.	Caro II	896
Chien courant Danois		910
Id.	Klinga.	910
Id.	Pang	910
Id.	Peik	911
Id.	Stella	910
Chien courant de Berne		892
Id	Bateau	892
Id.	Jeunes chiens	895
Id.	Lord	894
Id.	Netti von Burgdorf	895
Id.	Silva II	893
Id.	Silva III	893
Id.	Tibo	894
Id.	Waldmann	895
Chien courant de Galles		830
Id.	Landmark	831

INDEX DES RACES ET DES GRAVURES.

		Pages
Chien courant de Galles Lively		831
Id.	X	831
Chien courant de Lucerne.		887
Id.	Chasseur	887
Id.	Diana an der smatt	890
Id.	Diane	888
Id.	Eich-Belline	890
Id.	Eich-Waldine	891
Id.	Waldi	889
Chien courant de Scandinavie		907
Id.	Idéaux	907
Chien courant de Thurgau		885
Id.	Rolli	885
Chien courant du Jura		898
Id.	Brunette de Neuveville	898
Id.	Sibeau	898
Id.	Sibelle	898
Chien courant du Wurtemberg		899
Id.	Bruno	899
Chien courant Norwégien		908
Id.	Alarm	909
Id.	Lord	908
Chien courant Russe		900
Id.	Kamok	900
Id.	Kamok I	903
Id.	Korotsja	902
Id.	Meute	901
Id.	Pila III	900
Id.	Rsjew	902
Id.	Snappe	900
Id.	Stella I	900
Id.	Trevöga	903
Id.	Trevöga I	900
Id.	Tuna	900
Id.	Wira	900
Id.	Wjatka	902
Chien courant Suédois		904
Id.	Diana	906
Id.	Ralla	905
Id.	Stella	904
Id.	Tambourini	905
Chien courant suisse (à poil ras)		882
Id.	Diana von Thusis	883
Id.	Zibo	884
Id.	Zibo von Waldenburg	882
Chien courant suisse (à poil dur)		914
Id.	Sibeau II	914
Chien d'Alicante		292
Chien Danois		169
Id.	Bravo (Initiale)	169
Id.	Idéal	169
Id.	Lögstör	171
Id.	Rolf	170
Id.	Skjerme	171
Chien d'appartement (Première partie)		39
Chien d'Artois		868
Id.	Idéal	868
Id.	Romance	869
Chien d'Australie		262
Id.	Lupus	263
Id.	Myall	262
Chien de Batelier Belge (voir Schipperke)		41

		Pages
Chien de Battak		916
Id.	Blia	917
Id.	Siak	917
Chiens de Berger		53
Chien de Berger Algérien		111
Id.	Cheick	111
Chien de Berger Allemand		98
Id.	Flock	98
Id.	Idéal	102
Id.	Idéaux	99
Id.	Pollux (Initiale)	98
Id.	Schäfermädchen	101
Id.	Stoppelhopser	101
Chien de Berger Anglais (voir Bobtail)		90
Chien de Berger Autrichien		108
Chien de Berger Belge		53
Id.	Carlo (Initiale)	53
Id.	Charlot	57
Id.	Dick	57
Id.	Duc	56
Id.	Duc I	57
Id.	Duc de Groenendael	58
Id.	Marquis	55
Id.	Picard	56
Id.	Samlo	60a
Id.	Thom	54
Id.	Thom I	60
Id.	Turc	59
Chien de Berger de Beauce		64
Id.	Cadet	66
Id.	Jupiter (Initiale)	64
Id.	Fido	68
Id.	Fido I	67
Id.	Fido II	65
Id.	Vigilant	64
Chien de Berger de Bergames (voir Chien de Berger Italien)		109
Chien de Berger de Bresse		73
Id.	Malino	73
Chien de Berger de Brie		69
Id.	Cadet	70
Id.	Sans Gêne	69
Id.	Sapeur	72
Id.	Stupeur	70
Id.	Tambour	71
Chien de Berger de la Camargue		75
Chien de Berger de la Crau		75
Chien de Berger des Abruzzes		110
Chien de Berger des Pyrénées		74
Id.	Papillon	74
Chien de Berger du Highland		97
Chien de Berger du Languedoc		75
Chien de Berger Ecossais (à poil long)		76
Id.	Amstel Roughlander	76
Id.	Champion	103
Id.	Champion Metchley Wonder	78
Id.	Ch. Metchley Wonder (Ecusson Couverture)	
Id.	Champion Ormskirk Amazement	84
Id.	Ch. Southport Perfection	78

	Pages
CHIEN DE BERGER ECOSSAIS (à poil long) Ch. Vulcan	92b
Id. Christonelle	92b
Id. Doom Goldfinder	83
Id. Gladdie	85
Id. Great Gun (Initiale)	76
Id. Idéal	77
Id. Idéaux	82
Id. Jeunes Collies	81
Id. Lady Isabel	80
Id. Lothian	81
Id. Oswald	79
Id. Rob Roy	182b
CHIEN DE BERGER ECOSSAIS (à poil ras)	86
Id. Champion Heatherfield Pearl (Initiale)	86
Id. Champion Pickmere	86
Id. Lady Pickwick	87
Id. Ormskirk Merlin	86
CHIEN DE BERGER ECOSSAIS (courte queue, poil long)	88
Id. Abridge (Initiale)	88
Id. Jack Tailless	89
CHIEN DE BERGER ECOSSAIS (courte queue, poil ras)	88
Id. Bob le Moignon	89
CHIEN DE BERGER FRANÇAIS	64
CHIEN DE BERGER HOLLANDAIS	61
Id. Groupe	63
Id. Hectorine van Haemstede (Initiale)	61
Id. Presto	61
Id. Vos	62
Id. Wolf	273
CHIEN DE BERGER HONGROIS	108
CHIEN DE BERGER ITALIEN	109
Id. Türko	109
CHIEN DE BERGER RUSSE	104
Id. Oftscharka 1	105
Id. Olga	106
Id. Russia	107
Id. Serge	104
CHIEN DE BUTHAN (voir Thibet Terrier)	521
CHIEN DE BOUVIER	112
Id. Brissack	114
Id. Libertin	113
Id. Papillon	112
CHIEN DE BRACONNIER	1004
Id. Lurcher	1005
CHIEN DE BRESSE	913
CHIEN DE CERFS (voir Staghound)	805
CHIENS DE CHASSE (Troisième partie)	525
CHIEN DE CHASSE 2100 AVANT J.-C.	38
CHIEN DE CHESAPEAKE (voir Chesapeake Bay Dog)	800
CHIEN DE CONSTANTINOPLE	334
Id. Maussade (Initiale)	334
Id. Vagabond	335
CHIEN DE CONTREBANDIER	337
Id. à la besogne	337
Id. en fuite	337
CHIEN DE DALMATIE	238
Id. Berolina (Initiale)	238
Id. Bruno	245
Id. Champion Berolina	242
Id. Champion Coming Still	241
Id. Charles Dickens	243

	Pages
CHIEN DE DALMATIE Guignol	240
Id. Idéaux	238
Id. Marco	244
Id. Marquise	243
Id. Mimi-Auster	244
Id. Monte Carlo	241
Id. Nero	244
Id. Nero Dalmatia	244
Id. Putty	244
Id. Tello	244
Id. Tom	239
CHIENS DE DAME (Première partie)	39
CHIENS DE DÉFENSE (Première partie)	39
CHIEN DE DOUANIER	337
Id. la poursuite	337
CHIEN DE FINLANDE	271
Id. Björn	272
Id. Gard	272
Id. Perla	271
CHIEN DE FRANCHE COMTÉ	873
Id. Cléo	874
Id. Clio	873
CHIEN DE GARDE (Première partie)	39
CHIEN DE GASCOGNE	856
Id. Corvette	859
Id. Flambeau (Initiale)	856
Id. Généreux	856
Id. Major	858
Id. Printanau	857
CHIEN DE GROËNLAND	269
Id. Perial	269
CHIEN DE GUERRE	336
CHIEN D'ISLANDE	274
Id. Njord	274
CHIEN DE LA BAIE DE CHESAPEAKE (voir Chesapeake Bay Dog)	800
CHIEN DE LA CHINE	330
Id. Incka	332
CHIEN DE L'AFRIQUE DU SUD	330
Id. Waki	332
Id. Zulu Chief	330
CHIEN DE LA HAVANE	297
CHIEN DE L'AMÉRIQUE CENTRALE	330
Id. Lopez	332
CHIEN DE L'AMÉRIQUE DU SUD	330
Id. Loris	331
CHIEN D'ÉLANS (voir Chien Norwégien)	276
CHIEN DE LAPONIE	271
Id. Björn	272
Id. Gard	272
Id. Perla	271
CHIEN DE LEONBERG (voir Leonberger Hund)	139
CHIEN DE LIÈVRES (voir Harrier)	817
CHIEN DE LOUTRES (voir Otterhound)	832
CHIEN DE LUXE (Première partie)	39
CHIEN DE LUXE 2100 AVANT J.-C.	38
CHIEN DE MAISON (Première partie)	39
CHIEN DE MANILLE	297
CHIEN DE MEXIQUE	330
Id. Biche	332
CHIEN DE MONTEMBŒUF	876
Id. Nestor	876

INDEX DES RACES ET DES GRAVURES.

		Pages
Chien de Niamniam		915
Id.	Idéaux	915
Chien de Normandie		870
Id.	Colonel	870
Id.	Lancier	871
Id.	Vesta	872
Chien de Norwège		276
Id.	Idéaux	276a
Id.	Viking	276
Chien de Patagonie		330
Id.	Leona (Initiale)	330
Chien de Poméranie		246
Id.	Castor	250
Id.	Castor	1057
Id.	Castor I	252
Id.	Flott-Stuttgart	249
Id.	Kees	273
Id.	King of Rozelle (In t ale)	246
Id.	Koh-I-Noor	248
Id.	Mohrle	248
Id.	Mohrle I	246
Id.	Othello	246
Id.	Spitz	251
Id.	Spitz I	250
Id.	Spitz van Duinzicht	247
Id.	Zippho	92b
Chien de Poméranie Nain		253
Id.	Coquette	253
Id.	Frizette	253
Id.	Marco (Initiale)	253
Id.	Prince Ginger	254
Chien de Poméranie Nain (à poil soyeux)		255
Id.	Blanchette	256
Id.	Bubie (Initiale)	255
Id.	Odhin	255
Chien de Porcelaine		873
Id.	Cléo	874
Id.	Clio	873
Chien de Renards Américain (voir American Foxhound)		814
Chien de Renards Anglais (voir Foxhound)		808
Chien de Rue		334
Id.	Maussade (Initiale)	334
Id.	Vagabond	335
Chien de Saint-Bernard (voir Saint-Bernard)		115
Chien de Saint-Hubert		527
Id.	Alchymist	92b
Id.	Babette	534
Id.	Baby	531
Id.	Bono	31
Id.	Bono I	537
Id.	Burgho	528
Id.	Burghs	527
Id.	Champion	103
Id.	Champion Barnaby	528
Id.	Champion Beaufort	529
Id.	Champion Beaufort	597
Id.	Champion Cromwell	530
Id.	Champion Duchess II (Init.)	527
Id.	Champion Malvina	536
Id.	Champion Nestor	535
Id.	De Vigne Hart	192b
Id.	Diana of Hayes (Initiale)	527

		Pages
Chien de Saint-Hubert	Edwin Nichols	537
Id.	Harlequin	532
Id.	Jeunes chiens	534
Id.	Lord Lovel	532
Id.	Luath XI	533
Id.	Protection (Ecusson couverture)	
Id.	Radiant	534
Id.	Ramesis	529
Id.	Rubric	529
Id.	Tantrums (couverture)	
Chien de Saint-John		154
Id.	Avon	154a
Id.	Gyp	154a
Id.	Johnnie	155
Id.	Nero	154a
Chien de Saint-John		799
Chien de Saint-Louis		912
Id.	Idéal	912
Chien de Saintonge		852
Id.	Calypso	852
Id.	Calypso II	855
Id.	Commandeur (Initiale)	852
Id.	Luron	853
Id.	Mélanthe	854
Chiens de Bédouins		920
Id.	Idéaux	921
Chien des Douars		111
Id.	Cheick	111
Chien des Esquimaux		264
Id.	Artic King	267
Id.	Bella	265
Id.	Fin III	265
Id.	Groupe	268
Id.	Hector X	267
Id.	Idéaux	268
Id.	Joop (Initiale)	264
Id.	Loup	266
Id.	Marpha	266
Id.	Myouk	264
Id.	Sir John Franklin	265
Id.	Zolo	265
Chien de Sibérie		278
Id.	Bosco	279
Id.	Idéal	278
Id.	Obi	279
Chien des Pyrénées		145
Id.	Diana	145
Id.	Diane	146a
Id.	Nero	145
Id.	Néron	145
Id.	Néron I	146a
Chien de Saint-Bernard (voir Saint-Bernard)		115
Chien de Saint-Hubert (voir chien de Saint-Hubert)		527
Chien de Saint-John (voir Chien de Saint-John)		154
Chien de Saint-Louis (voir Chien de Saint-Louis)		912
Chien de Terre-Neuve		147
Id.	Boodles, Esq	147
Id.	Champion Alderman	150
Id.	Champion Black Prince	153
Id.	Champion Courtier	152
Id.	Champion Nelson (Initiale)	147
Id.	Champion Prince Charlie	151

INDEX DES RACES ET DES GRAVURES.

		Pages
CHIEN DE TERRE-NEUVE Froth?		152
Id.	Landseer	148
Id.	Lord Nelson	150
Id.	Mariner	149
Id.	Nero	636
Id.	Pluto	636
Id.	Sauveur	92b
Id.	Thor II	151
CHIEN DE TRAIT		336
Id.	En fonction	92b
CHIEN DE TROT		336
CHIEN DE VIRELADE		860
Id.	Célébraux	862
Id.	Commandeur	860
Id.	Frégatte	863
Id.	Souveraine	861
Id.	Flambeau (Initiale)	860
CHIEN D'OURS (voir Mediliani)		839
CHIEN DU HAUT-POITOU		842
Id.	Meute	845
Id.	Montjoie	844
Id.	Réveilleau	843
CHIEN DU POITOU		846
Id.	Idéal	848
Id.	Milton	847
CHIEN DU SAINT-BERNARD (voir Saint-Bernard)		115
CHIEN D'UTILITÉ (Première partie)		39
CHIEN ÉCUREUIL		328
Id.	Coquette	329
Id.	Dom	329
Id.	Inès	328
Id.	Toto	329
CHIEN ERRANT		334
Id.	Maussade (Initiale)	334
Id.	Vagabond	335
CHIEN GASCON SAINTONGEOIS (voir Chien de Virelade)		860
CHIEN GRIS		912
Id.	Idéal	912
CHIEN MALTAIS		293
Id.	Byou (Initiale)	293
Id.	Fido	296
Id.	Floss	293
Id.	Idéaux	295
Id.	Lulu	293
Id.	Nelly (Initiale)	293
Id.	Piperlin	298
Id.	Rita	294
Id.	Suna	297
CHIEN NU		330
Id.	Bieche	332
Id.	Incka	332
Id.	Leona (Initiale)	330
Id.	Lopez	332
Id.	Loris	331
Id.	Pekin	330
Id.	Waki	332
Id.	Zulu-Chief	330
CHIEN PHU-QUOC		1002
CHIEN TRUFFE		333
CHIEN VENDÉEN		849
Id.	Mirabeau	850
Id.	Ravissante	851

		Pages
CHIEN VENDÉEN Tamerlan		849
CHIN-CHIN (voir Epagneul Japonais)		320
CHOP		36
CHOU-CHOU (voir Chow-Chow)		258
CHOW-CHOW		258
Id.	Blue Blood	260
Id.	Chinee III	261
Id.	Chow VIII	259
Id.	John Chinaman	261
Id.	M. Bosco II	258
Id.	Pekoe II (Initiale)	258
Id.	Peridot II	259
Id.	Tu-Tu	261
CLUMBER SPANIEL (voir Epagneul Clumber)		699
CLYDESDALE TERRIER		517
Id.	Idéaux	517
Id.	Lorne of Paisley	518
Id.	Fife Ness Initiale	517
COCKER SPANIEL (voir Epagneul Cocker)		712
COLLIE (voir Chien de Berger Ecossais)		76
CONFORMATIONS du dos, des épaules et des pattes		36a
COW-HOCKS		36
CRANES DE CHIENS		35
CROOK TAIL		36
CYNOPHILIA		400b
DACHSBRACKE (voir Basset-Braque)		1030
DACHSHUND (voir Basset Allemand)		1006
DALMATINER (voir Chien de Dalmatie)		238
DANDIE DINMONT TERRIER		448
Id.	Ainsty Belle	456
Id	Ainsty King	456
Id.	Blacket House Yet	460
Id.	Champion Border King	456
Id.	Champion Border King	452
Id.	Champion Cannie Lad	457
Id.	Champion Darkie Deans	456
Id.	Champion Heather Peggy	456
Id.	Champion Heather Sandy	456
Id.	Champion Jeanie Deans	459
Id.	Champion Laird	450
Id.	Champion Little Pepper II	456
Id.	Champion Tartar King (Initiale)	448
Id.	Darkie Deans	455
Id.	Davie Deans	456
Id.	Doctor Deans	456
Id.	Elspeth	451
Id.	Flora McIvor	456
Id.	Glen Rosa	92b
Id.	Heather Sandy	448
Id.	Little Beauty	450
Id.	Racquet	456
Id.	Rufus	447
Id.	Spratt	461
Id.	Tartan Chief	454
Id.	Tartan King	453
Id.	Tommy Atkins	458
Id.	Tweedmouth	453
Id.	Victoria Regina	456
Id.	Welcome (Couverture)	
DANSK HONSEHUND (voir Braque Danois)		631
DANSK HUND (voir Chien Danois)		169

INDEX DES RACES ET DES GRAVURES.   1149

		Pages
DEERHOUND (voir Lévrier Ecossais)		940
DENTITION		37
DENTURE		37
DEUTSCHE DOGGE (voir Dogue Allemand)		173
DEUTSCHE KURZHAARIGE PINSCHER (voir Terrier Allemand à poil ras)		359
DEUTSCHE KURZHAARIGE ZWERG PINSCHER (voir Terrier Allemand nain à poil ras)		361
DEUTSCHE KURZHAARIGE VORSTEHHUND (voir Braque Allemand à poil ras)		555
DEUTSCHE LANGHAARIGE VORSTEHHUND (voir Epagneul Allemand)		673
DEUTSCHE RAUHHAARIGE PINSCHER (voir Terrier Allemand à poil dur)		349
DEUTSCHE RAUHHAARIGE ZWERG PINSCHER (voir Terrier Allemand nain à poil dur)		358
DEUTSCHE SCHAFERHUND (voir Chien de Berger Allemand)		98
DEUTSCHE STICHELHAARIGE VORSTEHHUND (voir Braque Allemand à poil roide)		572
DEW CLAW		37
DEW LAP		36
DINGO		262
Id. Lupus		263
Id. Mayall		262
Diplôme du Kennel Club Hollandais		182b
DISH FACE		36
DOGUES		173
DOGUE ALLEMAND		173
Id.	Attila	183
Id.	Aurora	176
Id.	Bless	180a
Id.	Brillantine	179
Id.	Caesar	636
Id.	Caesar I	180a
Id.	Chenil Dubbelsteyn	179
Id.	Chenil Légia	1109
Id.	Champion Earl of Warwick	536
Id.	Champion Paramount (Couverture)	
Id.	Ciardi I	180
Id.	Ciardi II	175
Id.	Corwin (Initiale)	173
Id.	Corwin	1109
Id.	Diana	175
Id.	Diana-Dordrecht	180a
Id.	Emma	180a
Id.	Faust	177
Id.	Félicité	175
Id.	Félicité I	180
Id.	Flora	176
Id.	Goldperle	177
Id.	Hannibal II	181
Id.	Harras II	172a
Id.	Hedwige	182
Id.	Holle II	186
Id.	Ilka	178
Id.	Ivanhoe	146
Id.	Joubert	180a
Id.	Juno van Franeker	179
Id.	Leo	177
Id.	Leo I	180a
Id.	Macbeth	182g

		Pages
DOGUE ALLEMAND Mackart		180a
Id.	Mars	1109
Id.	Mentor II	173
Id.	Otter	177
Id.	Pacha	180a
Id.	Risolda	174
Id.	Risolda I	181
Id.	Risolda II	181
Id.	Roland	183
Id.	Roland I	182b
Id.	Roland II	22
Id.	Roland II	180
Id.	Roland	1057
Id.	Romeo	186
Id.	Romeo I	636
Id.	Romeo II	180a
Id.	Sambo	1109
Id.	Sandor (Initiale)	173
Id.	Sarah	176
Id.	Schwalbe	177
Id.	Selma	180a
Id.	Senta (Initiale)	173
Id.	Senta	1109
Id.	Sultan	180a
Id.	Superbe	184
Id.	Valéria	175
Id.	Venus	177
Id.	Vesta	175
Id.	Victorine	180a
Id.	Voorwaarts	180a
Id.	Walcheren's Ciardi	185
Id.	Wanda	175
DOGUE DE BORDEAUX		193
Id.	Amazone de Bordeaux	201
Id.	Beauté	199
Id.	Brutus	200
Id.	Buffalo	199
Id.	Caporal	196
Id.	Cora	197
Id.	Lion	195
Id.	Lion I (Initiales)	193
Id.	Raoul	193
Id.	Roland	198
Id.	Sultane	194
Id.	Sultane I	200
Id.	Turc	197
Id.	Vengeur	200
DOGUE DE CUBA		188
Id.	Féroce	188
DOGUE D'ULM (voir Dogue Allemand)		173
DOGUE DU THIBET		189
Id.	Aylva	191
Id.	Honest	190
Id.	Idéal	192a
Id.	Idéaux	189
Id.	Type (Initiale)	189
Id.	Siring	190
Id.	Yanko	192
DOGUE ESPAGNOL, Terrible		186
DOME SHAPED		36
DREIFARBIGE WÜRTTEMBERGISCHER VORSTEHHUND (voir Braque du Wurtemberg)		578

144

INDEX DES RACES ET DES GRAVURES.

		Pages
DROPPER		637
ECUSSONS (couverture)		
ELKHUND (voir chien de Norwège)		276
ENGLISH SETTER (voir Epagneul Anglais)		640
ENGLISH WATER SPANIEL (voir Epagneul d'eau Anglais)		727
ENTLIBUCHERHUND		1094
ENTRÉE INTERDITE		286b
ENVELOPPES (couverture)		
EPAGNEUL ALLEMAND		673
Id.	Arminius	676
Id.	Basko	570
Id.	Commodus	674
Id.	Feldmann	675
Id.	Idéal	678a
Id.	Juno-Haarlem	678
Id.	Juno-Haarlem	678a
Id.	Roland von Lünen (Initiale)	673
Id.	Tasso-Probsting	678a
Id.	Tell-Osnabrück	673
Id.	Tell von Cleve	677
EPAGNEUL ANGLAIS		640
Id.	Barton Charmer	645
Id.	Barton Charmer 95'	652a
Id.	Barton Lucy '95	652a
Id.	Barton Maud '95	652a
Id.	Barton Rap '94	652a
Id.	Barton Tory '95	652a
Id.	Bishof of Gundorf	653
Id	Champion	103
Id.	Champion Geltsdale	642
Id.	Champion Queen Elsie	643
Id.	Chenil Duinzicht	1103
Id.	Chenil Flushing	1099
Id.	Cora of Gundorf	653
Id.	Countess	643
Id.	Countess Prim	22
Id.	Countess Prim	182b
Id.	Duchess of Welbeck '95	652a
Id.	Empress Symbol	640
Id.	Fred of Gundorf	653
Id.	Granite	641
Id.	Groupe	652a
Id.	Grouse of Kippen	651
Id.	Grouse of Kippen	652a
Id.	King Ned	649
Id.	Lolo of Overveen	642
Id.	Mallwyd Bess	652a
Id.	Mallwyd Flo	652a
Id.	Malwydd Flo	647
Id.	Master Sley	9
Id.	Ned of Gundorf	653
Id.	Ned of Overveen	1203
Id.	Ned of Overveen	648
Id.	Princess Irene	650
Id.	Rock	641
Id.	Roderick of the Labn	9
Id.	Sir Gilbert	644
Id.	Sir Tatton (Initiale)	640
Id.	Snowdrift	645
Id.	Sperling	772b
Id.	Tam of Braunfels	646
Id.	Tam of Gundorf	653

		Pages
EPAGNEUL ANGLAIS Young Simonian		652
Id.	Young Simonian	1099
EPAGNEUL ARDENNAIS		692
Id.	Do II	693
EPAGNEUL BELGE		638
Id.	Fox	639
EPAGNEUL BLENHEIM (voir Blenheim Spaniel)		303
EPAGNEUL COCKER (autres couleurs)		712
Id.	Buxton Sweep	715
Id.	Ditton Gaiety	712
Id.	Fanny	714
Id.	Nell	713
EPAGNEUL COCKER (noir)		707
Id.	Burton Victor	710
Id.	Champion Miss Obo	708
Id.	Champion Obo	708
Id.	Champion Solus	707
Id.	Panopticum (couverture)	
Id.	Panopticum	92b
EPAGNEUL D'EAU ANGLAIS		727
Id.	Champion (Initiale)	727
Id.	Vieille gravure	728
EPAGNEUL D'EAU IRLANDAIS		730
Id.	Barney O'Toole	735
Id.	Biddy III	733
Id.	Champion Erin	732
Id.	Champion Erin	736
Id.	Champion Harp	732
Id.	Champion Shamus	732
Id.	Champion Shaun	730
Id.	Champion Shaun	732
Id.	Champion Shaun	736
Id.	Champion The Shaugraun	734
Id.	En chasse	738
Id.	Nelly McCarthy (couverture)	
Id.	Pat Malone	735
Id.	Pat O'Grady (Initiale)	730
Id.	Potsey	731
Id.	Spalpeen	737
EPAGNEULS DE CHASSE		694
EPAGNEUL DE CLUMBER		699
Id.	Boaz (couverture)	
Id.	Champion Nora Friar (Initiale)	694
Id.	Champion Psycho (Initiale)	694
Id.	Champion Sam II	703
Id.	Champion Trust	701
Id.	Chelmsford Clytia	699
Id.	Dunno	703
Id.	Lightwood Bruce	704
Id.	Rocketter	702
Id.	Snow	700
Id.	Wycombe Rattle (Initiale)	699
Id.	Wycombe Rattle	701
EPAGNEUL DE NORFOLK		705
Id.	Fag	706
Id.	Fatal (couverture)	
EPAGNEUL DE PÉKIN (voir Pekinese Spaniel)		300
EPAGNEUL DE PICARDIE		690
Id.	Picardo	691
EPAGNEUL DE PLAINE (autres couleurs)		724
Id.	Alva Dash	725

INDEX DES RACES ET DES GRAVURES.

	Pages
Epagneul de Plaine (autres coul.) Brartley Bachelor.	724
Id. Coleshill Blue Boy	726
Id. Idéaux	725
Epagneul de Pont-Audemer	684
Id. Diane III	687
Id. Grille d'Égout	686
Id. Matico (Initiale)	684
Id. Nina	688
Id. Stop II	685
Epagneul des champs (voir Epagneul de plaine)	724
Epagneuls de salon	300
Epagneul de Sussex	694
Id. Bridford Manbert	695
Id. Bridford Manbert	696
Id. Tinckle	697
Epagneul Espagnol	678b
Id. Dick I.	678a
Epagneul Français	679
Id. Cam	679
Id. César	681
Id. Grisette (Initiale)	679
Id. Médor de Sanvic	680
Id. Tom	682
Epagneul Gordon	654
Id. Bang IV	656
Id. Champion Heather Beauty	659
Id. Don II	657
Id. Dounie II	543
Id. Fantaisie	662
Id. Flora	660
Id. Floralie	661
Id. Flore (Initiale)	654
Id. Idéaux	654
Id. Kate	655
Id. Mardo	543
Id. Scott	658
Id. Sperling	772b
Epagneul Irlandais	663
Id. Bébelle	668
Id. Champion Garryowen	667
Id. Champion Ponto (Initiale)	663
Id. Champion Ruby Glenmore	668
Id. Champion Tyrconnel	669
Id. Chenil Rhienderstein	1110
Id. Fantaisie	665
Id. Fermoy	668
Id. Fermoy	1110
Id. Heather Pat	670
Id. Lady Honora	672
Id. Miss Honora	669
Id. Nell	664
Id. Netherbury Norah II	666
Id. Pluton	663
Id. Swell	665
Id. Ventry II	671
Epagneul Japonais	320
Id. Changwoo	321
Id. Day Buizn	324
Id. Itti	325
Id. Jeunes chiens	322
Id. Katischa	322
Id. Kuma	325

	Pages
Epagneul Japonais Kuma II (Initiale)	320
Id. Li-Chang	321
Id. Mikado	323
Id. Muchall Koko	318
Id. Nanki Puh	322
Id. Oseki	327
Id. O Steneo Brokeo	324
Id. Sasaki	326
Id. Tsico	327
Id. Yedda	320
Id. Yum-Yum	320
Epagneul King Charles (voir King Charles)	312
Epagneul noir de plaine	716
Id. Barton Sally	718
Id. Beverley Rhea	716
Id. Bridford Giddie	717
Id. Bridford Perfection	720
Id. Bruce	722
Id. Easten's Busy	722
Id. Fantaisie	721
Id. Gipping Sam	719
Id. Idéal	717
Id. Rona	721
Id. Type	723
Epagneul noir des champs (voir Epagneul noir de plaine)	716
Epagneul noir du Nord	690
Id. Picardo	691
Epagneul noir et feu (voir Epagneul Gordon)	654
Epagneul Prince Charles (voir Prince Charles)	318
Epagneul Papillon	328
Id. Coquette	329
Id. Dom	329
Id. Inès	328
Id. Toto	329
Epagneul Ruby (voir Ruby Spaniel)	310
Epagneul Russe	689
Id. Babouschka	689
Eperons	37
Ergots	37
Ermenti	780
Id. Bachild	781
Eskimo Hund (voir Chien des Esquimaux)	264
Exposition canine (ancien système)	1460
Exposition canine (système Spratt)	1460
Extérieur du chien	32
Extrême virillesse	37
Face	36
Feather	37
Field Spaniel (voir Epagneul de plaine)	716
Flag	37
Flews	36
Fox-Hound (Américain)	814
Id. Champion Commodore	814
Id. Spotty	815
Fox-Hound (Anglais)	808
Id. Archer (Initiale)	808
Id. Champion	103
Id. Idéal	810
Id. Idéaux	808
Id. Meute	809
Id. Meute	812

		Pages
Fox-Hound (Anglais) Nichée		813
Id.	Truman	810
Id.	Vautrait	811
Fox-Terrier (à poil dur)		401
Id.	Attropos-Austria	414
Id.	Barton Bliss	413
Id.	Barton Clinker	402
Id.	Barton Energy	401
Id.	Barton Energy	413
Id.	Barton Marvel	402
Id.	Barton Nap	401
Id.	Barton Nap	413
Id.	Barton Nip	401
Id.	Barton Nip	413
Id.	Barton Nutcrack	401
Id.	Barton Primrose	401
Id.	Barton Primrose	413
Id.	Barton Rosebud	409
Id.	Barton Spark	402
Id.	Barton Witch	401
Id.	Barton Witch	413
Id.	Barton Wonder	402
Id.	Berkeley Austria	403
Id.	Brimstone	410
Id.	Bristley Boy	409
Id.	Champion Bruiser (Initiale)	401
Id.	Champion Cauldwell Nailer	404
Id.	Champion Nutcrack	415
Id.	Champion Prompter	407
Id.	Champion Roper's Nutcrack	413
Id.	Cribbage	412
Id.	Daylesford Broom	411
Id.	Eclipse	402
Id.	Jack Saint-Léger	405
Id.	Jack Saint-Léger	408
Id.	Jigger	405
Id.	Jingle	402
Id.	Master Broom	406
Id.	Model	402
Id.	Pat vom Malepartus	410
Id.	Pedestrian	92b
Id.	Raby Frost	409
Id.	Rhenania Jacko	403
Id.	Rhenania Medea	414
Id.	Roper's Nutcrack	401
Id.	Spot	402
Fox-Terrier (à poil ras)		385
Id.	Aline	391
Id.	Barton Tick	942
Id.	Brussel's Gamester	387
Id.	Champion	103
Id.	Champion Abdel Leobener Austria	400a
Id.	Champion Bedlamite	388
Id.	Champion Brockhenhurst Spice	391
Id.	Champion D'Orsay	400a
Id.	Champion Regent (Couverture)	
Id.	Champion Stipendiary	393
Id.	Champion The Belgravian	397
Id.	Champion Venio	399
Id.	Charlton Verdict	388
Id.	Chattox	31
Id.	Chattox	537

		Pages
Fox-Terrier (à poil ras) Comet		390
Id.	Dame Fortune	394
Id.	Décision	1057
Id.	Defender	394
Id.	Deputy	386
Id.	Despoiler	398
Id.	Dryad	394
Id.	Dudley Rarity	389
Id.	Dudley Swindler	392
Id.	England	523
Id.	Fantaisie	396
Id.	Figaro (Initiale)	385
Id.	Hunton Justice	385
Id.	Idéal	386
Id.	Jean Peter	391
Id.	Jerry	391
Id.	Lady Colightly	390
Id.	Maff	245
Id.	Merry Acajou	395
Id.	Newcome	392
Id.	Nick of Haemstede	245
Id.	Piper	390
Id.	Pride	399
Id.	Pride of Davos	397
Id.	Rustic Royston	390
Id.	Shot Stroke	390
Id.	Silesian Havock	391
Id.	Silesian Joe	391
Id.	Silesian Joe Jun	391
Id.	Silesian Vera	391
Id.	Sperling	772b
Id.	Starden's Spendthrift	396
Id.	Stependiary	393
Id.	Vainqueur	393
Id.	Vengo	395
Id.	Verdad	392
Id.	White Dollar	396a
Frill		36
Fringe		37
Frog-faced		36
Froggy		36
Gardien des enfers		38
Gladakker		918
Id.	Bruang	918
Id.	Idéal	919
Id.	Kunning	918
Id.	Si Mehra	918
Id.	Si Putti	918
Glasgow Terrier (voir Clydesdale Terrier)		517
Gontschya		634
Id.	Loris	635
Gordon Setter (voir Epagneul Gordon)		654
Grand Danois (voir Dogue Allemand)		173
Gravures explicatives		32
Greffier (voir chien Vendéen)		849
Greyhound (voir Lévrier Anglais)		931
Griffon a poil dur (voir Griffon Korthals)		739
Griffon a poil long (voir Griffon Boulet)		753
Griffon Boulet		753
Id.	Champion Diavolo	758
Id.	Champion Marco	756
Id.	Champion Myra	755

INDEX DES RACES ET DES GRAVURES.

		Pages
GRIFFON BOULET	Diavolo V.	753
Id.	Jeannette	754
Id.	Jeunes chiens	754
Id.	Marco V.	754
Id.	Moustache	758
Id.	Polka (Initiale)	753
Id.	Rose	757
GRIFFON BRUXELLOIS		48
Id.	Bibi	50
Id.	Chenil Leuven	1102
Id.	Coquette	50
Id.	Coquette I (Initiale)	48
Id.	Lack	51
Id.	Lack I	52
Id.	Luck	1826
Id.	Marquis	51
Id.	Marquis I	52
Id.	Marquis de Carabas	48
Id.	Marquis de Carabas	1102
Id.	Monkey	49
Id.	Petit	245
Id.	Rogue	49
GRIFFON D'ANJOU (voir Griffon du Grip)		772a
GRIFFON DE BRETAGNE		771
Id.	Fanfare II	771
Id.	Glaneur	772
Id.	Lourdaut	772
GRIFFON DE L'ASIE CENTRALE		782
Id.	Gilghit	782
GRIFFON DU GRIP		772a
Id.	Géronsart	772a
GRIFFON EGYPTIEN		780
Id.	Bachild	781
GRIFFON FAUVE DE BRETAGNE (voir Griffon de Bretagne)		771
GRIFFON ITALIEN		773
Id.	Kambo II	773
Id.	Po	775
Id.	Rambo	775
Id.	Torino	774
GRIFFON KORTHALS		739
Id.	Batta	739
Id.	Batta	741
Id.	Brani	745
Id.	Brani II	744
Id.	Brocart	749
Id.	Champion Kate-Bella	750
Id.	Chenil Ruigbaard	1096
Id.	Ehren-Sepp	570
Id.	Falka	739
Id.	Fantaisie	752
Id.	Hexe-Waldmeister	748
Id.	Hilda	748
Id.	Ingo	745
Id.	Ingo-Waldmeister	742
Id.	Jeunes chiens	752
Id.	Kenau	746
Id.	Kenau	570
Id.	Milan (Initiale)	739
Id.	Mouche	743
Id.	Moustache II	751
Id.	Nitouche	739
Id.	Olanchita	744

		Pages
GRIFFON KORTHALS	Partout	739
Id.	Partout	747
Id.	Passepartout	746
Id.	Progéniture	748
Id.	Puck-Moustache	741
Id.	Sam	1096
Id.	Sento	571
Id.	Silly-Sardine	750
Id.	Wotan-München	570
GRIFFON NIVERNAIS		759
Id.	Nivernaise	759
Id.	Romano	760
Id.	Soupçon	761
GRIFFON PICARD		778
Id.	Sac-à-puce	779
GRIFFON RUSSE		777
Id.	Ural Zapora	777
GRIFFON VENDÉEN		762
Id.	Clairon	763
Id.	Gaillard	765
Id.	Ribaude	766
Id.	Sans Fin	767
Id.	Sentor I	762
Id.	Stentor	764
GRIFFON VENDÉEN-NIVERNAIS		768
Id.	Meute	768
Id.	Pistolet	769
GRONLAND HUND		269
Id.	Perial	269
GROUPE DE CHAMPIONS		103
GROUPE DE CHAMPIONS		536
GROUPE DE CHIENS DE LUXE ET DE CHASSE		1126
HAIDBRACKE		586
HANNOVERISCHER SCHWEISSHUND (voir Limier Hanovrien)		926
HARE FEET		37
HARE FOOT		37
HARRIER		817
Id.	Crafty (Initiale)	817
Id.	Idéal	819
Id.	Idéaux	817
Id.	Meute	818
HIGHLAND COLLIE		97
HOLLANDSCHE HERDERSHOND		61
Id.	Groupe	63
Id.	Hectorine van Haamstede (Initiale)	61
Id.	Presto	61
Id.	Vos	62
HOLLANDSCHE SMOUSHOND		344
Id.	Aapje	346
Id.	Clown	348
Id.	Darling (Initiale)	344
Id.	Darling I	346
Id.	Monkey	344
Id.	Smous	273
Id.	Tommy	345
Id.	Tommy	347
HOLLOW BACK		36
HOLSTEINISCHE BRACKE		587
Id.	Idéaux	587
HOLZBRACKE		585

		Pages
Holzbracke Idéaux		585
Intérieur du chien		33
Irish Setter (voir Epagneul Irlandais)		663
Irish Terrier (voir Terrier d'Irlande)		473
Irish Water Spaniel (voir Epagneul d'eau Irlandais)		730
Irish Wolfhound (voir Lévrier Irlandais)		949
Islandsk Hund (voir Chien d'Islande)		274
Journaux		1115
Juhasz (voir Chien de Berger Hongrois)		108
Kastromska (voir Chien courant Russe)		901
Kennel Club Hollandais Cynophilia		400b
Kerry Beagle		826
Id.	Meute	827
King Charles		312
Id.	Champion Jumbo II (Initiale)	312
Id.	Champion Bend Or (couverture)	
Id.	Champion Laureate	316
Id.	Darling	315
Id.	Grace Darling	303
Id.	Harford Jumbo	315
Id.	Little Gem	315
Id.	Paymaster	317
Id.	Preciosa	314
Id.	Queen of the South	313
Id.	Royal	312
Id.	Topsey	257
Korzad (voir Chien courant Danois)		910
Kurzhaarige Deutsche Pinscher (voir Terrier Allemand à poil ras)		359
Kurzhaarige Deutsche Vorstehhund (voir Braque Allemand à poil ras)		555
Kurzhaarige Deutsche Zwerg Pinscher (voir Terrier Allemand nain à poil ras)		361
Labrador Dog		154
Id.	Avon	154a
Id.	Gyp	154a
Id.	Johnnie	155
Id.	Nero	154a
Labrador Dog		799
Ladies' Kennel Journal		1121
Laika		278
Id.	Bosco	279
Id.	Idéal	278
Id.	Obi	279
Langhaarige Deutsche Vorstehhund (voir Epagneul Allemand)		673
Lay-back		36
Leeuwtje		299
Id.	Diane	299
Leonberger Hund		139
Id.	Amour	140
Id.	Idéal	141
Id.	Marco	143
Id.	Marko	142
Id.	Modèle (Initiale)	139
Id.	Pataud	144
Levrettes (voir Levron)		288
Lévriers		931
Lévrier Anglais		931
Id.	Barton Anticipation	932
Id.	Barton Five More	934
Id.	Barton Foot Light	934

		Pages
Lévrier Anglais	Barton Frish Jack	934
Id.	Barton Tackler	934
Id.	Barton Talisman	934
Id.	Barton Tamer	934
Id.	Barton Tamgeant	934
Id.	Barton Tarter	934
Id.	Barton Tattler	934
Id.	Barton Taunter	934
Id.	Barton Teaser	934
Id.	Barton Tempest	934
Id.	Barton Tentative	934
Id.	Barton Thesher	934
Id.	Barton Tiger	934
Id.	Barton Tilltale	934
Id.	Border Girl	937
Id.	Champion	103
Id.	Chestnut Wonder	937
Id.	Chips	933
Id.	Course de Lévriers	935
Id.	Diana	977
Id.	Eos	937
Id.	Fullerton	939
Id.	Groupe de Lévriers	934
Id.	Henmore King	933
Id.	Lévrier Anglais	938
Id.	Mishka	937
Id.	Real Jam	936
Id.	Sabretache (Initiale)	931
Id.	Saracineca	931
Id.	Slipping	936
Id.	Spratt	939
Id.	The Serpent	92b
Id.	Timor	937
Id.	Titania	92b
Id.	Vieille gravure	938
Lévrier Arabe		975
Id.	Idéal	975
Id.	Pipo	976
Lévrier Australien		994
Id.	Scrub I.	994
Lévrier Brésilien		982a
Id.	Flora	982a
Id.	Listo	982a
Id.	Planda	982a
Lévrier Circassien		970
Id.	Nasmechnik	971
Lévrier Courlandais		986
Lévrier d'Afghanistan		990
Id.	Idéal	989
Id.	Kandahar	990
Lévrier d'Albanie		986
Lévrier d'Anatolie		986
Lévrier d'Asie		988
Id.	Idéaux	989
Lévrier de Crimée		968
Id.	Igrouchka	969
Lévrier de Grèce		991
Id.	Pyrgos	991
Lévrier des Baléares		972
Id.	Idéaux	974
Id.	Piston	973
Lévrier de Tartarie		984

INDEX DES RACES ET DES GRAVURES.

		Pages
Lévrier de Tartarie, Adar		985
Lévrier du Caucase		986
Id.	Domovoy	987
Lévrier du Soudan		978
Id.	Mœris	979
Lévrier Ecossais		940
Id.	Ben Brace	941
Id.	Bran (Initiale)	940
Id.	Champion Athole	943
Id.	Champion Robin Gray	946
Id.	Champion Swift	928
Id.	Druamah	947
Id.	Lord Randolph	942
Id.	Lévrier Ecossais	944
Id.	Rona III	946
Id.	Rugby Lorna II	940
Id.	Rugby Queen	948
Id.	Sheila	942
Id.	Strathmore	945
Id.	Tiger King	943
Id.	Vieille gravure	944
Lévrier Hongrois		967
Id.	Nem Szabad	967
Id.	Talpra Magyar	967
Lévrier Irlandais		949
Id.	Hecla	950
Id.	Kincaid (Initiale)	949
Id.	Merlin	952
Id.	Scott	951
Lévrier Kangourou		992
Id.	Flick	992
Id.	Flock	992
Lévrier Kurde		983
Id.	Taurus	983
Lévrier Persan		980
Id.	Grumish	982
Id.	Idéal	975
Id.	Kuva	982
Id.	Messed	981
Id.	Tierma (Initiale)	980
Lévrier Phu-Quoc		1002
Id.	Anamite	1002
Id.	Kratie	1002
Id.	Mango	1003
Lévrier Polonais		986
Lévrier Russe		953
Id.	Almazca	966
Id.	Ataman	954
Id.	Barzois à la chasse	966
Id.	Bell	977
Id.	Bliostka	958
Id.	Carai	1057
Id.	Champion Ataman II	963
Id.	Champion Golub	954
Id.	Champion Krilutt	962
Id.	Champion Milka	965
Id.	Champion Ooslad	964
Id.	Champion Vikhra	965
Id.	Dourack	597
Id.	Dourack	956
Id.	Droojoc	958
Id.	Galupschik	961

		Pages
Lévrier Russe Grace		136
Id.	Groupe de Lévriers Russes	958
Id.	Izzva	958
Id.	Idéal	962
Id.	Korotai	955
Id.	Krasotka	954
Id.	Krilutta (Initiale)	953
Id.	Lovky	958
Id.	Malakoff	963
Id.	Miatell	958
Id.	Milyi	958
Id.	Nagrajdai	954
Id.	Najan	953
Id.	Nasmeshea	958
Id.	Obryvai	236
Id.	Olga	958
Id.	Oocrussa	958
Id.	Ooslad	954
Id.	Opromiote I	959
Id.	Opromiote	962
Id.	Oudar	954
Id.	Pagooba (Couverture)	
Id.	Paroschaja	954
Id.	Piolla	955
Id.	Razboi	958
Id.	Schivocks	961
Id.	Sokol	957
Id.	Ssibirca	958
Id.	Sultan II	146
Id.	Tcherkess II	961
Id.	Tsaritsa	965
Id.	Velsk	960
Id.	White Star	960
Id.	Zavlada	958
Id.	Zeneitra	955
Id.	Zloim	966
Id.	Zula	956
Lévrier Schillue		1001
Id.	Idéaux	1001
Levkon		288
Id.	Beauty (Couverture)	
Id.	Dido	291
Id.	Forelle	290
Id.	Goldelse	290
Id.	Grethe	290
Id.	Hans	290
Id.	Idéaux	288
Id.	Lady Grace	289
Id.	Léda	291
Id.	Liliput	290
Id.	Pépita	291
Id.	Petit	257
Id.	Piccolini (Initiale)	288
Id.	Prince Charming	289
Id.	Princess Zota	289
Id.	Prinz	290
Id.	Venus	290
Limier Bavarois		924
Id.	Bursch	925
Id.	Röserl	924
Limier Français		922
Id.	Carliste	923

INDEX DES RACES ET DES GRAVURES.

		Pages
LIMIER FRANÇAIS Limiers		922
LIMIER HANOVRIEN		926
Id.	Haydée	926
Id.	Hirschmann	928
Id.	Hirschmann I.	926
Id.	Idéal	927
Id.	Saul-Fuhrberg	930
Id.	Wodan-Kupferhutte	928
LIPPINESS		36
LURCHER		1004
Id.	Lurcher	1005
MANCHESTER TERRIER (voir Black and Tan Terrier)		485
MANE		36
MASTIFF		1 6
Id.	Beau Boy	156
Id.	Beau Boy	636
Id.	Beaufort I	166
Id.	Boatswain	165
Id.	Champion	103
Id.	Champion Beaufort	160
Id.	Champion Beaufort's Black Prince	164
Id.	Champion Cambrian Princess	536
Id.	Champion Hutspur (Initiale)	156
Id.	Champion Orlando	156
Id.	Eldee's Duke	164
Id.	Eldee's Duke	159
Id.	Eldee's Maid	163
Id.	Illford Cromwell	157
Id.	Jeunes Mastiffs (Couverture)	
Id.	Leo	167
Id.	Max	636
Id.	Max van Rotterdam	166
Id.	Moses	162
Id.	Ogilive	92b
Id.	Peter Piper	158
Id.	Princess Ida	161
Id.	Schoolmaster (Ecusson couverture)	
Id.	The Princess	168
MATIN (voir Mastiff)		156
MAUVAISES CONFORMATIONS DES ÉPAULES		36a
MAUVAISES CONFORMATIONS DES PATTES		36
MAUVAISES CONFORMATIONS DES PATTES		36a
MAUVAISES CONFORMATIONS DES PIEDS		36
MAUVAISES CONFORMATIONS DU DOS		36a
MÉDAILLE KENNEL CLUB CYNOPHILIA		400b
MEDILIANI		839
Id.	Polkan	841
Id	Wotjaka	840
MELITA (voir Chien Maltais)		293
MENSURATIONS DES CHIENS		36b
MOMIES ÉGYPTIENNES DE CHIENS		38
MOPSHOND (voir Cärlin)		280
MPOA (voir Terrier du Congo Belge)		341
MUSCLES ET VEINES DU CHIEN		33
NEDERLANDSCHE KENNEL CLUB CYNOPHILIA		1057
NEW-FOUNDLAND (voir Chien de Terre-Neuve)		147
NORFOLK RETRIEVER		803
NORFOLK SPANIEL		705
Id.	Fag	705
Id.	Fatal (couverture)	706
NORSK HUND		276
Id.	Viking	276

		Pages
NORSK STÖFVARE (voir Chien courant Norwégien)		908
NORSE STÖVER (voir Braque Norwégien)		632
NOS CHIENS et leurs aptitudes		92b
OESTENREICHISCHE BRACKE		626
Id.	Idéaux	627
OESTENREICHISCHE SCHAFERHUND		108
OLD ENGLISH BOBTAIL (voir Bobtail)		90
OLD ENGLISH TERRIER		516
Id.	Idéal	516
OTTERHOUND		832
Id.	Champion Otter	838
Id.	Champion Trusty	834
Id.	En Chasse	835
Id.	Idéaux	832
Id.	Kendal Boozer	836
Id.	Meute	833
Id.	Otter (Initiale)	832
Id.	Sportsman	833
Id.	Victoire	837
OUR DOGS		92b
Id.		1118
OUT OF ELBOWS		36
OVERSHOT		36
OWTCHAR (voir Chien de Berger Russe)		104
PAISLEY TERRIER (voir Clydesdale Terrier)		517
PAPIERS A LETTRES (couverture)		
PARIAH		918
Id.	Bruang	918
Id.	Idéal	919
Id.	Kunning	918
Id.	Si Mehra	918
Id.	Si Putti	918
PEAKED		36
PEKINESE SPANIEL		300
Id.	Changwoo	301
Id.	Peking Peter	300
Id.	Peking Ping	301
PERRO DE MOSTRA		630
Id.	Bolero	630
PERRO DE PRESA		187
Id.	Terrible	187
PETIT CHIEN LION		299
Id.	Diane	299
PICCOLI LEVRIERI (voir Levron)		288
PIEDS DE DERRIÈRE DU CHIEN		37
PIEDS DE DEVANT DU CHIEN		37
PIGEON TOE		36
PIG JAW		36
POEDEL (voir Caniche)		224
POINTER (voir Braque Anglais)		540
PRICE EAR		36
PRINCE CHARLES		318
Id.	Big Boy	318
Id.	Bobbie Burns	317
Id.	Bonnie	318
Id.	Duke of Richmond	319
Id.	Lady Vivian (Initiale)	318
Id	Muchall Mollie Bawn	318
Id.	Muchall Star	318
PUDEL-POINTER		786
Id.	Cora	787
Id.	Sylva-Waldmeister	786

INDEX DES RACES ET DES GRAVURES.

		Pages
Pug (voir Carlin)		280
Rattler (voir Terrier Allemand)		349
Rauhaarige Deutsche Pinscher (voir Terrier Allemand à poil dur)		349
Rauhaarige Deutsche Zwerg Pinscher (voir Terrier Allemand nain à poil dur)		358
Retriever (à poil bouclé)		788
Id.	Champion Doctor	792
Id.	Champion Tant (Initiale)	788
Id.	Champion Tiverton Victor	793
Id.	Dora	791
Id.	Gloom	92b
Id.	Gomersal Tipster	790
Id.	Lyonel	789
Id.	Preston Wonder	788
Retriever (à poil ondulé)		794
Id.	Champion Etta	796
Id.	Champion Moonstone	799
Id.	Champion Zee	641
Id.	Darenth (Initiale)	794
Id.	Helpful	795
Id.	Idéaux	794
Id.	Sall	641
Id.	Standeford Trace	797
Id.	Thistle of Aldenham	798
Retriever de Norfolk		803
Retriever Russe		804
Ring tail		36
Rose ear		36
Roseneath Terrier		430a
Ruby Spaniel		310
Id.	Bridget	318
Id.	Champion	103
Id.	England's Best (Initiale)	310
Id.	Jasper	318
Id.	Pigeon Blood	317
Id.	Vainqueur	311
Saddle-back		36
Saint-Bernard (à poil long)		126
Id.	Baron Othmar	137
Id.	Barry	131
Id.	Belline von Mulheim	127
Id.	Brutus	138
Id.	Brutus	636
Id.	Campaigner	138
Id.	Centaur II	22
Id.	Champion Angelo	1057
Id.	Champion Hesper	182b
Id.	Champion Plinlimmor	135
Id.	Chenil Meddy	1101
Id.	Chien de Saint-Bernard	138
Id.	Cruft	1130
Id.	Dignity	136
Id.	Duke of Lincoln	1101
Id.	Fantaisie	130
Id.	Fantaisie I	133
Id.	Hero von Hirslanden	136
Id.	Jeunes chiens (couverture)	
Id.	Lord Douglas	129
Id.	Lord Ruskin	1118
Id.	Marvel	126
Id.	Néron	133

		Pages
Saint-Bernard (à poil long) Nichée		134
Id.	Peggoty	146
Id.	Peter von Mulheim	127
Id.	Prince Battenberg	128
Id.	Salvator Rosa (Ecusson Couverture)	
Id.	Sauvetage	138
Id.	Scout (Initiale)	126
Id.	Sir Bedivere	132
Id.	Trouvère	92b
Id.	Young Barry	134
Saint-Bernard (à poil ras)		115
Id.	Belisar	115
Id.	Champion	103
Id.	Champion Guide (Couverture)	
Id.	Chenil Meddy	1101
Id.	Flora	116a
Id.	Hector (Initiale)	115
Id.	Hektor von Basel	116a
Id.	Jeunes chiens	118
Id.	Jung Juno	116a
Id.	Juno von Biel	116a
Id.	Lady Superior	116
Id.	Lady Superior	182b
Id.	Marko	122
Id.	Mentor von Hirslanden	117
Id.	Mentor von Hirslanden	124
Id.	Mentor I von Hirslanden	120
Id.	Nemesis	125
Id.	Nichée	122
Id.	Orsino von Hirslanden	119
Id.	Roland	116a
Id.	Sultan V	636
Id.	Sauvetage	138
Id.	Tosca	116a
Id.	Vigil II	121
Id.	Young Ivo	124a
Schipperke		41
Id.	Bella	45
Id.	Brave Spitz	44
Id.	Champion Shtoots	46
Id.	Fantaisie	46
Id.	Fritz of Spa (Initiale)	41
Id.	Mia	41
Id.	Spitz	43
Id.	Spitz of Hal	42
Id.	Tom	273
Schnauzer (voir Terrier Allemand)		349
Scimitar shaped tail		37
Scotch Deerhound (voir Lévrier Ecossais)		940
Scotch Collie (voir Chien de Berger Ecossais)		76
Scottish Terrier		431
Id.	Amstel Lassie II	436
Id.	Argyle	434
Id.	Champion Alister	439
Id.	Champion Bradeston Dundee (Initiale)	431
Id.	Champion Bradeston Loma	433
Id.	Champion Kildee	436
Id.	Cinderella	433
Id.	Cron Dirk '95	430b
Id.	Cron Sootie '93	430b
Id.	Duke	433

INDEX DES RACES ET DES GRAVURES.

		Pages
Scottish Terrier	Dunkeld	431
Id.	En chasse	437
Id.	Fantaisie	437
Id.	Groupe	437
Id.	Idéaux	434
Id.	Kildee	447
Id.	Rascal	438
Id.	Scotland	523
Id.	Strathblane	435
Id.	Teaser	432
Id.	Whinstone	433
Id.	Winks	435
Seidenspitz		255
Id.	Blanchette	256
Id.	Bubie (Initiale)	255
Id.	Odhin	255
Sennenhund (voir Chien de Berger des Alpes)		1094
Skandinavisk Elghund		271
Id.	Bjorn	272
Id.	Gard	272
Id.	Perla	271
Skully		36
Skye Terrier (à oreilles droites)		417
Id.	Carlo II	419
Id.	Champion Monarch	427
Id.	Champion Old Burgondy	426
Id.	Champion Thurkill	426
Id.	Champion Wolverley Duchess	424
Id.	Donald	420
Id.	Donald I	422
Id.	Groupe	423
Id.	Islay	425
Id.	Kitty	257
Id.	Lettie	417
Id.	Little Dombey	421
Id.	Port	417
Id.	Sandy McPherson	418
Id.	Tackley Roy (Initiale)	417
Id.	Wolverley Fitz	419
Id.	Wolverley Jack	421
Id.	Wolverley Jock	423
Skye Terrier (à oreilles tombantes)		429
Id.	Ben More	429
Id.	Betsey Fraser	430
Id.	Buffalo Bill	428
Id.	Nancy Pretty (Initiale)	429
Id.	Panel	428
Id.	Young Haggas	427
Slight feather		37
Slough		975
Id.	Idéal	975
Id.	Pipo	976
Smalandske (voir Chien Courant Suédois)		904
Snap Dog (voir Whippet)		995
Snipey		36
Spaniels de chasse		694
Spaniels de salon		300
Sperling's Rassehundtypen		772b
Spinone (voir Griffon Italien)		773
Spitz (voir Chien de Poméranie)		246
Splay feet		37
Splay foot		37

		Pages
Spoon foot		37
Squelette du chien		35
Squelette du pied		36
Staghound		805
Id.	Staghound	806
St-Bernard (voir Saint-Bernard)		115
St-Hubertus		1126
Steinbracke		584
Id.	Idéaux	584
Stichelhaarige Deutsche Vorstehhund (voir Braque Allemand à poil roide)		572
Stock-Keeper		1122
Stop		36
Sussex Spaniel (voir Epagneul de Sussex)		694
Svensk Harehund		828
Id.	Jerker	828
Svensk Stövare		628
Id.	Pang	628
Swine mouth		36
Tazi (voir Lévrier Persan)		980
Teckel (voir Basset Allemand)		1006
Terre-Neuve (voir Chien de Terre-Neuve)		147
Terriers (seconde partie)		339
Terrier Allemand (à poil dur)		349
Id.	Hexe Plavia	350
Id.	Idéal	356
Id.	Kuno	349
Id.	Müuschen (Initiale)	349
Id.	Morro	350
Id.	Nane	352
Id.	Nante	356
Id.	Peter	352
Id.	Russ	354
Id.	Souris	352
Id.	Souris	351
Id.	Vetter	353
Id	Vetter	352
Id.	Wolfe	351
Terrier Allemand (à poil ras)		359
Id.	Idéal	359
Id.	Mollo (Initiale)	359
Terrier Allemand nain (à poil dur)		358
Id.	Idéal	356
Id.	Kasperle	358
Id.	Lady (Initiale)	358
Terrier Allemand nain (à poil ras)		361
Id.	Belle Initiale)	361
Id.	Comtesse Marie von Trautheim	361
Id.	Idéal	359
Id.	Mina	362
Id.	Minnie von Trautheim	361
Id	Miss	362
Terrier Anglais (ancien type)		416
Id.	Idéal	416
Terrier Anglais blanc (voir White English Terrier)		501
Terrier Anglais blanc nain (voir White English Toy-Terrier)		506
Terrier d'Ecosse (voir Scottish Terrier)		431
Terrier de Galles (voir Welsh Terrier)		377
Terrier de l'Aberdeenshire (voir Aberdeen Terrier)		440
Terriers de l'Angleterre		523

INDEX DES RACES ET DES GRAVURES. 1159

		Pages
Terrier de la Vallée de la Clyde (voir Clydesdale Terrier)		517
Terrier de la Vallée de l'Aire voir Airedale Terrier)		371
Terrier de Manchester (voir Black and Tan Terrier).		485
Terrier d'Irlande.		473
Id.	Bawnboy	480
Id.	Bishop (Initiale)	473
Id.	Breda Mixer	477
Id.	Champion	103
Id.	Champion Bachelor	476
Id.	Champion Brickbat	481
Id.	Champion Playboy	474
Id.	Chenil Davo	1097
Id.	Chutney	476
Id.	Cimboath (Couverture)	
Id.	Crow Gill Tartar	479
Id.	Dan'el	475
Id.	Davo Humor	1097
Id.	Helga	478
Id.	Helga	479
Id.	Humor	482
Id.	Hypatia	478
Id.	Hypatia	479
Id.	Hypatia	484
Id.	Ireland	523
Id.	Mag	473
Id.	Mag	1057
Id.	Pat	1057
Id.	Pat	473
Id.	Rufus	484
Id.	Spratt	482
Id.	Tipperary Spice	476
Terrier du Congo Belge		341
Id.	Bosc	342
Id.	Dibue	343
Id.	Mowa	343
Id.	Mpoa (Initiale)	341
Terrier du Northumberland (voir Bedlington Terrier)		442
Terrier du Thibet		521
Id.	Sikkim	522
Id.	Thibet	521
Terrier du Yorkshire (voir Yorkshire Terrier)		507
Terrier Écossais (voir Scottish Terrier)		431
Terrier Griffon Hollandais (voir Hollandsche Smoushond)		344
Terrier Irlandais (voir Terrier d'Irlande)		473
Terrier noir et feu (voir Black and Tan Terrier)		485
Terrier noir et feu nain (voir Black and Tan Toy Terrier)		495
Terrier poivre et moutarde (voir Dandie Dinmont Terrier)		448
Terrier singe (voir Affenpinscher)		363
Thibet Terrier (voir Terrier du Thibet)		521
Tientsin Spaniel (voir Pekinese Spaniel)		300
Toggenburger Treiehund		1094
Toucheur de bœufs		112
Id.	Brissack	114
Id.	Libertin	113
Id.	Papillon	112
Toy Bull-Dog (voir Boule Dogue nain)		220

		Pages
Toy Bull-Terrier voir Bull-Terrier nain)		471
Toy Spaniels (voir Epagneuls de salon)		300
Toy Terrier (Black and Tan)		495
Toy Terrier (Bull)		471
Toy Terrier (White)		506
Trail Hound		898b
Id.	Ruler	898b
Tulip ear		36
Undershot		36
Veines et muscles du chien		33
Weimaraner		582
Id.	Bella-Sandersleben	583
Id.	Juno-Roda	583
Id.	Tom-Sandenleben (Initiale)	582
Id.	Treff-Sandersleben	583
Welsh Hound		830
Id.	Landmark	831
Id.	Lively	831
Id.	X	831
Welsh Terrier		377
Id.	Bangor Dau Lliw (Initiale)	377
Id.	Brynhir Pardon	380
Id.	Champion Dim Saesonaeg	382
Id.	Champion Resiant	383
Id.	Chenil Hendor	1096
Id.	Cymro o'Gymru	379
Id.	Dronfield Dandy	378
Id.	Dronfield Dandy	1141
Id.	Hendor's Bogus	383
Id.	Hendor's Brynhir Binks	383
Id.	Hendor's Dandy	1098
Id.	Hendor's Matchboy	1098
Id.	Idéaux	377
Id.	Matchless	384
Id.	Resiant	378
Id.	Sir Joseph	381
Id.	The Grizzle	384
Id.	Wales	523
Whippet		995
Id.	Ashton Welcome	996
Id.	Course de Whippets	1000
Id.	Dressage?	997
Id.	Floreat Etona	999
Id.	Idéaux	995
Id	Lady Helen (Initiale)	995
Id.	Michaelmas Day	998
Id.	Zuber	997
White English Terrier		501
Id.	Eclipse	504
Id.	Idéal	500
Id.	Idéaux	501
Id.	Lady of the Lake	502
Id.	Midland Snowdrop	505
Id.	Nobility	503
Id.	Silver Star	502
Id.	White Witch (Initiale)	501
White English Toy Terrier		506
Id.	Surprise (Initiale)	506
Wildbodenhund		899
Id.	Bruno	899
Wild und Hund		1125

INDEX DES RACES ET DES GRAVURES.

		Pages			Pages
Yorkshire Terrier.		507	Yorkshire Terrier Champion Ted I		510
Id.	Bob.	508	Id.	Daisy	514
Id.	Bradford Ben	511	Id.	Fautaisie	516
Id.	Bradford Hero	514	Id.	Jewel	926
Id.	Bradford Marie.	513	Id.	Longbridge Boy	514
Id.	Bradford Nunsuck (Initiale)	507	Id.	Ringmaster	510
Id.	Bradford Peter	511	Id.	Ted II.	515
Id.	Champion Bradford Hero	509	Id.	Violet	514
Id.	Champion Conqueror.	514	Id.	Young Polly.	512
Id.	Champion Ted	507	Zwerg-Spitz (voir Chien de Poméranie nain)		253

Liste des Chenils.

	Pages
Chenil Aerwinkel (Pointers)	1108
Id. Amstel (Chiens de Berger Ecossais et Terriers Ecossais)	1108
Id. Careful (Pointers)	1112
Id. Davo (Terriers Irlandais)	1097
Id. de Roosteren (Pointers)	1112
Id. de Tongres (Setters Anglais)	1111
Id. Duinvliet (Setters Irlandais)	1110
Id. Duinzicht (Setters Anglais et Retrievers)	1103
Id. Flushing (Setters Anglais)	1099
Id. Freericks (Braques Allemands à poil roide)	1100
Id. Haemstede (Pointers, Setters Irlandais, Fox-Terriers à poil ras et à poil dur et Welsh Terriers)	1104
Id. Helling (Setters Gordon et Terriers Allemands nain à poil ras)	1111, 1113
Id. Hendor (Welsh Terriers)	1098
Id. Klenke (Chiens d'arrêt tricolores du Würtemberg)	1106
Id. Klus Hirslanden (Chiens du Saint-Bernard)	117
Id. Légia (Grands Danois)	1109
Id. Leuven (Bull-Dogs et Griffons Bruxellois)	1102
Id. Manchester (Black and Tan Terriers)	1107
Id. Meddy (Chiens du Saint-Bernard)	1101
Id. Meerwijk (Lévriers Russes, Chiens de Berger Ecossais et Terriers-Griffons Hollandais)	1105
Id. Merry (Fox-Terriers à poil ras)	1109
Id. Nimrod (Setters Anglais, Setters Irlandais, Setters Gordon, Griffons Korthals et Chiens d'arrêt Allemands à poil long)	1107
Id. Noorder (Chiens du Saint-Bernard, Chiens d'arrêt Allemands à poil ras et Schipperkes)	1104
Id. Obozinski (Griffons Korthals)	1111
Id. Ockenburgh (Chiens d'arrêt Allemands à poil long et à poil ras)	1106
Id. Pretty (Setters Irlandais, Pointers et Fox-Terriers à poil dur et à poil ras)	1110, 1112, 1113
Id. Robur (Grands Danois)	1114
Id. Rhenderstein (Setters Irlandais)	1110
Id. Ruigbaard (Griffons Korthals)	1096
Id. Saint-Hubert (Chiens de Saint-Hubert)	1113
Id. Smaelen (Bull-Dogs)	1108
Id. Telanak (Setters Gordon)	1111
Id. Violetta (Terriers-Griffons Hollandais)	1109
Id. Waldine (Bassets Français tricolores)	1105
Id. Werve (Terriers Irlandais, Fox-Terriers à poil ras et Terriers-Griffons Hollandais)	1103
Id. Zwaardemaker (Grands Danois)	1114

Typo- et Lithographie
Vanbuggenhoudt Frères
ÉDITEURS
42, rue d'Isabelle, 42, BRUXELLES

Spécialité d'Ouvrages Illustrés, Travaux d'Administration, Actions et Obligations

Lettres de faire part de Mariage et de Décès, Journaux Brochures, Affiches, etc., etc.

Les plus grands soins sont apportés dans l'exécution des ordres

PAPIERS A LETTRE
et Enveloppes

50 feuilles papier à lettre et 50 enveloppes, 5 fr.
100   »   »   »   100   »   8 »
200   »   »   »   200   »   10 »

Franco en Belgique. — Pour l'étranger 50 centimes en plus.

Nous ferons tous les types de chiens, volailles, pigeons, chevaux, etc., qui nous serons demandés par nos abonnés.

En envoyant la commande, indiquer exactement l'inscription que l'on désire.

Adresser les commandes à M. VANBUGGENHOUDT, 42, rue d'Isabelle, Bruxelles.

Envoyer en même temps que l'ordre, le montant en timbres ou mandat-poste. Il ne sera donné suite qu'aux demandes accompagnées du montant en timbres ou mandat-poste.

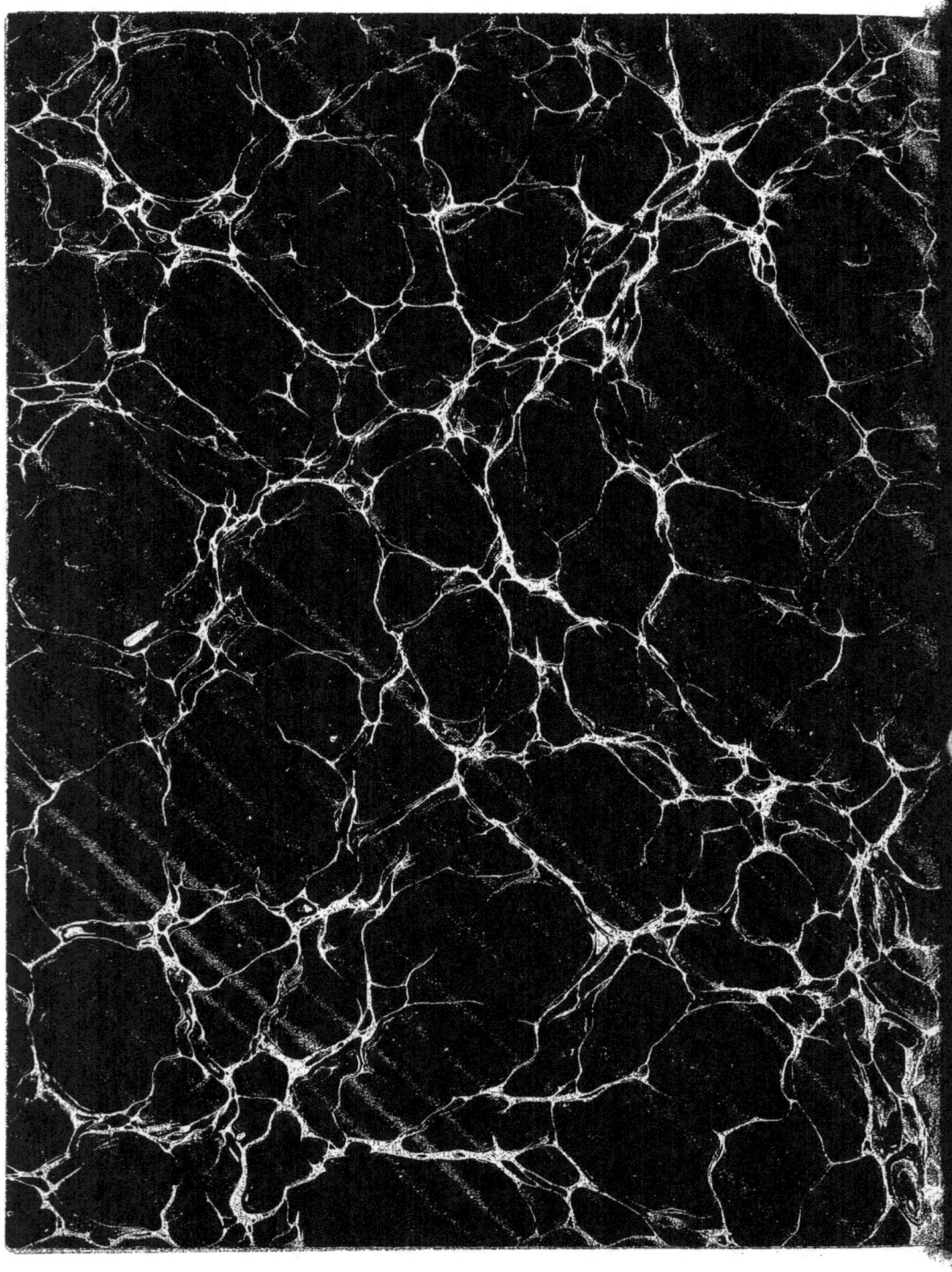

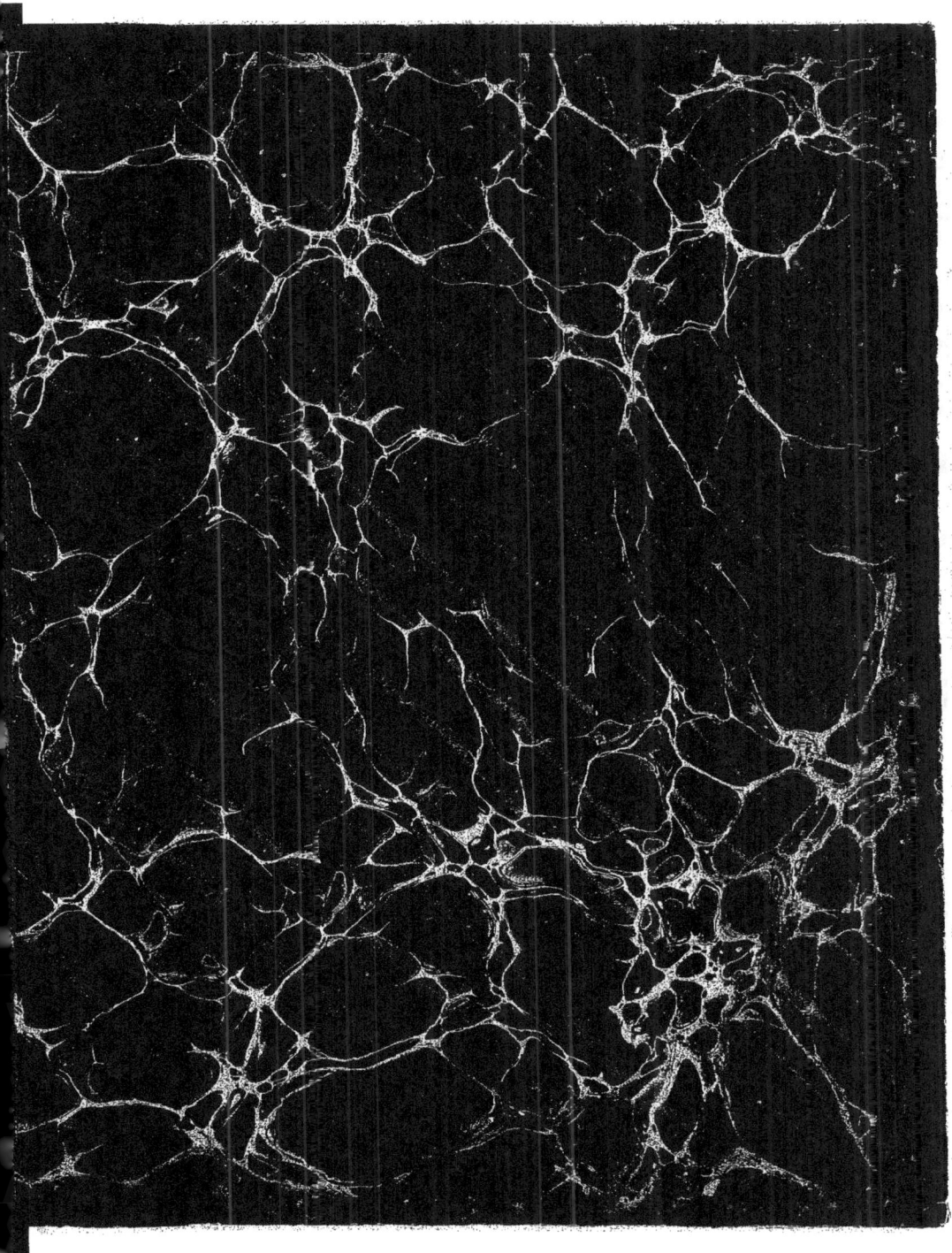

www.ingramcontent.com/pod-product-compliance
Lightning Source LLC
Chambersburg PA
CBHW050147230526
45470CB00001B/3